高等学校计算机规划教材

大学
计算机基础

王丽君　主　编

姚明海　副主编

中山大学出版社
SUN YAT-SEN UNIVERSITY PRESS

·广州·

图书在版编目（CIP）数据

大学计算机基础/王丽君主编，姚明海副主编 .—广州: 中山大学出版社， 2019.9
（高等学校计算机规划教材）
ISBN 978-7-306-06698-5

I.①大… Ⅱ.①王…②姚… Ⅲ.①电子计算机—高等学校—教材 Ⅳ.①TP3

中国版本图书馆CIP数据核字（2019）第196314号

出 版 人：王天琪
策划编辑：曾育林
责任编辑：曾育林
责任校对：马霄行
封面设计：橙 子
责任技编：黄少伟
出版发行：中山大学出版社
电　　话：编辑部 020-84111996，84113349，84111997，84110779
　　　　　发行部 020-84111998，84111981，84111160，010-84787584
地　　址：广州市新港西路135号
邮　　编：510275　传真：020-84036565
网　　址：http：//www.zsup.com.cn　E-mail：zdebs@mail.sysu.edu.cn
印 刷 者：广州一龙印刷有限公司
规　　格：787mm×1092mm　1/16　18.5印张　420千字
版次印次：2019年9月第1版　2019年9月第1版第1次印刷
定　　价：45.00元

内 容 简 介

　　本书共8章。涵盖了计算机文化方面的内容，旨在培养大学生的计算机素养，同时包含了计算机基本应用技能教育。计算机文化知识包括计算机基础知识，内容涉及计算机发展与信息处理、计算机系统及基本工作原理、数据编码与表示、操作系统基础、计算机网络基础、软件技术基础、数据库基础、多媒体技术基础；计算机基本应用技能包括Windows操作、Internet应用、字处理软件的使用、电子表格软件的使用、演示文稿制作软件的使用、常用工具软件的使用。

　　本书可以作为高等学校非计算机专业大学计算机基础课程的理论及实践教材，也可作为计算机爱好者的自学教材，是计算机入门的一本实用教材。扫描本书各章二维码可获取各章思维导图、电子课件、试题库，并提供在线答疑。

前　言

　　信息化为当今世界经济社会发展的重要特征，也是发展的必然趋势，是未来经济发展的主要增长点。高等学校以培养适应社会发展战略型人才为己任，大学计算机基础作为高等学校普及计算机基本技能教育的基础课程，课程重点为信息素质培养，目标定位为基本应用技能、拓展视野、储备知识三个方面内容的教育与教学。

　　本教材以教育部高等学校计算机基础课程教学指导委员会编制的《高等学校计算机基础核心课程教学实施方案》为指导依据编写。教材覆盖了计算机文化、计算机基本技能两方面的内容。其中，计算机文化部分为本教材的理论篇，包括计算机基础、计算机软硬件概述、数据库基础、多媒体技术基础。旨在培养学生对计算机全方位的了解，奠定计算机素养基础。计算机基本技能部分为本教材的实践篇，包括Windows操作、计算机网络、办公信息处理、常用软件操作等几个模块。

　　本教材涵盖计算机文化与计算机技能两部分，既包含了理论教学内容，也包含了实践指导内容，大大增强了教材的信息容量。本教材每章给出本章知识要点及该章的学习目标，便于读者掌握知识重难点及学习后应该达到的程度，并在知识模块后配了与教学内容相对应的实训案例，用以检测学习理解情况。每章配有一定数量的练习题，练习题包括基础知识检测的选择题、检查动手操作能力的操作题、提高理解层次的思考题。因此，本教材使得学生可以自学并验证，既提高了学生的自学能力又能激发学生的攻关欲望、提高学习兴趣，达到事半功倍的效果。

　　本书共分8章。第1章计算机基础知识内容涉及计算机发展与信息处理、计算机系统及基本工作原理、数据编码与表示、操作系统基础、计算机网络基础、软件技术基础、数据库基础、多媒体技术基础；同时，包含计算机基本应用技能教育，包括Windows操作、Internet应用、字处理软件的使用、电子表格软件的使用、演示文稿制作软件的使用、常用工具软件的使用。

　　本书第7章软件技术基础是本书的特色之一，包括全国计算机等级考试二级公共基础知识的内容，基本按照该大纲的要求编写，内容充实，详略得当，逻辑性强。

　　本书实例丰富、图文并茂、讲练结合、重难点突出，注重反映计算机技术的新发展，具有先进性和创新性。

　　本书第1章、第3章由王丽君、成晓辉、刘艳春、鲁富宇编写，第2章、第5章由王丽君、林英建、姚明海、杨一柳编写，第4章、第6章由成晓辉、刘艳春、姚明海编写，第7章、第8章由王丽君、林英建、刘艳春、汪岩编写，全书由王丽君统稿并审定，由刘艳春、林英建、姚明海审校。

　　本书既可以作为高等院校非计算机专业本、专科学生《大学计算机基础》课程的教学用书，也可以作为计算机爱好者以及企事业单位等计算机应用能力培训的教材用书。

　　由于计算机知识和技术的飞速发展，加之编者水平所限，书中难免存在不妥或错误之处，恳请读者批评指正。

编　　者

目　录

第1章　计算机基础知识

本章学习导读

　　电子计算机是一种能够按照程序自动快速、精确地进行数据计算和信息处理的电子设备。计算机的出现是人类智慧的高度结晶，它的产生促进了科学技术和生产的高速发展。通过对本章的学习，读者可以了解计算机的诞生、发展及应用；掌握计算机的特点、计算机语言及其工作原理；了解计算机分类；熟悉掌握计算机系统组成、计算机基本组成（计算机硬件系统组成）、计算机中数据表示方法及运算等。

微信扫一扫

1　电子计算机概述

在人类历史上，计算工具经历了结绳计数、算盘、机械计算、计算尺、手摇计算机、电动计算机、电子计算机等漫长的演变过程。中国古代发明直到现在还使用的算盘，被誉为"原始计算机"。1642 年，法国物理学家帕斯卡发明齿轮式加减法器；1673 年，德国数学家莱布尼兹制成机械式计算器，可以进行乘除运算。英国数学家查尔斯·巴贝奇提出差分机和分析机概念，并构想具有输入、处理、存储、输出及控制 5 个基本装置，这正是现代意义上计算机的基本雏形，且该结构至今仍被沿用。

计算机作为计算工具，是人类在长期劳动实践中创造产生的。1946 年 2 月，美国宾夕法尼亚大学研制的第 1 台全自动电子计算机 ENIAC（electronic numerical integrator and computer），即"电子数字积分计算机"诞生，如图 1-1 所示。这台计算机共使用 18800 多个电子管，占地 170 m^2，耗电 174 kW，重达 30 t。从 1946 年 2 月开始投入使用到 1955 年 10 月，虽然它每秒只能进行 5000 次加减运算，但仅仅进行的加减法运算已经预示科学家们将从烦琐的计算中解脱出来。ENIAC 的问世，表明电子计算机时代的到来具有划时代的意义。

图1-1　ENIAC

虽然第一台电子计算机比不上现在最普通的微型计算机，但在当时它的运算速度及精确度都是史无前例的。以圆周率（π）计算为例，中国古代祖冲之利用算筹，耗费 15 年心血，才把圆周率计算到小数点后 7 位数。1000 多年后，英国人谢克斯用毕生精力计算圆周率，只计算到小数点后 707 位。而使用 ENIAC 进行计算，仅用 40 秒就完成，还发现了谢克斯计算结果中第 528 位的错误。

ENIAC 诞生后奠定了电子计算机的发展基础。数学家冯·诺依曼提出重大改进理论，主要有两点：其一是电子计算机应该以二进制为运算基础；其二是电子计算机应采用"存储程序"方式工作，并且进一步明确指出整个计算机结构应由 5 个部分组成：运算器、控制器、存储器、输入装置和输出装置。冯·诺依曼这些理论的提出，解决了计算机运算自动化的问题和速度配合问题，对后来计算机的发展起到了决定性作用。直至今天，绝大部分计算机还是采用冯·诺依曼方式工作。我国科学家从 1953 年开始研究计算机，1958 年成功研制出我国第 1 台电子计算机。

1.1 计算机的发展阶段

电子计算机的出现和发展，是科学技术和生产力发展的卓越成就之一，在高速发展的信息社会已经广泛应用到各个领域，对整个社会和科学技术具有深远的影响。

ENIAC 诞生短短几十年，主要电子器件相继使用真空电子管，晶体管，中、小规模集成电路和大规模、超大规模集成电路，计算机每一次更新换代都使计算机体积和耗电量进一步减小，功能进一步增强，应用领域进一步拓宽。电子计算机迅速发展、广泛普及，对整个社会和科学技术产生深远的影响，是其他任何学科所无法比拟的。目前，计算机已经成为人们生产劳动和日常生活中必备的重要工具。特别是体积小、价格低、功能强的微型计算机在 20 世纪 70 年代出现后，使得计算机迅速普及进入办公室和家庭，在办公室自动化和多媒体应用方面发挥很大的作用。

在推动计算机发展的众多因素中，电子元器件的发展起着决定性作用。按照电子器件更新换代来划分，计算机发展过程通常划分 4 个时代。

1.1.1 电子管计算机（1946—1957年）

第 1 代电子计算机的基本特征是采用电子管作为计算机逻辑元件。结构上以中央处理器为中心，使用机器语言，存储量小，主要用于数值计算。

数据表示主要是采用定点数，用机器语言或汇编语言编写程序。由于当时电子技术限制，内存容量很小，每秒运算速度仅为几千次。因此，第 1 代电子计算机体积庞大，并且造价很高，仅限于军事用途和科学研究工作，但在客观上却为计算机的发展奠定了基础。其代表机型有 IBM 650（小型机）、IBM 709（大型机）等。

1.1.2 晶体管计算机（1958—1964年）

第 2 代电子计算机的基本特征是逻辑元件逐步由电子管改为晶体管。在结构上以存储器为中心，使用高级程序设计语言，应用领域扩大到数据处理和工业控制等方面。

内存所使用的器件大都使用铁淦氧磁性材料制成的磁芯存储器，外存储器有了磁盘、磁带，各类外设也有所增加。运算速度一般为每秒十万次，最高可达每秒 300 万次，内存容量比第 1 代有所扩大。与此同时，计算机软件也有较大发展，出现 FORTRAN、COBOL、ALGOL等高级语言，并提出操作系统的概念。与第 1 代计算机相比，晶体管电子计算机体积小、成本低、功能强、可靠性大大提高。计算机应用范围也进一步扩大，从军事与尖端技术方面延伸到气象、工程设计、数据处理以及其他科学研究领域。其代表机型有 IBM 7094、CDC 7600。

1.1.3 中小规模集成电路计算机（1965—1970年）

第 3 代电子计算机的基本特征是逻辑元器件采用中、小规模集成电路。随着技术发展，集成电路工艺已可以在几平方毫米的单晶硅片上，集成由上百个电子元件组成的逻辑电路。

计算机仍然以存储器为中心，机种多样化、系列化，外部设备不断增加，功能不断扩大，软件的功能进一步完善，除了用于数值计算和数据处理外，已经可以处理图像、文字等资料。计算机运算速度每秒可达几十万次到几百万次，存储器得到进一步发展，体积更小、价格低，软件逐渐完善。这一时期，计算机同时向标准化、多样化、通用化和机种系列化发展。高级程序设计语言在这个时期有了很大发展，并出现操作系统和会话式语言，计算机开始广泛应用在各个领域。其代表机型有 IBM 360。

1.1.4　大规模和超大规模集成电路计算机（1971年至今）

第 4 代电子计算机的基本特征是因为有了大规模和超大规模集成电路，计算机核心部件可以集成在一块或几块芯片上，运算速度可达每秒几百万次甚至上亿次，从而出现微型计算机。在软件方法上产生了结构化程序设计和面向对象程序设计思想。另外，网络操作系统、数据库管理系统得到广泛应用。微处理器和微型计算机也在这一阶段诞生并获得飞速发展，应用范围非常广泛，已经深入社会生活和生产的众多方面。

1.2　微型计算机的发展

微型计算机诞生于 20 世纪 70 年代初，是人类的重要创新之一。微型计算机功能强、体积小、使用方便、可靠性高、价格低廉，因而应用范围非常广泛，包括航天工业、交通运输、医药卫生甚至家庭生活及教学仪器等方面。微型计算机已经成为政治、经济和家庭必不可少的现代化设备，其发展前景不可估量，它在人类社会和日常生活中的影响将会越来越大。各种类型微型计算机如图 1-2 所示。

图1-2　各种类型微型计算机

微型计算机的发展大致经历以下 5 个阶段，按第 1 代至第 5 代划分。

1.2.1　第1代：低档8位微处理器和微型计算机（1971—1973年）

第 1 代为低档 8 位微处理器和微型计算机，是微机问世阶段。1971 年，美国 Intel 公司生产 4004 芯片为高级袖珍计算机设计，生产的产品获得意外成功。经过改进生产出 4 位微处理器 4004，并于1972年生产8位微处理器8008。这一代微型计算机的特点是采用PMOS（P-channel metal oxide semiconductor）工艺，集成度为每片 2300 个晶体管，字长分别为 4 位和 8 位，运算速度较慢，基本指令执行时间为 4 ～ 10 ms，指令系统简单，运算功能较差，采用机器语言或简单汇编语言，价格低廉。

1.2.2　第2代：中档8位微处理器和微型计算机（1974—1977年）

第2代微型计算机采用 NMOS（N-channel metal oxide semiconductor）工艺，集成度提高 1～4倍，每片集成 8000 个晶体管，字长为 8 位，基本指令执行时间为 2 ms 左右。典型微处理器产品有 1973 年的 Intel 8085、Motorola 6800 以及 1976 年 Zilog 公司的 Z80。这些微处理器有完整配套的接口电路，如可编程的并行接口电路、串行电路、定时/计数器接口电路，以及直接存储器存取接口电路等，并且已具有高级中断功能。软件除采用汇编语言外，还配有 BASIC、FORTRAN、PL/M 等高级语言及其相应的解释程序和编译程序，并在后期匹配操作系统。

1.2.3　第3代：16位微处理器和微型计算机（1978—1984年）

1977 年前后超大规模集成电路（very large scale integration，VLSI）工艺研制成功，每个硅片上可以容纳 10 万个以上晶体管，64K 位及 256K 位的存储器已生产出来。这一代微型计算机采用 HMOS（high performance metal oxide semiconductor）工艺，基本指令执行时间约为 0.5 ms。代表产品是 Intel 8086、Z8000 和 MC68000。这类 16 位微型计算机都具有丰富的指令系统，采用多级中断系统、多种寻址方式、多种数据处理形式、分段式存储器结构及乘除运算硬件，电路功能大为增强。软件方面可以使用多种语言，有常驻的汇编程序、完整的操作系统、大型的数据库，并可构成多处理器系统。此外，在这一阶段，还有一种称为准 16 位微处理器出现，典型产品有 Intel 8088 和 Motorola 6809，它们的特点是能用 8 位数据线在内部完成 16 位数据操作，工作速度和处理能力均介于 8 位机和 16 位机之间。高档 16 位微处理器发展很快，Intel 公司在 8086 的基础上又制成 80186 和 80286 等性能更为优越的微处理器。其特点是从单元集成过渡到系统集成，以获得尽可能高的性能价格比。

1.2.4　第4代：32位微处理器和微型计算机（1985—1993年）

20 世纪 80 年代初，在每个单片硅片上可集成几十万个晶体管，产生第 4 代 32 位微处理器。典型产品有 Intel 的 80386、National Semiconductor 的 16032、Motorola 的 68020 等。在 32 位微处理器中，具有支持高级调度、调试及系统开发的专用指令。由于集成度高，系统的速度和性能大为提高，可靠性增加，成本降低。

1.2.5　第5代：64位高档微处理器和微型计算机（1994年至今）

随着人们对图形图像、定时视频处理、语音识别、CAD（computer-assisted design）/CAE（computer-assisted education）/CAI（computer-assisted instruction）、大规模财务分析和大流量客户机/服务器应用等的需求日益迫切，原来的微处理器已难以胜任此类任务。于是，在 1993 年 3 月，Intel 公司率先推出了统领 PC（personal computer）达十余年之久的第 5 代微处理器体系结构的 64 位产品——Pentium（奔腾），从它的设计制造工艺到性能指标，都比第 4 代产品有大幅度提高，到今天我们已经看到更多更高性能的 64 位微机产品不断普及。

1.3 电子计算机的发展趋势

随着计算机应用的广泛和深入，对于计算机技术本身提出了更高的要求，计算机的发展和应用水平已经是衡量一个国家科学技术发展水平和经济实力的重要标志。目前，计算机的发展表现为如下趋势：

1.3.1 巨型化

巨型化是指发展高速度、大储量和强功能的超大型计算机。这既是尖端科学（例如，天文、气象、原子、核反应等）以及进一步探索新兴科学（例如，宇宙工程、生物工程）的需要，也是为了能让计算机具有人脑学习、推理的复杂功能。在目前知识信息迅速增加的情况下，记忆、存储和处理这些信息十分必要。20世纪70年代中期，巨型机的计算速度已达1.5亿次/秒，现在则高达每秒数百亿次，美国正在计划开发计算速度每秒数百万亿次的超级计算机。

1.3.2 微型化

因大规模、超大规模集成电路的出现，计算机微型化迅速。微型机可渗透至诸如仪表、家用电器、导弹弹头等中、小型机无法进入的领域，因此，20世纪80年代以来计算机发展异常迅速。可以想见其性能指标将进一步提高，而价格则逐渐下降。当前微机的标志是运算部件和控制部件集成在一起，今后将逐步发展到对存储器、通道处理机、高速运算部件、图形卡、声卡的集成，进一步将系统的软件固化，达到整个微型机系统集成。

1.3.3 网络化

网络最初于1969年在美国建成，从阿帕网（ARPAnet）开始，已迅速发展成为今天的国际互联网Internet，把国家、地区、单位和个人联成一体，并开始走进寻常百姓家。

所谓计算机网络，就是在一定的地理区域内，将分布在不同地点的不同机型的计算机和专门的外部设备由通信线路互联在一起，组成一个规模大、功能强的网络系统，在网络软件的协助下，借以共享信息、共享软硬件和数据资源。

从单机走向联网，是计算机应用发展的必然结果。计算机网络是计算机技术发展中崛起的又一重要分支，是现代通信技术与计算机技术结合的产物。

1.3.4 智能化

智能化是使计算机模拟人的感觉、行为及思维过程的机理，从而使计算机具备和人一样的思维和行为能力，形成智能型和超智能型的计算机。

智能化研究包括模式识别、物形分析、自然语言生成和理解、定理自动证明、自动程序设计、专家系统、学习系统及智能机器人等。人工智能的研究使计算机远远突破"计算"最初的含义，从本质上拓宽计算机能力，可以更多、更好地代替或超越人的脑力劳动。

1.3.5 多媒体化

多媒体是指以数字技术为核心的图像、声音与计算机、通信等融为一体的信息环境的总称。多媒体技术的目标是无论何时何地，只需要简单的设备就能自由地以交互和对话的方式交流信息。其实质是让人们利用计算机以更加自然、简单的方式进行交流。

1.3.6　专门化

事实上并不是每一件工作都必须使用一台高性能的计算机才能完成，甚至有时候采用高性能的计算机还有可能带来麻烦。将来的计算机由于从事的工作不同，在性能上、外形上都会有很大的不同。通用的微型计算机将逐渐由专用设备（一体化的计算机）所代替，以提高工作效率。如彩票购买终端、商场收银机、银行终端，等等。

2　电子计算机的应用、特点及分类

2.1　电子计算机的应用

目前，计算机的应用范围几乎涉及人类社会的所有领域，从国民经济到个人家庭生活，从军事部门到民用部门，从科学技术到文化艺术等领域，无一不使用计算机，其应用领域主要体现在如下方面：

2.1.1　科学计算

科学计算是电子计算机最早应用的领域，进行精确、复杂的科学计算依然还是计算机最重要的应用领域之一，如导弹的发射、宇宙飞船的飞行轨迹、航空航天、气象及军事等，都离不开准确的计算机计算。

2.1.2　数据处理

数据处理包括对数据的收集、记载、分类、排序、检索、计算或加工、传输、制表等工作。例如，在科研、生产和经济活动中，把所获得的大量信息存入计算机，通过加工处理，得到可供某种需要使用的新信息。据统计，80%以上的计算机主要用于数据处理，数据处理已经成为计算机应用的主导方向。数据处理从简单到复杂已经历三个发展阶段。

（1）电子数据处理（electronic data processing，简称 EDP）。电子数据处理是以文件系统为手段，实现一个部门内的单项管理。

（2）管理信息系统（management information system，简称 MIS）。管理信息系统是以数据库技术为工具，实现一个部门的全面管理，以提高工作效率。

（3）决策支持系统（decision support system，简称 DSS）。决策支持系统是以数据库、模型库和方法库为基础，帮助管理决策者提高决策水平，改善运营策略的正确性与有效性。

2.1.3　自动控制

自动控制在工业、科学和军事方面，利用计算机能够按照预订的方案进行自动控制，完成一些人工无法亲自操作的工作，如汽车生产流水线、电力、冶金、石油化工及机械等。

2.1.4 计算机辅助系统（computer-aided system）

计算机辅助系统是利用计算机辅助完成不同类任务的系统总称。目前，计算机在辅助系统领域应用很广泛，利用计算机辅助系统可以帮助我们快速地设计各种模型、图案，例如，飞机、船舶、建筑及集成电路等工程设计和制造。具体包括计算机辅助教学（computer aided instruction，CAI）、计算机辅助设计（computer aided design，CAD）、计算机辅助制造（computer aided making，CAM）、计算机辅助测试（computer-aided test，CAT）、计算机辅助翻译（computer aided translation，CAT）、计算机辅助工程（computer aided engineering，CAE）、计算机集成制造（computer integrated manufacturing systems，CIMS）等系统。

（1）计算机辅助教学（CAI）。计算机辅助教学是在计算机的辅助下进行各种教学活动，以对话方式与学生讨论教学内容、安排教学进程、进行教学训练的方法与技术。CAI 为学生提供良好的个人化学习环境。综合应用多媒体、超文本、人工智能、网络通信和知识库等计算机技术，克服了传统教学情景方式上单一、片面的缺点。它的使用能有效地缩短学习时间、提高教学质量和教学效率，实现最优化教学目标。

（2）计算机辅助设计（CAD）。计算机辅助设计常用于飞机、轮船及建筑工程等复杂设计工程。在工程和产品设计中，计算机可以帮助设计人员担负计算、信息存储和制图等多项工作。利用计算机进行设计可以提高设计质量、缩短设计周期、提高设计的自动化水平。

（3）计算机辅助制造（CAM）。计算机辅助制造由计算机辅助设计派生而来，常用于进行生产设备的管理、控制及操作等过程，例如，操纵机器的运行、控制材料的流动、处理产品制造过程中的所需数据以及对产品进行测试和检测等。

（4）计算机辅助测试（CAT）。计算机辅助测试指利用计算机协助进行测试的一种方法，它可以用在不同领域。在教学领域可以使用计算机对学生学习效果进行测试和学习能力估量，一般分为脱机测试和联机测试两种方法。在软件测试领域，可以使用计算机来进行软件测试，提高测试效率。

（5）计算机辅助翻译（CAT）。计算机辅助翻译类似 CAD，实际起到辅助翻译作用，它能够帮助翻译者优质、高效、轻松地完成翻译工作。它不同于以往机器翻译软件，不依赖于计算机自动翻译，而是在技术人员的参与下完成整个翻译过程。与人工翻译相比，CAT 质量相同或更好，翻译效率可提高一倍以上。CAT 使得繁重的手工翻译流程自动化，并大幅度提高翻译效率和翻译质量。

此外，还有计算机辅助工程（CAE）和计算机集成制造系统（CIMS）等。

2.1.5 人工智能（AI）

人工智能是利用计算机模拟人的智能去处理某些事情，完成某项工作。主要是利用计算机模拟人类某些高级思维活动，提高计算机解决实际问题的能力。目前，研究方向有模式识别、自然语言识别、图像景物分析、自动定律证明、知识表示、机器学习、专家系统和机器人等。例如，医疗诊断专家系统（可以模拟医生看病），人机对弈。目前，人工智能应用系统有：

（1）计算机专家系统。具有专门知识的程序系统。目前，应用较多的领域有军事、化学、气象学、地质学以及医疗诊断等。

（2）机器人系统。由专门计算机程序配以相应的运动部件组成。应用于大量繁重的劳动，精度要求高而又不断重复的劳动，有危险、有放射线、有毒害等环境下劳动的，以及连续长时间的劳动等。

2.1.6 电子商务（e-business）

所谓"电子商务"是指通过计算机和网络进行商务活动。电子商务始于 20 世纪 90 年代，虽然起步较晚，但其高效率、低支付、高收益和全球性的优点，很快受到各国政府和企业的广泛重视，发展迅猛。电子商务是在 Internet 的广阔联系与传统信息技术系统丰富资源相结合的背景下应运而生的一种网上相互关联的动态商务活动。电子商务旨在通过网络完成核心业务，改善售后服务，缩短周转时间，提供新的商业机会和市场需求，使交易双方从有限的资源中获取更大的收益。

电子商务发展前景广阔，可为人们提供众多机遇。世界各地的许多公司已经通过 Internet 进行商业交易。他们通过网络方式与顾客联系、与批发商联系、与供货商联系、与股东联系，并且进行相互间的联系。他们在网络上进行业务往来，其业务量往往超过传统方式。

2.2 电子计算机的特点

电子计算机诞生初期，主要用于数值的科学计算，但随着计算机技术的迅猛发展，应用范围不断扩大，广泛应用于自动控制、信息处理及智能模拟等各个领域。目前，计算机能处理各种各样的信息，包括数字、文字、表格、图形及图像等。计算机之所以具有如此强大的功能，是由它的特点所决定的。

2.2.1 速度快

现代电子计算机的运算速度主要依赖于微电子技术的迅速发展而实现。目前，计算机最高运行速度已达到每秒数千亿次，从而使过去需要几年甚至几十年的计算工作，现在仅用几天、几小时甚至几分钟就可以得到正确的计算结果。

2.2.2 精度高

只要原始数据足够精确，就可以设计出达到用户所希望的计算精度的计算机。一般计算工具只有几位有效数字，而计算机有效位数可达几十位，甚至更多，其他计算工具都无法实现。

2.2.3 具有逻辑判断能力

电子计算机具有"逻辑判断"能力是计算机又一个十分重要的特点。它使计算机能够进行资料分析、情报检索、逻辑推理、决策判断等工作，极大地扩展了计算机的应用范围。

2.2.4 具有记忆功能

在计算机组成中，存储器是具有记忆功能的器件，它能够存储大量数据、中间结果、计算指令及各种信息。随着电子技术、光学技术的发展，各种大容量存储器不断诞生，计算机存储记忆能力也会越来越强。

2.2.5 通用性强和应用范围广

同一台计算机，只要安装不同软件或连接到不同设备上，就可以完成不同任务，即计算机通用性强，且可以应用到社会生活和个人生活的各个方面，用途极其广泛。

2.3 电子计算机分类

计算机种类繁多，分类方法也很多，常见分类方式有以下几种。

2.3.1 按照信息和数据处理方式分类

（1）数字式计算机。数字式电子计算机是用不连续的数字量即"0"和"1"来表示信息，其基本运算部件是数字逻辑电路。数字式电子计算机的精度高、存储量大、通用性强，能胜任科学计算、信息处理、实时控制、智能模拟等方面的工作。人们通常所说的计算机就是指数字式电子计算机。

（2）模拟式计算机。模拟式电子计算机是用连续变化的模拟量即电压来表示信息，其基本运算部件是由运算放大器构成的微分器、积分器、通用函数运算器等运算电路组成。模拟式电子计算机解题速度极快，但精度不高、信息不易存储、通用性差，它一般用于解微分方程或自动控制系统设计中的参数模拟。

（3）数模混合式计算机。数字模拟混合式电子计算机是综合数字和模拟两种计算机的长处设计出来的。它既能处理数字量，又能处理模拟量，但是，这种计算机结构复杂、设计困难。

2.3.2 按照应用范围分类

（1）专用计算机。专用计算机是为解决一个或一类特定问题而设计的计算机。它的硬件和软件的配置依据解决特定问题的需要而定，并不求全。专用机功能单一，配有解决特定问题的固定程序，能高速、可靠地解决特定问题，一般在过程控制中使用此类计算机。

（2）通用计算机。通用计算机是为能解决各种问题，具有较强的通用性而设计的计算机。它具有一定的运算速度，有一定的存储容量，带有通用的外部设备，配备各种系统软件、应用软件等，目前使用的计算机多属此类。

2.3.3 按照规模和处理能力分类

（1）巨型计算机。巨型计算机通常是指速度非常快同时价格比较昂贵的计算机。巨型计算机一般用在国防和尖端科学领域。目前，巨型计算机主要用于战略武器的设计、空间技术、石油勘探、长期天气预报以及社会模拟等领域。世界上只有少数几个国家能生产巨型计算机，我国自行研制的银河－1（每秒运算1亿次以上）、银河－Ⅱ（每秒运算10亿次以上）和银河－Ⅲ（每秒运算100亿次以上）都属于巨型计算机之列。

（2）大型计算机。大型计算机包括中型计算机，这是在微型计算机出现之前最主要的计算模式，即把大型主机放在计算中心的特定空间中，用户要完成复杂计算任务就要去计算中心的终端工作。大型主机经历了批处理阶段、分时处理阶段，进入了分散处理与集中管理的阶段。不过，随着微计算机与网络的迅速发展，大型主机正在走下坡路。许多计算中心的大型计算机正在被高档微计算机群取代。

（3）小型计算机。由于大型主机价格昂贵，操作复杂，更多的企事业单位无力购买这些大型计算机。小型计算机应运而生，小型计算机一般为中小型企事业单位或某一部门所用。例如，高等院校的计算机中心都以一台小型计算机为主机，配以几十台甚至上百台终端机，以满足大量学生学习程序设计课程的需要。当然其运算速度和存储容量都比不上大型主机。

（4）微型计算机。微型计算机是目前广泛使用的且发展最快的计算机。微型计算机的特点是轻、小、价廉、易用。在过去20多年中，平均每两年微型机使用的CPU芯片集成度增加一倍，处理速度提高一倍，价格却降低一半。随着芯片性能的提高，微型计算机的功能越来越强大。今天，微型计算机的应用已遍及各个领域：从工厂的生产控制到政府的办公自动化，从商店的数据处理到个人的学习娱乐，几乎无处不在、无所不用。

微型计算机按照一次能传输和处理的二进制位数可以把计算机分为8位机、16位机、32位机及64位机等各种类型。

微型计算机如果按系统规模划分，可以分为单片机、单板机、便携式微计算机、个人机及微计算机工作站等计算类型。

（5）工作站。工作站是介于个人计算机——PC机和小型计算机之间的一种高档微型计算机。工作站通常配有高档CPU、高分辨率的大屏幕显示器和大容量的内外存储器，具有较强的数据处理能力和高性能的图形功能。它主要用于图像处理、计算机辅助设计（CAD）等领域。

（6）服务器。随着计算机网络的日益推广和普及，一种可供网络用户共享的、高性能的计算机应运而生，这就是服务器。服务器一般具有大容量的存储设备和丰富的外部设备，在服务器上运行网络操作系统，要求较高的运行速度，对此很多服务器都配置了双CPU。服务器上的资源可供网络用户共享。

3 电子计算机系统组成

3.1 计算机系统组成

完整的计算机系统包括硬件系统和软件系统两大部分。计算机系统组成如图 1-3 所示。硬件系统是指计算机系统中各种物理装置，是计算机系统的物质基础。软件系统是相对硬件系统而言，指实现算法的程序、数据及其文档，包括计算机本身运行所需的系统软件和用户完成任务所需的应用软件，它主要解决如何管理和使用计算机的问题。如果能运行著名计算机厂家生产的计算机软件，而又不是这些厂家生产的计算机，则称为兼容机。

如果计算机没有硬件系统，则相当于"废铁"，根本不能使用，而有硬件系统而不含任何软件的计算机称"裸机"，裸机也不能正常工作。硬件系统和软件系统在计算机系统中相辅相成、缺一不可。

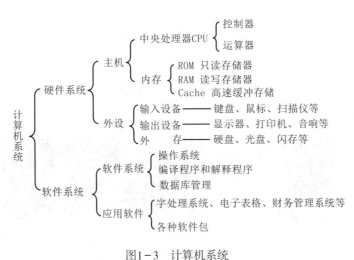

图1-3 计算机系统

3.2 计算机硬件系统

计算机硬件系统组成也称计算机基本组成。计算机硬件系统组成包括运算器、控制器、存储器、输入设备和输出设备 5 个部分。

3.2.1 运算器

运算器又称算术逻辑单元（arithmetic logic unit，简称 ALU），也称算逻部件。它是计算机对数据进行加工处理的部件，计算机所有数据加工处理操作主要由运算器完成，包括算术运算（加、减、乘、除等）和逻辑运算（与、或、非、异或、比较等）两种。

3.2.2　控制器

控制器控制计算机进行有条不紊的工作，它首先从存储器取出指令，并对指令进行译码。接着，根据指令要求，按时间先后顺序，负责向其他各部件发出控制信号，保证各部件协调一致地工作，一步一步地完成各种操作。控制器主要由指令寄存器、译码器、程序计数器及操作控制器等组成。

硬件系统的核心是中央处理器（central processing unit，简称CPU），微机的中央处理器简称微处理器，它主要由控制器、运算器组成，并采用大规模集成电路工艺制成芯片，中央处理器的作用是对数据进行加工处理并使计算机各部件自动协调地工作。CPU品质的高低直接决定一个计算机系统的档次，反映CPU品质的最重要的指标是主频与字长。

3.2.3　存储器

计算机存储器是微机存储和记忆装置，负责存储数据和程序。存储器种类很多，按用途可分为主存储器和辅助存储器，主存储器又称内存储器，辅助存储器又称外存储器。内存储器的特点是存取速度快，但容量小、价格贵；外存储器的特点是容量大、价格低，但存取速度慢。内存储器用于存放那些立即要用的程序和数据；外存储器用于存放暂时不用的程序和数据。内存储器和外存储器之间常常频繁地交换信息。

（1）内存储器（内存）。内存储器是由半导体器件构成，如图1-4所示，内存储器与CPU合称为主机。

图1-4　内存储器

CPU对内存操作有两种：读或写。读操作是CPU将内存单元内容读入CPU内部，而写操作是CPU将其内部信息传送到内存单元保存起来。读操作把该内存单元内容读"走"之后仍然保持原信息，是非破坏性的；而写操作的结果将改变被写内存单元的内容，是破坏性的。从使用功能上分，内存可分成两大类即随机存储器与只读存储器。

● 随机存储器。随机存储器（random access memory，简称RAM），可以被CPU随机地读写，故又称为读写存储器。它的特点是可以读出也可以写入，这种存储器用于存放用户装入的程序、数据及部分系统信息。读出时并不损坏原来存储的内容，只有写入时才修改原来所存储的内容。断电后，存储内容立即消失，即具有"易失性"。

● 只读存储器。只读存储器（read only memory，简称ROM），顾名思义只读不写。它的特点是只能读出原有内容，不能由用户再写入新内容。原来存储内容是由厂家采用掩膜技术一次性写入，并永久保存下来。它一般用来存放专用的固定程序和数据，不会因断电而丢失。

● 高速缓冲存储器（cache）。高速缓冲存储器是存在于主存与CPU之间的一级存储器，是为了解决CPU和主存之间速度不匹配而采用的一项重要技术，由静态存储芯片（static random-access memory，SRAM）组成，容量比较小但速度比主存高得多，接近于CPU的速度。在计算机存储系统的层次结构中，是介于中央处理器和主存储器之间的高速小容量存储器。

（2）外存储器（外存）。外存主要有磁盘存储器、磁带存储器和光盘存储器等，如图1-5所示。属于输入、输出设备，它只能与内存储器交换信息，不能被计算机系统的其他部件直接访问，一般断电后仍然能保存数据。

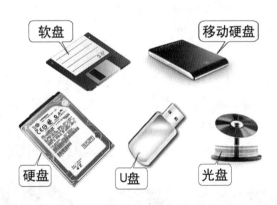

图1-5　常用外部存储器

● 软盘

软磁盘使用柔软的聚酯材料制成原型底片，在两个表面涂有磁性材料。常用软盘直径为3.5英寸，存储容量为1.44 MB。软盘通过软盘驱动器来读取数据，目前，计算机基本已经淘汰这种软盘存储模式。

● U盘

U盘全称为USB闪存盘，（USB flash disk）。它是一种使用USB接口的无须物理驱动器的微型高容量移动存储产品，通过USB接口与电脑连接，实现即插即用。由于U盘的体积小、存储量大及携带方便等诸多优点，U盘已经完全取代软盘的地位。

● 硬盘

计算机最主要的存储设备。硬盘（hard disk drive，简称HDD）全名温彻斯特式硬盘，由一个或者多个铝制或者玻璃制的碟片组成。这些碟片外覆盖有铁磁性材料。绝大多数硬盘都是固定硬盘，被永久性地密封固定在硬盘驱动器中。

● 移动硬盘

移动硬盘是以硬盘为存储介质，用于计算机之间交换大容量数据且强调便携性的存储产品。移动硬盘具有容量大、传输速度高、便携性强和使用方便等特点，因此受到计算机用户的青睐。

● 光盘

光盘指利用光学方式进行信息存储的圆盘。它应用光存储技术，即使用激光在某种介质上写入信息，然后再利用激光读出信息。光盘存储器可分为 CD-ROM、CD-R、CD-RW 和 DVD-ROM 等。

综上所述，内存与外存有很多不同之处，内存可以直接被 CPU 访问，外存不能直接被 CPU 访问；内存信息是暂时的，外存信息是可以永久保存的；相对来说，内存容量小价格高，外存容量大价格低；内存速度快，外存速度慢。

3.2.4　输入设备

输入设备是重要人机接口，用户将输入原始信息（包括数据、程序和指令）通过输入设备输入存储器保存。微机中常见输入设备有键盘、鼠标、光笔、扫描仪、触摸屏及语音输入系统等，如图 1-6 所示。其中，键盘和鼠标是最常用输入设备。图形扫描仪是一种图形、图像专用输入设备，利用它可以迅速地将图形、图像、照片及文本从外部环境输入到计算机中。

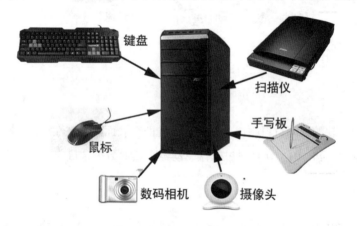

图1-6　常用输入设备

3.2.5　输出设备

输出设备是计算机系统与外部世界沟通的重要外部设备，它将存储在内存中的计算机处理结果或其他信息，以能为人们所接受的或能为其他计算机所接受的形式输出，它是计算机实用价值的生动体现。微机中常用的输出设备有显示器、打印机及绘图仪等。

（1）显示器。显示器是人与计算机进行对话的主要工具，如图1-7所示，也是微型机不可缺少的输出设备，用户通过它可以方便地查看输入计算机的程序、数据、图形等信息及经过计算机处理后的中间结果、最后结果。目前，各种类型微机包括台式机和笔记本，大部分都使用液晶显示器。

显示器分辨率一般用整个屏幕上光栅的列数与行数的乘积来表示。这个乘积越大，分辨率就越高。常用的分辨率是：640×480、800×600、1024×768、1280×1024 等。显示器必须配置正确的适配器（俗称"显示卡"）才能构成完整显示系统。

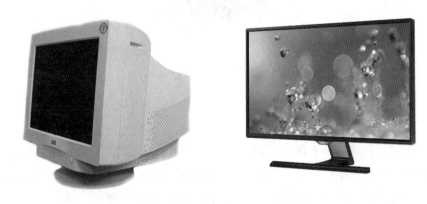

图1-7　显示器

（2）打印机。打印机（printer）是计算机常见的输出设备之一，如图1-8所示，其作用是输出文字或图形，供用户阅读和保存。打印机按工作机构可分为两类：击打式和非击打式。其中，微机系统常用的点阵打印机属于击打式打印机，喷墨打印机和激光打印机属于非击打式打印机，目前非击打式打印机应用越来越广。但无论是击打式或非击打式打印机，它们都各有特点。

● 针式打印机：价格低，噪声大，打印质量差。

● 喷墨打印机：价格低，噪声小，打印质量好，可打印彩色，适合家庭使用，但消耗费用高（墨盒贵）。

● 激光打印机：速度快，分辨率高，无噪声，价格高，但难实现彩色打印。

图1-8　针式、喷墨、激光打印机

（3）绘图仪。绘图仪是一种输出图形的硬拷贝设备，如图 1-9 所示。绘图仪在绘图软件的支持下绘制出复杂、精确的图形，是各种计算机辅助设计不可缺少的工具。

图1-9　绘图仪

3.3　计算机软件系统

计算机软件系统包括系统软件和应用软件两大类，软件系统和硬件系统联系密切，没有软件系统的硬件系统没有任何用途，同样硬件系统配置不同的软件系统，其功能也完全不一样。例如，磁盘操作系统 DOS 与 Windows 操作系统的功能完全不一样。

3.3.1　系统软件

系统软件是指管理、控制和维护计算机及其外部设备、提供用户与计算机之间界面的软件。它主要包括操作系统软件、各种语言的处理程序、各种服务性程序、各种数据库管理系统。

（1）操作系统软件。例如，DOS、Windows 系列、Linux 等。

（2）各种语言的处理程序。例如，低级语言、高级语言、编译程序、解释程序。

（3）各种服务性程序。例如，机器的调试、故障检查和诊断程序、杀毒程序等。

（4）各种数据库管理系统。例如，SQL Sever、Oracle、Informix 等。

3.3.2　应用软件

应用软件是指专门为了某种使用目的而编写的程序系统。例如，由美国微软（Microsoft）公司开发的办公自动化软件包 Microsoft Office 就是应用软件，它包括字处理软件 Word、表格处理软件Excel、演示软件PowerPoint等；专用的财务软件、人事管理软件；计算机辅助软件，例如，AutoCAD 等。

应用软件一般不能独立在计算机上运行，必须有系统软件支持，支持应用软件运行的系统软件是操作系统。系统软件与应用软件之间并没有严格界限。有些软件夹在它们两者中间，不易分清其归属。例如，目前有一些专门用来支持软件开发的软件系统（软件工具），包括各种程序设计语言(编程和调试系统)、各种软件开发工具等。它们不涉及用户的具体应用细节，但也能为应用开发提供支持，它们是一种"中间件"。

3.4　微机技术指标

针对不同用途的计算机，不同部件的性能指标要求有所不同。例如，对于以科学计算为主的计算机，则对主机运算速度要求很高；对于处理以大型数据库为主的计算机，则对主机内存容量、存取速度和外存储器的读写速度要求较高；对于网络传输的计算机，则要求有很高的I/O速度。因此，应当有高速的I/O总线和相应的I/O接口。如何评价一台计算机的性能，主要由下列5项指标衡量。

3.4.1　字长

字长是指CPU能同时处理二进制数据的基本位数（bit）。字长决定计算机的寄存器、加法器、存储单元和数据总线等的位数，直接影响硬件的价格。字长又标志着计算机的精度和运行速度，为了适应不同需要并协调精度与价格的关系，在计算机中设计了变字长计算，又因指令和数据都存放主存储器中，指令长度受到字长的限制，字长直接影响着指令系统功能的强弱。

3.4.2　主频（时钟频率）

主频是指CPU在单位时间内发出的脉冲数。单位通常是MHz（兆赫兹）、GHZ（吉赫兹）。主频越高，CPU速度就越快。CPU速度是指计算机每秒钟能执行的指令数。单位通常是MIPS，即以每秒百万条指令作为计量单位。

3.4.3　存储容量

内存主要功能是存放程序和数据。存储容量（内存容量）即主存储器的容量，是指内存储器能够存储信息的总字节数。微机的存储容量越大性能越强。存储器中信息是用"1"和"0"组成的二进制的形式来表示，一个二进制位为1 bit（比特）。

存储容量的基本单位是"字节"（byte）。8个二进制位组成1个字节。存储容量单位还有kB、MB、GB和TB等，换算关系如下：

1 kB（千字节）=1024 B

1 MB（兆字节）=1024 kB

1 GB（千兆字节）=1024 MB

1 TB（百万兆字节）=1024 GB

3.4.4　软件、硬件配置

计算机的软件配置主要体现如下：适合本机工作需要、兼容性好、功能完善的操作系统。计算机的硬件配置主要体现如下：计算机的兼容性、可扩展性、外设优良。

3.4.5　可靠性

计算机的可靠性一般可用平均无故障运行时间来衡量。它是指在相当长的运行时间内，机器工作时间除以运行时间内的故障次数。

4 电子计算机语言及工作原理

4.1 计算机指令

计算机可以根据人们预定的安排自动完成数据的快速计算和数据的加工处理等各种基本操作，而人们预定的安排是通过一连串指令来表达的。

4.1.1 指令

指令就是规定计算机执行的一个基本操作。具体指能被计算机识别并执行的一串二进制代码，它规定了计算机能完成的某一种操作。例如，加法、减法、传送数据、发控制电压脉冲等，这些简单的基本工作叫作计算机指令。

4.1.2 指令系统

计算机所能识别的一组不同指令的集合，称为指令集，或称指令系统。

在计算机的指令系统中，主要使用单地址指令和二地址指令。指令中的第 1 个字节是操作码，规定计算机要执行的基本操作。第 2 字节、第 3 字节是操作数。例如，有一条单地址指令 00111110 00000111，由此可见，指令完全是用二进制数据表示的。

4.1.3 程序

计算机无论进行多么复杂和高级的工作，都把指令按照一定的规则排列成序列，然后逐条地执行指令，最后完成整个工作。程序是指有具有一定的执行顺序并能完成一定目标的工作指令序列。一个程序规定了计算机完成一个完整的任务。

4.2 计算机语言

语言是人们进行交流思想的工具，计算机语言是人与计算机之间进行信息交流的工具，利用计算机解决问题必须用某种"语言"和计算机进行交流。具体地说，就是利用某种计算机语言提供的命令来编制程序，并把程序存储在计算机存储器中，然后在程序的控制下运行计算机，达到解决问题的目的。用于编写计算机可执行程序的语言称为程序设计语言，程序设计语言按其发展经历了从低级语言到高级语言的发展过程，具体分为机器语言、汇编语言和高级语言。

4.2.1 机器语言（machine language）

机器语言是由"1"和"0"组成的一组代码指令，即用二进制代码表示，是计算机唯一能够直接识别的语言。不同类型的计算机都有相应的指令，它指挥计算机去完成最基本操作。不同类型的计算机，其机器语言不同。因此，在一种机器上编写的机器语言程序，在另一种类型机器上不一定能够运行。

4.2.2　汇编语言（assemble language）

机器语言由于难辨认、难记忆，不易修改和检查，于是，人们采用助记符来表示二进制代码指令。汇编语言实际是由一组与机器语言指令一一对应的符号指令和简单语法组成的，即用助记符号表示二进制代码形式的机器语言。汇编语言又称符号语言。其中，助记符号系英文单词缩写，汇编语言便于记忆。它比机器语言易读、易查、易改，且执行速度也较快。

4.2.3　高级语言（highlevel language）

机器语言和汇编语言都是面向机器语言，一般称为低级语言，编制的程序离不开具体计算机指令，对计算机依赖性太大。在一种机器上编写的汇编语言程序，到另外一种型号的机器上往往不能运行。为了解决这个难题，在 20 世纪 50 年代末研制出与具体计算机指令系统无关、完全或基本独立于机器、表达方式接近于被描述的问题，且易被人们掌握和书写的高级语言，高级语言又称算法语言，它的出现是计算机史上的一个里程碑。

高级语言是适用于各种机器的计算机语言，它对机器的依赖性低。目前，高级语言有数百种，例如，C 语言、Java 语言等。由于机器语言是计算机唯一能识别的语言，所以必须将高级语言翻译成机器语言。将高级语言翻译成机器语言有两种翻译程序，一种叫"编译程序"，另一种叫"解释程序"。

编译程序把高级语言所写的程序作为一个整体进行处理，编译后与子程序库链接，形成一个完整的可执行程序。这种方法的缺点是编译、链接较费时，但可执行程序运行速度很快。Fortran、C 语言等都采用这种编译方法。

解释程序则对高级语言程序逐句解释执行。这种方法的特点是程序设计的灵活性大，但程序运行效率较低。

综上所述，机器语言能被机器直接识别和执行的二进制代码，难学、难记、难修改，通用性差。但是，代码不用翻译，占用空间小，执行速度快。汇编语言克服了机器语言的难记、难改的缺点，同时也保持了变成质量高、占用空间小、执行速度快的优点。高级语言由表达各种意义的词和数学公式按照一定的语法规则来编写程序的语言。高级语言与自然语言相似，比自然语言更加单调、严谨和富有逻辑性。易学、易读、易修改，通用性好，不依赖于机器语言。但是，高级语言必须经过语言处理程序的翻译或解读才能被机器接收。

4.3　计算机工作原理

计算机工作过程是通过执行编写的程序实现的。程序编写完毕，由输入设备将数据和程序输入计算机，保存在存储器里。计算机的实际功能就是中央处理器（CPU）不断地、快速地执行程序中的若干个指令的操作。计算机之所以能够有条不紊地完成各种操作（如图 1-10 所示），是计算机各个部件协调一致工作的结果，具体步骤如下：

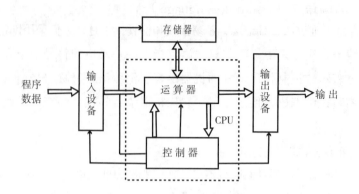

图1-10 计算机硬件系统及工作过程

第1步，输入设备将数据或程序存放在存储器中，控制器从存储器中按顺序取出指令。

第2步，计算机从存储器中取出程序指令送到控制器去识别（控制器进行指令译码），分析指令（分析该指令要做什么事），然后按指令功能向各部件发出控制命令，把有关数据由存储器移到运算器内。

第3步，将控制器指挥运算器来执行算术运算和逻辑运算，完成这条指令规定的任务，再把运算结果送回存储器指定的单元中。

第4步，当运算任务完成后，就可以根据指令将结果通过输出设备输出。

执行完一条指令后，控制器会自动地取出下一条要执行的指令，进入分析指令、执行指令，这样周而复始，直至任务结束。计算机执行程序的过程，就是重复地执行取出指令、分析指令、执行指令，在程序的控制下，计算机完全能够按照人们的需要自动地进行操作。

5 数据在电子计算机中的存储及运算

5.1 数据概述

数据是指能够输入计算机并被计算机处理的数字、字母及符号的集合。平常所看到的景象和听到的事实都可以用数据来描述。但当数据以某种形式经过处理、描述或与其他数据比较时，便赋予了意义，即信息。数据是信息的载体，信息有意义，而数据没有。

在计算机中具有两种不同稳定状态而且能相互转换的器件，都可以用"0"或"1"即一位二进制数来表示。依照冯·诺依曼体系，用"0"和"1"表示二进制数据，并且计算器只能理解"0"和"1"数据。即数据在计算机中都是以"0"和"1"进行存储和运算，这是冯·诺依曼体系的基础。

5.1.1　进制概念

进制即进位制，是规定一种进位的方法。任何一种进制即 X 进制，表示某一位置上的数运算时逢 X 进一位。每一种数制都与它所在位的权值有关。

例1　十进制 1234.55 可表示为

$1234.55 = 1 \times 10^3 + 2 \times 10^2 + 3 \times 10^1 + 4 \times 10^0 + 5 \times 10^{(-1)} + 5 \times 10^{(-2)}$（即十进制的权为 10 的某次幂）

例2　二进制数 10111.01 可表示为

$10111.01 = 1 \times 2^4 + 0 \times 2^3 + 1 \times 2^2 + 1 \times 2^1 + 1 \times 2^0 + 0 \times 2^{-1} + 1 \times 2^{-2}$（即二进制的权为 2 的某次幂）

通过上述两个例子可以看出，任何一种数制表示的数都可以写成按位权展开的多项式之和，即采用位权表示法。由于处在不同位置上的数字所代表的值不同，一个数字在某个固定位置上所代表的值是确定的，这个固定位上的值称为位权。位权与基数关系是各进位制中位权的值恰好是基数的若干次幂。

5.1.2　数据在计算机中的存储及运算

计算机中的数据在计算机中的存储及运算采用二进制，采用二进制是由它的实现机理决定的，原因如下：

（1）技术实现简单。计算机由逻辑电路组成，逻辑电路通常只有两个状态，开关的接通与断开，这两种状态正好可以用"1"和"0"表示。

（2）简化运算规则。两个二进制数运算规则简单，有利于简化计算机内部结构，提高运算速度，并且二进制与十进制数易于互相转换。

（3）适合逻辑运算。逻辑代数是逻辑运算理论依据，二进制只有两个数码，正好与逻辑代数中的"真"和"假"相吻合。

5.1.3　常用进制

人类思维方式常用十进制，而数据在计算机中存储及运算采用二进制，对于编程人员利用二进制优点包括容易表示、运算规则简单、节省设备，但二进制难记、容易错。因此，利用八进制、十六进制表达二进制字符串是最佳方式，这是八进制和十六进制出现的原因。通常在数字后面加上字母 B 表示二进制、字母 O 表示八进制、字母 D 或不加任何字母来表示十进制数，字母 H 表示十六进制。

（1）十进制（D）。由 0，1，2，3，4，5，6，7，8，9 共 10 个数字符号组成，基数为 10，运算由低位向高位进位规则逢十进一，由低位向高位借位规则借一当十。

（2）二进制（B）。由 0，1 共 2 个数字符号组成，基数为 2，运算规则逢二进一，借一当二。

（3）八进制（O）。由 0,1,2,3,4,5,6,7 共 8 个数，基数为 8，运算规逢八进一，借一当八。

（4）十六进制（H）。由 0，1，2，3，4，5，6，7，8，9，A，B，C，D，E，F 共 16 个数。其中，A～F 相当于十进制 10，11，12，13，14，15。运算规则逢十六进一，借一当十六。

5.2　二进制各种运算

二进制运算包括算术运算和逻辑运算。

5.2.1　二进制算术运算

（1）加法运算：0+0=0；0+1=1；1+0=1；1+1=10。

例 1　1101 ＋ 1011

被加数		1	1	0	1
加数	＋	1	0	1	1
	1	1	0	0	0

（2）减法运算：0-0=0；0-1=1（借位）；1-0=1；1-1=0。

例 2　1101 ＋ 1011

被减数		1	1	0	1
减数	－	1	0	1	1
		0	0	1	0

（3）乘法运算：0×0=0；0×1=0；1×0=0；1×1=1。

例 3

				1	1	1	1
			×	1	1	0	1
				1	1	1	1
			0	0	0	0	
		1	1	1	1		
	1	1	1	1			
1	1	0	0	0	0	1	1

（4）除法运算：0÷0=0；0÷1=0；1÷0= 无意义；1÷1=1。

5.2.2　二进制逻辑运算

（1）逻辑加法运算。逻辑加法运算也称"或"运算，一般用"+"或"∨"符号表示。0+0=0 ∨ 0=0；0+1=0 ∨ 1=1；1+0=1 ∨ 0=1；1+1=1 ∨ 1=1。

（2）逻辑乘法运算。逻辑乘法运算也称"与"运算，一般用"×"或"∧"符号表示。0×0=0 ∧ 0=0；0×1=0 ∧ 1=0；1×0=1 ∧ 0=0；1×1=1 ∧ 1=1。

（3）逻辑非运算。逻辑非运算也称"否"运算。0 的非运算为 1；1 的非运算为 0。

5.3 计算机中的数制转换

5.3.1 十进制转换二进制

人们在日常使用数制中习惯采用十进制数，而计算机内部又采用二进制数，因此，符合我们人类思维的数据都要通过一定转换才能被正确地存储到计算机中。进行十进制与二进制之间的互相转换，把十进制数转换成二进制数，分整数、小数两种情况。

（1）十进制整数转换二进制。如果是十进制整数，那么简单概括为"除2取余法"，具体方法如下：

将十进制数整数反复被2除（即辗转相除），直到商是0为止，将所得余数从最后一次余数读起（按箭头方向），就是十进制整数所对应二进制整数，如例1。

（2）十进制小数转换二进制。如果是十进制小数简单概括为"乘2取整法"，具体方法如下：

将十进制数小数反复被2乘，直到小数部分为零，将所得的整数部分从第1次整数读起（按箭头方向），就是这个十进制小数所对应二进制小数，如例2。

例1 （25）d 转换 b 进制。   **例2** （0.625）10 转换二进制数。

（25）d=（11001）b   （0.625）d=（0.101）b

$$
\begin{array}{r|l}
2 & 2\;5 \\
2 & 1\;2 \quad (1 \\
2 & 6 \quad (0 \\
2 & 3 \quad (0 \\
2 & 1 \quad (1 \\
& 0 \quad (1
\end{array}
$$

$$
\begin{array}{r}
0.6\;2\;5 \\
\times \qquad 2 \\
\hline
1.2\;5\;0 \quad (1 \\
\times \qquad 2 \\
\hline
0.5\;0\;0 \quad (0 \\
\times \qquad 2 \\
\hline
1.0\;0\;0 \quad (1
\end{array}
$$

因此，（25）d=（1 1 0 0 1）b ；（0.625）d=（0.101）2。

注意：如果一个十进制小数在乘以2若干次后，小数部分仍不为零，那么根据精度要求进行取舍。

例3 求 125.375 等值的二进制数。

方法：整数部分除2取余数，小数部分乘2取整数（思考）。

注意：一个十进制整数能准确转换为二进制数，而一个十进制小数则不一定能准确转换为二进制数。

5.3.2 十进制转换任意进制

十进制转换任意进制原则：①如果是十进制整数采取除以任意进制后取余数。②如果是十进制小数采取乘以任意进制后取整数。

5.3.3 二进制转换十进制

二进制转换十进制的原则简单概括为"按权相加",即各位二进制数乘以与其对应权之和即为与该二进制数相对应十进制数。

例4 求(1100101.101)2 等值十进制。

$$（1100101.101）2=1 \times 2^6+1 \times 2^5+0 \times 2^4+0 \times 2^3+1 \times 2^2+0 \times 2^1+1 \times 2^0+1 \times 2^{（-1）}+$$
$$0 \times 2^{（-2）}+1 \times 2^{（-3）}$$
$$=64+32+0+0+4+0+1+0.5+0.125$$
$$=（101.625）10$$

因此,(1100101.101)2=(101.625)10。

5.3.4 二进制转换八进制

等值二进制数比十进制数位数长,读起来不方便。为使位数压缩短,同时与二进制数进行转换比较直观,常采用八进制数(或十六进制数)。

二进制转换八进制原则:以小数点为界向左或向右每3位一组,最后一组不足3位填0补足3位,然后把每组3位二进制数写成相应1位八进制。

例5 (11 100 001. 101 110 11)2=(？)8 以小数点为界进行分组如下:

   011 100 001. 101 110 110

    3   4   1 5   6   6

因此,(11100001.10111011)2=(341.566)8。

5.3.5 八进制转换二进制

八进制转换二进制原则:把每一位八进制转换相应3位二进制。

例6 将(741.566)8 转换成为二进制数。

(741.566)8=(111 100 001.101 1101 10)2

5.3.6 二进制转换十六进制

二进制转换十六进制原则:以小数点为界向左或向右每4位一组,最后一组不足4位填0补足4位,然后把每组4位二进制数写成一位十六进制。

例7 将(1011010. 10111)2 转换为十六进制数。

   0101 1010. 1011 1000

    5   A.   B   8

因此,(1011010. 10111)2=(5A. B8)16。

5.3.7 十六进制转换二进制

十六进制数简短,便于书写和读数。又容易转换成二进制数,与计算机本身结构相适应,在微机中应用很普遍。它既可用来表示机器指令和常数,又可用来表示各种字符和字母。十六进制转换二进制原则：把每一位十六进制转换相应的 4 位二进制。

例8 将（5A.B8）16转换成为二进制数。

5	A.	B	8
0101	1010	1011	1000

因此，（5A. B8）16=（01011010.10111000）2=（1011010.10111）2。

注意：为了熟练进行各种进制之间互相转换必须熟记表1-1内容。

表1-1 十进制、二进制、八进制、十六进制数对照

十 进 制	二 进 制	八 进 制	十六进制
0	0	0	0
1	1	1	1
2	10	2	2
3	11	3	3
4	100	4	4
5	101	5	5
6	110	6	6
7	111	7	7
8	1000	10	8
9	1001	11	9
10	1010	12	A
11	1011	13	B
12	1100	14	C
13	1101	15	D
14	1110	16	E
15	1111	17	F
16	10000	20	10

5.4 计算机中的数据和编码

计算机中的数用二进制来表示，数的符号也用二进制表示，把一个数连同其符号在机器中的表示加以数值化，这样的数称为机器数。一般用最高位来表示符号，正数用"0"表示，负

数用 "1" 表示。

5.4.1 BCD码

在计算机中只能识别二进制数码信息，因此，一切字母、数字、符号等信息都要用二进制特定编码来表示。那么，十进制数的二进制编码如何呢？向计算机输入数或从输出设备看到的数通常都是用人们习惯的十进制数进行。不过，这样的十进制数在计算机中用二进制编码来表示即常用编码是 BCD 码。即每一位十进制数写成相应 4 位二进制数。

例 1 十进制数是 491.62 的 BCD 码为（0100 1001 0001. 0110 0010）BCD。

5.4.2 ASCII码

计算机处理信息除了数字之外还需要处理字母、符号等，例如，键盘输入及打印机、CRT 输出信息大部分是字符。因此，计算机中字符也必须采用二进制编码形式。编码方式有多种，微型机中普遍采用 ASCII 码（American standard code for information interchange），即美国标准信息交换代码。这种编码方案中，用 8 位二进制来存放一个字符，其中，最高位即第 7 位可以用于奇偶校验位，其余 7 位可以用来表示 128 个不同的字符，其中包括数码（0～9），以及大小写英文字母等可打印的字符。例如，大写字母 "A" 的 ASCII 码对应的十进制数是 65，大写 B 的 ASCII 码十进制数是 66，同理余下的大写字母 ASCII 码可以依此推出。小写字母 "a" 的 ASCII 码对应十进制数是 97，依此推出其余的小写字母的 ASCII 码值。0 的 ASCII 码值对应的十进制数是 48，1 的 ASCII 码字母对应的十进制数是 49，依此类推，数字 2～9 的 ASCII 码可以推出。

计算机对字符处理实际上是对字符内部码进行处理。例如，比较字符 A 和 E 的大小，实际上是对 A 和 E 内部码 65 和 69 进行比较。字符输入时，按一下键，该键所对应的 ASCII 码即存入计算机。把一篇文章中所有字符录入计算机中，计算机里实际存放的是一串 ASCII 码。

在计算机中存储和处理图形同样要用二进制数字编码形式。要表示一幅图片或屏幕图形，最直接的方式是 "点阵表示"。在这种方式中，图形由排列成若干行、若干列像元（pixels）480 行，每行 640 个点，则该图形的分辨率为 640×480。这与一般电视机分辨率差不多。像元实际上就是图形中一个个光点，一个光点可以是黑白，也可以是彩色，一个 640×480 像元阵列需要（640×480）/8=38400 字节存储。

5.4.3 原码、补码和反码

在计算机中对带符号数的表示方法有原码、补码和反码 3 种形式。

（1）原码。原码表示法规定符号位用数码 0 表示正号，用数码 1 表示负号，数值部分按一般二进制形式表示。

例 2 N1=+1000100；N2=-1000100。

[N1] 原 =01000100；[N2] 原 =11000100。

（2）反码。反码表示法规定正数反码和原码相同，负数反码是对该数的原码除符号位外各位求反。

例 3　[N1] 反 =01000100；[N2] 反 =10111011。

（3）补码。正数补码与原码相同，负数补码则先对该数的原码除符号外各位取反，然后末位加 1。

例 4　[N1] 补 =01000100；[N2] 补 =10111100。

例 5　求 25 的原码、反码、补码。

由于 25 的二进制数为 11001，因此，25 的原码、反码、补码均为 00011001。

例 6　求 −26 的原码、反码、补码。

由于 26 的二进制数为 11010，因此，−26 的原码 10011010，反码 11100101，补码为 11100110。

6　多媒体技术

6.1　媒体

媒体其实包括感觉媒体、表示媒体、显示"媒体"、存储媒体、传输媒体五类，而在计算机行业里，媒体主要指表示媒体和存储媒体。其中，表示媒体指用于数据交换的编码，如图像编码、文本编码和声音编码等。存储媒体是指进行信息存储的媒体，如硬盘、软盘、光盘、磁带、RAM 和 ROM 等。多媒体技术中的"媒体"主要是指表示媒体。

6.2　多媒体

目前，对于多媒体还没有统一确定的概念，这里将多媒体定义为：使用数字技术，依靠对文字、声音、静止画面、活动画面等多样化的表现形态来展示信息。其实"多媒体"作为一个形容词，必须附属于有明确意义的名词，即它只能用作定语，如多媒体终端和多媒体系统、多媒体技术等的说法是正确的，而单独说"多媒体"是没有意义的。

6.3　多媒体技术及特征

多媒体技术是指通过计算机对文字、数据、图形、图像、动画、声音等多种媒体信息进行数字化综合处理和管理，使用户可以通过多种感官与计算机进行实时信息交互的技术，使计算机具有交互展示不同媒体形态的能力。它极大地改变了人们获取信息的传统方法，符合人们在信息时代的阅读方式。

真正的多媒体技术所涉及的对象是计算机技术的产物，而其他的单纯事物，如电影、电视、音响等，均不属于多媒体技术的范畴。

多媒体技术有以下几个主要特性：

（1）控制性。多媒体技术是以计算机为中心，综合处理和控制多媒体信息，并按人的要求以多种媒体形式表现出来，同时作用于人的多种感官。

（2）集成性。能够对信息进行多通道统一获取、存储、组织与合成。

（3）交互性。交互性是多媒体应用有别于传统信息交流媒体的主要特点之一。传统信息交流媒体只能单向地、被动地传播信息，而多媒体技术则可以实现人对信息的主动选择和控制。

（4）多样性。媒体信息形式多样，媒体输入、传播、表现形式多样。媒体中所包含的文字、声音、图像、动画等信息扩大了计算机能处理的信息空间容量，使计算机超越了处理数值、文本等简单计算的应用。

（5）非线性。多媒体技术的非线性特点将改变人们传统循序性的读写模式。以往人们读写方式大都采用章、节、页的框架，循序渐进地获取知识，而多媒体技术将借助超文本链接（hyper text link）的方法，把内容以一种更灵活、更具变化的方式呈现给读者。

（6）实时性。当用户给出操作命令时，相应的多媒体信息都能够得到实时控制。

（7）信息使用的方便性。用户可以按照自己的需要、兴趣、任务要求、偏爱和认知特点来使用信息，任取图、文、声等信息表现形式。

6.4 各种多媒体信息的数字化

数字、文字、图像、语音以及可视世界的各种信息等，实际上都可以利用一些必要的仪器设备把各类非数字化资料采集为声、光、电等物理信号（也称为模拟信号），通过采样和量化，用二进制数字序列来表示；数字化后的信息也可以通过转换，还原出原来的信息。这样计算机不仅可以进行计算，也可以通过信息的还原发出声音、显示图像、打电话、发传真、放录像和看电影等。

（1）文本。文本是以文字和各种专用符号表达的信息形式，它是现实生活中使用得最多的一种信息存储和传递方式。它主要用于对知识的描述性表示，如阐述概念、定义、原理和问题以及显示标题、菜单等内容。其常见数字化形式主要有：文本文件格式（.txt）、Word 文档格式（.doc 或 .docx）、WPS 文档格式（.wps）、记事本文档格式（.rtf）等。

（2）图形、图像。图形多指由点、线、面构成的平面或三维立体的黑白或彩色几何图，也称矢量图。矢量图采用的是类似函数图像的方法，以记录图像的轨迹来记录图像，这种图像的好处是无论你怎么放大或缩小，可保证图像质量不变，但难以表现色彩层次丰富的逼真图像效果。

图像一般指静态图像，其表示形式为一矩阵，其每个元素代表空间的一个点即像素点，记录单个像素点的色彩信息来组成图像，这种图像即位图。

如果图像是纯黑白两色的，每个像素只用 1 或 0 表示即可。如果图像是 16 色的，每像素用 4 位二进数表示，因为 2^4=16，即 4 位二进制有 16 种组合，每种组合表示一种颜色就行了。真彩色位图的每个像素，都是由不同等级的红、绿、蓝 3 种色彩组合的，每种颜色有 2^8 个等级，所以共有 2^{24} 种颜色，因此，每个像素需要24位二进制数来表示。可见，数字图像越艳丽，则需要记录的二进制数就越多越长。除此之外，像素点越多，则一幅图的总数据量就越大，如一幅图有 11×14=154 像素，按真彩色位图来计算，则总数据量为 154×24=3696b（bit）。如果图像像素点过少则不能表现图片的细节，像素的数量就是图像的分辨率，如大家都熟悉的显示分辨率 1024×768。

位图图像适合表现层次和色彩比较丰富、包含大量细节的图像。彩色图像需要由硬件（显卡）合成显示。

自然界的图像数字化多是通过数码相机、扫描仪等设备对其进行采样，对于同一幅图像来说，用越多的点来记录，其效果越真实。

图像处理中图形图像文件存储有多种格式，常见的有 BMP（微软推出的位图格式）、GIF（压缩比较高，文件长度较小普遍用于网页应用）、TIF（一种非失真的压缩格式，通常用于专业的用途）、JPG（较成熟的彩色静止图像的编码技术，压缩比较大失真不明显）。

（3）动画、视频影像。人们习惯将摄像设备拍摄到的动态图像称为视频而将用计算机或绘画方法生成的动态图像称为动画。视频是图像的动态形式，是由一系列的静态画面按一定的顺序排列组成，每一幅图像称为"帧"，这些帧以一定速度连续投射到屏幕上，由于视觉的暂留现象产生动态效果。而动画就是利用人的视觉暂留特性，快速播放一系列连续运动变化的图形图像，也包括画面的缩放、旋转、变换、淡入淡出等特殊效果。

视频信号在生成、传递及显示过程中彩色空间表示与计算机的显示器显示彩色空间不同，需要通过特定公式进行两个彩色空间的转换，信号经过采样后的连续像素值转化为有限的离散值，其量化位数越大需要的存储空间越多，视频信号数字化后若不经过压缩数据量是非常庞大的，如连续显示分辨率为1280*1024的"真彩色"电视图像，帧速为 30 帧/秒，仅显示 1 分钟就需要 6.6 G（1280*1024*24*30*60）的数据存储量，这也是有些手机拍了视频后不压缩的文件非常大以至于不能正常在网络上传输的原因。为了能较好地压缩需对视频数据进行编码，目前数字视频编码技术主要有 JPEG、MPEG、H.264。

影像视频文件格式有 AVI（将视频与音频信息交错地保存在一个文件中，较好地解决了音频、视频同步问题，数据量较大需要压缩）、MOV（可以合成视频、音频、动画、静止图像等多种素材，数据量较大需要压缩）、MPEG/MPG（是运动图像压缩算法的国际标准，采用有损压缩方法减少运动图像中的冗余信息，压缩效率高，图像和音响的质量非常好）、DAT（是

VCD 专用的格式文件，与 MPEG 文件格式的文件结构基本相同）。

流媒体文件格式，流媒体是一种可以使音频、视频等多媒体文件在 Internet 上以实时的无须下载等待的流式传输方式进行播放的技术。文件格式主要有 RealMedia（可以根据网络数据传输速率的不同而采用不同的压缩比率，实现数据传输过程中边下载边播放视频影像）、ASF/WMV（是 Microsoft 为了和 Realplayer 竞争而开发出来的一种在 Internet 上实时传播多媒体的技术标准，WMV 是一种动态压缩技术）、QuickTime（是 Apple 计算机公司开发的一种视音频文件格式，用于保存视频和音频信息，具有先进的视频和音频功能，被几乎所有主流的 PC 机平台支持）。

（4）声音。在多媒体应用中，常见声音多为讲解、音乐、效果三类。音频技术主要包括音频数字化、语音处理、语音合成及语音识别四个方面。音频数字化技术发展较早，多媒体声卡就是采用此技术而设计的，数字音响也是采用了此技术取代传统的模拟方式而达到了理想的音响效果。音频采样包括两个重要的参数即采样频率和采样数据位数。采样频率即对声音每秒钟采样的次数，人耳听觉上限为 20 kHz 左右，常用的采样频率为 11 kHz、22 kHz 和 44 kHz 3 种。采样频率越高音质越好，存贮数据量越大。CD 唱片采样频率为 44.1 kHz，达到了目前最好的听觉效果。采样数据位数即每个采样点的数据表示范围，常用的有 8 位、12 位和 16 位 3 种。不同的采样数据位数决定了不同的音质，采样位数越高，存贮数据量越大，音质也越好。CD 唱片采用了双声道 16 位采样，采样频率为 44.1 kHz，因而达到了专业级水平。音频处理包括范围较广，但主要方面集中在音频压缩上，目前最新的 MPEG 语音压缩算法可将声音压缩至原来的 1/6。语音合成是指将正文合成为语言播放，国外几种主要语音的合成水平均已到实用阶段，汉语合成几年来也有突飞猛进的发展，实验系统正在运行。在音频技术中难度最大却最吸引人的技术当属语音识别，如微信软件中的听写输入、服务电话的口述命令等。

常见的音频格式 CD、WAV（音质最好）、MP3、WMA（音质次之）、RA（适用于在线播放）、MIDI（乐器数字接口，是 20 世纪 80 年代初为解决电声乐器之间的通信问题而提出的。是编曲界最广泛的音乐标准格式，可称为"计算机能理解的乐谱"）。

6.5　多媒体技术应用

（1）软件。多媒体编辑工具包括字处理软件、绘图软件、图像处理软件、动画制作软件、声音编辑软件以及视频编辑软件。

多媒体应用软件的创作工具（authoring tools）用来帮助应用开发人员提高开发工作效率，它们大体上都是一些应用程序生成器，它将各种媒体素材按照超文本节点和链结构的形式进行组织，形成多媒体应用系统。Authorware、Director、Multimedia Tool Book 等都是比较有名的多媒体创作工具。

（2）信息管理。多媒体信息管理的内容是多媒体与数据库相结合，用计算机管理数据、文字、图形、静态图像和声音资料。利用多媒体技术，把人事资料、文件、图纸、照片、录音、录像等，通过扫描仪、录音机和录像机等设备输入计算机，存储于光盘。在数据库技术支持下，通过计算机进行放音、放像和显示等，实现资料的查询。

（3）教育与训练。多媒体在教育上的应用，实质上是多媒体系统阅读电子书刊、演放教育类的多媒体节目。多媒体技术是传统计算机辅助教学软件的表现手段，从文字、图形和动画扩展成声音、动态图像，并具有极为强大的交互能力，便于学生自己掌握调速进度，达到因材施教的效果。

（4）演示系统。演示系统是指诸如在博物馆等场合用计算机向观众介绍各种知识，并把立体声、图形、图像、动画等结合起来。

（5）咨询系统。如旅游、邮电、交通、商业、金融、证券、宾馆咨询等，利用多媒体系统提供高质量的无人咨询服务。

（6）多媒体电子出版物。利用 CD-ROM 的大容量存储介质，代替各种传统出版物，特别是各种手册、百科全书、年鉴、音像、辞典等电子出版物。

（7）多媒体通信。多媒体计算机技术在通信工程中的应用，如可视电话、视频会议系统等。

 习题

一、选择题

1. 世界上公认的第1台电子计算机诞生时间是（ ）。

A. 20世纪70年代   B. 1946年

C. 1940年   D. 20世纪30年代

2. 使用晶体管制造的计算机应该属于（ ）。

A. 第1代计算机   B. 第2代计算机

C. 第3代计算机   D. 第4代计算机

3. 计算机最主要的工作特点是（ ）。

A. 存储程序与程序控制   B. 高速度与高精度

C. 可靠性与可用性   D. 具有记忆功能

4. 微机硬件的发展是以（　　　　）为标志。

A. 主机的发展　　　　　　　　B. 外设的发展

C. 微处理器的发展　　　　　　D. 控制器的发展

5. 指挥、协调计算机工作的设备是（　　　　）。

A. 输入设备　　　B. 输出设备　　　C. 存储器　　　D. 控制器

6. 下列说法中正确的是（　　　　）。

A. 运算器只能对数据进行加法运算

B. 运算器只能对数据进行减法运算

C. 运算器只能对数据进行逻辑运算

D. 运算器对数据进行逻辑运算和算术运算

7. 计算机的主存储器一般是由（　　　　）组成。

A. RAM和CPU　　　　　　　　B. RAM和硬盘

C. ROM和RAM　　　　　　　　D. ROM

8. 下列设备中，只能作为输出设备的是（　　　　）。

A. 绘图仪　　　B. 数码相机　　　C. 鼠标　　　D. 键盘

9. 以下有关汉字机内码和汉字交换码的说法正确的是（　　　　）。

A. 一个汉字的机内码由两个字节组成，而汉字交换码由一个字节组成

B. 一个汉字的交换码由两个字节组成，而汉字机内码由一个字节组成

C. 汉字机内码和汉字交换码都是由两个字节组成

D. 汉字机内码和汉字字形码相同，而汉字交换码也就是汉字的区位

10. 微机中的常规内存的容量以kB为计量单位，这里的1 kB为（　　　　）。

A. 1024字节　　　　　　　　　B. 1000字节

C. 1024二进制位　　　　　　　D. 1000二进制位

11. 微机工作中，由于断电或突然"死机"而重新启动后，则计算机（　　　　）中的信息将全部消失。

A. ROM和RAM　　　　　　　　B. ROM

C. 硬盘　　　　　　　　　　　D. RAM

12. 操作系统是一种（　　　　）。

A. 系统软件　　　B. 应用软件　　　C. 源程序　　　D. 操作规范

13. 下列不属于微型计算机的技术指标的是（　　　　）。

A. 字节　　　B. 主频　　　C. 存储容量　　　D. 字长

14. ASCII码是什么的简称（　　　　）。

A. 美国信息交换标准码　　　　B. 十进制编码

C. 二进制码   D. 国标码

15. 个人计算机属于（   ）。

A. 小巨型计算机   B. 小型计算机

C. 微型计算机   D. 中型计算机

16. 计算机内部采用二进制表示数据是因为二进制（   ）。

A. 易实现   B. 易运算   C. 可靠性强   D. 都对

17. 下面不是汉字输入码的是（   ）。

A. 五笔字型码   B. 全拼编码   C. 双拼编码   D. ASCII码

18. 计算机能直接识别并执行的语言是（   ）。

A. 汇编语言   B. 自然语言   C. 高级语言   D. 机器语言

19. 把高级语言编写的源程序变为目标程序，一般要经过（   ）。

A. 编辑   B. 汇编   C. 处理   D. 编译

20. 下列数据，可以反映微机运算速度的是（   ）。

A. 时钟频率   B. 每秒钟执行程序个数

C. 启动速度   D. 内存访问速度

21. 十进制数233转换成八进制数是（   ）。

A. 353   B. 352   C. 351   D. 350

22. 在计算机内部，一切信息的存取、处理和传送都是以何种形式进行的（   ）。

A. EBCDIC   B. ASCII码

C. 十六进制编码   D. 二进制编码

23. 键盘上常与其他键联用完成各种控制功能是（   ）。

A. Alt键   B. 空格键   C. Delete键   D. End键

24. 屏幕硬拷贝键是（   ）。

A. NumLock键   B. PrintScreen键

C. CapsLock键   D. Enter键

25. 指令是控制计算机执行的命令，它的组成有地址码和（   ）。

A.内存地址   B.地址   C.操作码   D.寄存器

26. 存储器是冯•诺依曼计算机五大组成部分之一。关于存储器的错误说法是（   ）。

A. 存储器是用来保存程序、数据及运算结果的记忆装置

B. 存储器分为内存和外存两部分

C. 计算机只需要内存，不需要外存

D. 内存比外存容量小，但读写速度快

27. 以下软件中，不属于视频播放软件的是（　　　）。

A. Winamp　　　　　　　　B. MediaPlayer

C. Quicktime Player　　　　D. RealPlayer

28. 下列一组数中最大的数是（　　　）。

A.二进制数11011101　　　　B.八进制数334

C.十六进制数DA　　　　　D.十进制数219

29. 存储100个32＊32点阵的汉字字模信息需要（　　　）B。

A. 1280　　　B. 12800　　　C. 3200　　　D. 1600

30. 下列资料中不属于多媒体素材的是（　　　）。

A.声音、动画　　B.文本、图形　　C.光盘、音响　　D.视频、音频

二、思考题

1. 计算机的发展经历了哪几个阶段？各阶段的主要特征是什么？

2. 按照规模和处理能力分类，计算机一般分为哪几类？

3. 信息与数据的区别是什么？

4. 简述计算机执行指令的过程。

5. 存储器的容量单位有哪些？若内存的大小为1 G，则它有多少个字节？

6. 指令和程序有什么区别？

7. 简述机器语言、汇编语言、高级语言各自的特点。

8. 计算机的硬件系统由哪几部分构成？主机主要包括哪些部件？

9. 衡量CPU性能的主要技术指标有哪些？

10. 微型计算机的内部存储器按其功能特征可分为几类？各有什么区别？

11. 高速缓冲存储器的作用是什么？

12. 请列出常见的外存储器并叙述各自的特点。

13. 为什么一些数字音频文件容量很大？

14. WAV音频与MIDI音频文件的区别是什么？

15. 多媒体计算机系统包括哪几个部分？

2

第2章　操作系统基础及Windows操作

本章学习导读

　　操作系统是管理计算机硬件资源、控制其他程序运行并为用户提供交互操作界面的系统软件的集合。Windows 7 是微软公司继 Windows XP 等之后的新一代操作系统，是微软操作系统变革的标志。通过对本章的学习，读者可以认识计算机操作系统在计算机中的地位和作用；了解操作系统的概念、功能、分类及发展情况；了解 Windows 7 操作系统的发展及特点；熟悉操作系统的主要功能；掌握 Windows 7 操作系统对计算机环境设置及文件管理等基本操作。

微信扫一扫

1　操作系统基础

1.1　操作系统的概念、作用、发展史

1.1.1　操作系统的概念

操作系统（operating system，简称OS）是管理和控制计算机硬件与软件资源的计算机程序，是直接运行在"裸机"上的最基本的系统软件，任何其他软件都必须在操作系统的支持下才能运行。操作系统是硬件基础上的第1层软件，安装了操作系统的计算机成为虚拟机，是对裸机的扩展。

1.1.2　操作系统的作用

（1）用户与计算机硬件系统之间的接口。即操作系统屏蔽了硬件物理特性和操作细节，用户在裸机上通过手工操作方式进行工作，不受计算机硬件体系结构越来越复杂的影响。或者说，用户在操作系统的帮助下，能够方便、快捷、安全、可靠地操纵计算机硬件和运行自己的程序。

（2）实现了对计算机资源的抽象。对于一个完全无软件的计算机系统（即裸机），它向用户提供的是实际硬件接口（物理接口），用户必须对物理接口的实现细节有充分的了解，并利用机器指令进行编程，因此，该物理机器必定是难以使用的。用户可利用抽象模型提供的接口使用计算机，而无需了解物理接口实现的细节，从而使用户更容易地使用计算机硬件资源。操作系统是铺设在计算机硬件上的多层系统软件，它们不仅增强了系统的功能，而且还隐藏了对硬件操作的细节，由它们实现了对计算机硬件操作的多个层次的抽象。值得说明的是，对一个硬件在底层进行抽象后，在高层还可再次对该资源进行抽象，成为更高层的抽象模型。随着抽象层次的提高，抽象接口所提供的功能就越来越强，用户使用起来也更加方便。

（3）操作系统是资源的管理者。在一个计算机系统中，通常都含有各种各样的硬件和软件资源。归纳起来可将资源分为四类：处理器、存储器、I/O设备以及信息（数据和程序）。相应地，操作系统的主要功能也正是针对这四类资源进行有效的管理。

1.1.3　操作系统的发展史

随着计算机硬件的发展，同时也加速了操作系统的形成和发展。

（1）无操作系统的计算机系统。一是人工操作方式。最初发明计算机时，还未出现操作系统，计算机操作是由用户（即程序员）采用人工操作方式直接使用计算机硬件系统，即由程序员将事先已穿孔（对应于程序和数据）的纸带（或卡片）装入纸带输入机（或卡片输入机），再启动它们将程序和数据输入计算机，然后启动计算机运行。当程序运行完毕并取走计算结果之后，才让下一个用户上机。

二是脱机输入/输出方式。20世纪50年代末，出现了脱机输入/输出（Off-Line I/O）技术。该技术是事先将装有用户程序和数据的纸带（或卡片）装入纸带输入机（或卡片机），在一台外围机的控制下，把纸带（卡片）上的数据（程序）输入到磁带上。当CPU需要这些程序和数据时，再从磁带上将其高速地调入内存。

（2）单道批处理系统。第2代计算机发明后，计算机系统仍非常昂贵，为了能充分地利用它，应尽量让该系统连续运行，以减少空闲时间。为此，通常是把一批作业以脱机方式输入到磁带上，并在系统中配上监督程序（monitor），在它的控制下使这批作业能一个接一个地连续处理。系统对作业的处理都是成批地进行的，且在内存中始终只保持一道作业，故称此系统为单道批处理系统。

（3）多道批处理系统。为了进一步提高资源的利用率和系统吞吐量，在20世纪60年代中期又引入了多道程序设计技术，由此而形成了多道批处理系统。用户所提交的作业都先存放在外存上并排成一个队列，称为"后备队列"；然后，由作业调度程序按一定的算法从后备队列中选择若干个作业调入内存，使它们共享CPU和系统中的各种资源。

（4）实时系统。实时操作系统（real time operating system，RTOS）是指当外界事件或数据产生时，能够接受并以足够快的速度予以处理，其处理的结果又能在规定的时间之内来控制生产过程或对处理系统做出快速响应，调度一切可利用的资源完成实时任务，并控制所有实时任务协调一致运行的操作系统。提供及时响应和高可靠性是其主要特点。

（5）多用户多道作业和分时系统。分时操作系统是使一台计算机采用时间片轮转的方式同时为几个、几十个甚至几百个用户服务的一种操作系统。

把计算机与许多终端用户连接起来，分时操作系统将系统处理机的时间和内存空间按一定的时间间隔轮流地切换给各终端用户的程序使用。由于时间间隔很短，每个用户的感觉就像他独占计算机一样。分时操作系统的特点是可有效增加资源的使用率。例如，Unix系统就采用剥夺式动态优先的CPU调度，有力地支持分时操作。

（6）操作系统新时代。Windows是Microsoft公司在1985年11月发布的第1代窗口式多任务系统，它使PC机开始进入所谓的图形用户界面时代。1990年，Microsoft公司推出了Windows 3.0，它的功能进一步加强，具有强大的内存管理，且提供了数量相当多的Windows应用软件，因此成为386、486微机新的操作系统标准。随后，Windows发表3.1版，而且推出了相应的中文版。3.1版较之3.0版增加了一些新的功能，受到了用户欢迎，是当时最流行的Windows版本。1995年，Microsoft公司推出了Windows 95。在此之前的Windows都是由DOS引导的，也就是说它们还不是一个完全独立的系统，而Windows 95是一个完全独立的系统，并在很多方面做了进一步的改进，还集成了网络功能和即插即用功能，是一个全新的32位操作系统。1998年，Microsoft公司推出了Windows 95的改进版Windows 98，Windows

98 的一个最大特点就是把微软的 Internet 浏览器技术整合到了 Windows 95 里面，使得访问 Internet 资源就像访问本地硬盘一样方便，从而更好地满足了人们越来越多的访问 Internet 资源的需要。Windows 98 已经成为目前实际使用的主流操作系统的原始版本。

从微软 1985 年推出 Windows 1.0 以来，Windows 系统从最初运行在 DOS 下的 Windows 3.x，到现在风靡全球的 Windows 9x/Me/2000/NT/XP/WIN 7/WIN 10，几乎成为操作系统的代名词。

（7）使用多样化的操作系统。大型机与嵌入式系统，在服务器方面 Linux、Unix 和 Windows Server 占据了市场的大部分份额。在超级计算机方面，Linux 取代 Unix 成为第一大操作系统。随着智能手机的发展，Android 和 iOS 已经成为目前最流行的两大手机操作系统。

1.2　操作系统的分类

操作系统的种类相当多，各种设备安装的操作系统从简单到复杂可分为智能卡操作系统、实时操作系统、传感器节点操作系统、嵌入式操作系统、个人计算机操作系统、多处理器操作系统、网络操作系统和大型机操作系统。

1.2.1　应用领域
可分为桌面操作系统、服务器操作系统、嵌入式操作系统。

1.2.2　所支持用户数
可分为单用户操作系统（如 MSDOS、OS/2、Windows）、多用户操作系统（如 Unix、Linux、MVS）。

1.2.3　源码开放程度
可分为开源操作系统（如 Linux、FreeBSD）和闭源操作系统（如 MacOSX、Windows）。

1.2.4　硬件结构
可分为网络操作系统（Netware、Windows NT、OS/2、warp）、多媒体操作系统（Amiga）、和分布式操作系统等。

1.2.5　操作系统环境
可分为批处理操作系统（如 MVX、DOS/VSE）、分时操作系统（如 Linux、Unix、XENIX、MacOSX）、实时操作系统（如 iEMX、VRTX、RTOS、RTWindows）。

1.2.6　存储器寻址宽度
可以将操作系统分为 8 位、16 位、32 位、64 位、128 位的操作系统。早期的操作系统一般只支持 8 位和 16 位存储器寻址宽度，现代的操作系统如 Linux 和 Windows 7 都支持 32 位和 64 位。

1.3　操作系统的主要功能

操作系统的主要功能是资源管理、程序控制和人机交互等。计算机系统的资源可分为硬件资源和软件资源两大类。硬件资源指的是组成计算机的硬件设备，如中央处理器、主存储器、磁盘存储器、打印机、磁带存储器、显示器、键盘和鼠标等。软件资源指的是存放于计算机内的各种数据，如文件、程序库、知识库、系统软件和应用软件等。

操作系统位于底层硬件与用户之间，是两者沟通的桥梁。用户可以通过操作系统的用户界面输入命令。操作系统则对命令进行解释，驱动硬件设备，实现用户要求。

1.3.1　进程管理

在传统的多道程序系统中，处理机的分配和运行都是以进程为基本单位，因而对处理机的管理可归结为对进程的管理。在引入了线程的 OS 中，也包含对线程的管理。进程是正在运行的程序实体，包括这个运行的程序中占据的所有系统资源，比如说，CPU（寄存器）、I/O、内存、网络资源等。处理机管理的主要功能是创建和撤销进程（线程），对诸进程（线程）的运行进行协调，实现进程（线程）之间的信息交换，以及按照一定的算法把处理机分配给进程（线程）。

1.3.2　内存管理

主要指内存分配、保护、地址映射、内存扩充等，即要为每道程序分配内存空间，使它们"各得其所"；提高存储器的利用率，以减少不可用的内存空间；允许正在运行的程序申请附加的内存空间，以适应程序和数据动态增长的需要。确保每道用户程序都只在自己的内存空间内运行，彼此互不干扰；绝不允许用户程序访问操作系统的程序和数据；也不允许用户程序转移到非共享的其他用户程序中去执行。为使程序能正确运行，存储器管理必须提供地址映射功能，以将地址空间中的逻辑地址转换为内存空间中与之对应的物理地址。借助于虚拟存储技术，从逻辑上去扩充内存容量，使用户所感觉到的内存容量比实际内存容量大得多，以便让更多的用户程序并发运行。

1.3.3　设备管理

（1）缓冲管理。CPU 运行的高速性和 I/O 低速性间的矛盾随着 CPU 速度迅速提高更为突出，严重降低了 CPU 的利用率。因此，在现代计算机系统中，都无一例外地在内存中设置了缓冲区，而且还可通过增加缓冲区容量的方法来改善系统的性能。

（2）设备分配。根据用户进程的 I/O 请求、系统的现有资源情况以及按照某种设备的分配策略，为之分配其所需的设备。如果在 I/O 设备和 CPU 之间还存在着设备控制器和 I/O 通道时，还须为分配出去的设备分配相应的控制器和通道。

（3）设备处理。又称为设备驱动程序，是用于实现 CPU 和设备控制器之间的通信，即由 CPU 向设备控制器发出 I/O 命令，要求它完成指定的 I/O 操作；反之，由 CPU 接收从控制器发来的中断请求，并给予迅速的响应和相应的处理。

1.3.4　文件系统

（1）文件存储空间的管理。首先，为每个文件分配必要的外存空间，提高外存的利用率，并能有助于提高文件系统的存、取速度。

（2）目录管理。首先，为每个文件建立其目录项，并对众多的目录项加以有效地组织，以实现方便地按名存取，即用户只需提供文件名便可对该文件进行存取。其次，目录管理还应能实现文件共享，这样，只需在外存上保留一份该共享文件的副本。此外，还应能提供快速的目录查询手段，以提高对文件的检索速度。

（3）文件的读 / 写管理和保护。根据用户的请求，从外存中读取数据，或将数据写入外存。为了防止系统中的文件被非法窃取和破坏，在文件系统中必须提供有效的存取控制功能，从而避免未经核准的用户存取文件、冒名顶替存取文件、以不正确的方式使用文件。

1.3.5　操作系统与用户之间的接口

向用户提供了"用户与操作系统的接口"方便用户使用操作系统，分为两大类：

（1）用户接口。它是提供给用户使用的接口，用户可通过该接口取得操作系统的服务；包括联机用户接口、脱机用户接口、图形界面接口。其中，图形界面接口采用了图形化的操作界面，用非常容易识别的各种图标（icon）来将系统的各项功能、各种应用程序和文件，直观、逼真地表示出来。

（2）程序接口。为用户程序在执行中访问系统资源而设置的，是用户程序取得操作系统服务的唯一途径。它是由一组系统调用组成，每一个系统调用都是一个能完成特定功能的子程序，每当应用程序要求 OS 提供某种服务（功能）时，便调用具有相应功能的系统。

1.4　常用操作系统介绍

1.4.1　Unix操作系统

Unix 是一个强大的多用户、多任务操作系统，支持多种处理器架构，按照操作系统的分类，属于分时操作系统。Unix 最早由 Ken Thompson 和 Dennis Ritchie 于 1969 年在美国 AT&T 的贝尔实验室开发。

1.4.2　Linux操作系统

基于 Linux 的操作系统是 20 世纪 90 年代推出的一个多用户、多任务的操作系统。它与 Unix 完全兼容。Linux 最初是由芬兰赫尔辛基大学计算机系学生 Linus Torvalds 在基于 Unix 的基础上开发的一个操作系统的内核程序，Linux 的设计是为了在 Intel 微处理器上更有效地运用。其后，在理查德·斯托曼的建议下以 GNU 通用公共许可证发布，成为自由软件 Unix 变种。它的最大特点在于它是一个源代码公开的自由及开放源码的操作系统，其内核源代码可以自由传播。

1.4.3　Mac OS X操作系统

它是一套运行于苹果 Macintosh 系列电脑上的操作系统。Mac OS 是首个在商用领域成功的图形用户界面。Macintosh 组包括比尔·阿特金森（Bill Atkinson）、杰夫·拉斯金（Jef Raskin）和安迪·赫茨菲尔德（Andy Hertzfeld）。Mac OS X 于 2001 年首次在商场上推出。两个是以 BSD 原始代码和 Mach 微核心为基础，类似 Unix 的开放原始码环境。

1.4.4　Windows操作系统

Windows 是由微软公司成功开发的操作系统。Windows 是一个多任务的操作系统，他采用图形窗口界面，用户对计算机的各种复杂操作只需通过点击鼠标就可以实现。

Microsoft Windows 系列操作系统是在微软给 IBM 机器设计的 MS-DOS 的基础上设计的图形操作系统。Windows 系统，如 Windows 2000、Windows XP 皆是创建于现代的 Windows NT 内核。NT 内核是由 OS/2 和 OpenVMS 等系统上借用来的。Windows 可以在 32 位和 64 位的 Intel 和 AMD 的处理器上运行。Windows XP 在 2001 年 10 月 25 日发布。

1.4.5　iOS操作系统

该系统是由苹果公司开发的手持设备操作系统。iOS 与苹果的 Mac OS X 操作系统一样，它也是以 Darwin 为基础的，因此同样属于类 Unix 的商业操作系统。原本这个系统名为 iPhone OS，直到 2010 年 6 月 7 日 WWDC 大会上宣布改名为 iOS。市场占有率已超过 30%。

1.4.6　Android操作系统

该系统是一种以 Linux 为基础的开放源代码操作系统，主要使用于便携设备。Android 操作系统最初由 Andy Rubin 开发，最初主要支持手机。2005 年，由 Google 收购注资，并组建开放手机联盟开发改良，逐渐扩展到平板电脑及其他领域。2011 年第 1 季度，Android 在全球的市场份额首次超过塞班系统，跃居全球第 1。

1.4.7　Windows Phone操作系统

该系统是微软发布的一款手机操作系统，它将微软旗下的 Xbox Live 游戏、Xbox Music 音乐与独特的视频体验集成至手机中。微软公司于 2010 年 10 月正式发布了智能手机操作系统 Windows Phone。2014 年 8 月，微软正式向 WP 开发者推送了 WP 8.1 GDR1 预览版，即 WP 8.1 Update。

2 Windows 操作

2.1 控制面板与环境设置

2.1.1 Windows 的控制面板

控制面板是用来对系统进行设置的一个程序和工具的集合，用户可以用来管理用户账户；调整系统的环境参数及各种属性，如显示器、键盘、鼠标、桌面等硬件的设置，安装新的硬件设备，设备管理等。控制面板中项目很多，系统提供 3 种查看方式：类别、大图标、小图标。这里以类别查看方式介绍几种工具。

2.1.2 外观和个性化设置

个性化设置可以体现用户的个性特点，同时可以根据个人工作习惯喜好设置进而提高工作效率。在"控制面板"中选择"外观和个性化"进入窗口，如图 2-1 所示。

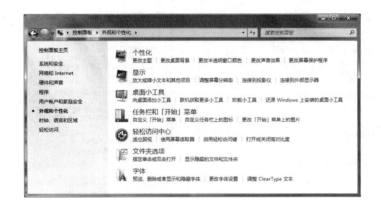

图2-1　外观和个性化窗口

（1）个性化。用于更改计算机上的视觉效果和声音等，单击某个主题就可以立即更改桌面背景、窗口颜色、声音和屏幕保护程序。

桌面主题就是不同风格的桌面背景、操作窗口、系统按钮，以及活动窗口和自定义颜色、字体等的组合体。可以选择系统已经安装的主题，也可以将用户的特殊设置保存为主题。屏幕保护程序有保护显示器和节电的功能，通过密码设置也可以实现短时间离开计算机时的保护功能。

（2）显示。可以更改显示设置，使屏幕上的内容更容易阅读。包括"放大或缩小文本和其他项目""调整屏幕分辨率""连接到外部显示器"。其中，屏幕分辨率调整比较常用，甚至可以调整显示器显示方向，尤其在特殊体位时操作计算机很有帮助，读者可以体验不同方向显示的效果。

（3）桌面小工具。对于一些常用的应用如时钟、日历、CPU 仪表盘可以随时根据需要安装或卸载各种小工具。

（4）任务栏和"开始"菜单。自定义开始菜单中用户可以设置菜单上的链接、图标及菜单上的外观和行为。如程序图标显示为链接或菜单等，可以设置单击"开始"菜单时显示最近打开过的程序的数目。

在任务栏菜单属性窗口中用户可以设置任务栏的外观及在屏幕上的位置，如图 2-2 所示的通知区域中单击"自定义"按钮进入对话框后用户可以根据需要选择隐藏图标和通知，通过打开或关闭系统图标选项用户可以选择在任务栏中是否显示"时钟""音量""网络"等工具的图标。

（5）文件夹选项。在"外观和个性化"窗口中单击"文件夹选项"链接，可以进入如图 2-3 所示的对话框，在"常规"选项卡中用户可以设置是否在同一窗口中打开文件夹、单击或双击打开项目；在"查看"选项卡的"高级设置"中用户可以设置是否显示文件和文件夹的相关项目，其中，显示或不显示隐藏文件或文件夹及驱动器比较常用。

图2-2 任务栏和开始菜单属性

图2-3 文件夹选项对话框

2.1.3 键盘及鼠标属性设置

以图标方式查看控制面板时，单击"键盘"链接可进入其对话框，用户即可根据需要调整按键反应速度及文本光标的闪烁频率，如图 2-4 所示单击"鼠标"链接进入其对话框，对于惯用左手的用户通过选中"切换主要和次要的按钮"复选框实现把"鼠标左/右键操作"方式改换为"鼠标右/左键操作"方式；对于初级用户可降低鼠标双击的速度提高操作效率；用户还可设置鼠标指针在屏幕上的移动速度等，如图 2-5 所示。

图2-4 键盘属性设置　　　　　　图2-5 鼠标属性设置

2.1.4 输入法设置

以图标方式查看控制面板时，单击"区域和语言"链接可进入其对话框，选择"键盘和语言"选项卡，单击"更改键盘"按钮进入如图 2-6 所示的对话框，用户可以根据需要安装或删除汉字键盘输入法、更改输入法语言栏位置、输入法切换按键组合设置。

2.1.5 用户账户管理

Windows 7 中允许设定多个用户使用同一台计算机，每个用户可以设置不同的环境。独立计算机或作为选项组成员的计算机中的用户主要有两种类型：计算机管理员、受限制账户。每个用户根据类型分配不同的使用权限，即规定了用户在 Windows 中能执行的操作。在以图标方式查看控制面板时单击"用户账户"链接后选择"管理其他账户"进入如图 2-7 所示用户账户管理对话框。

图2-6 文本服务和输入语言设置　　　　图2-7 管理账户对话框

（1）计算机管理员账户。计算机管理员账户可对计算机进行全系统更改、安装程序和访问计算机上的所有文件；拥有对计算机上其他用户的完全访问权；可创建和删除计算机上的用户账户；为其他用户账户创建账户密码；更改其他人的账户名图片密码和账户类型。计算机中只允许存在一个管理员账户。

（2）受限制账户。受限制账户可访问已安装程序，但不能更改大多数计算机设置和删除重要文件，不能安装软件和硬件；可以更改其账户图片；可创建、更改、删除其密码，但不能更改自己的账户名和类型。可被计算机管理员账户设置为临时或永久计算机管理员。

2.2 文件管理

2.2.1 文件/文件夹基础

1）文件的概念

计算机中所有的信息（包括文字、数字、图形、图像、声音和视频等）都是以文件形式存放的。文件是一组相关信息的集合，是数据组织的最小单位。文件是存放在磁盘内的程序和数据信息的集合。在 Windows 系统中，可以容易地在本地计算机和网络上使用、处理、组织、共享、保护文件和文件夹。文件可以是应用程序、文档、任何驱动程序或电脑上的其他数据。

2）文件的命名

文件名是文件的唯一标记，每个文件都必须有一个确定的名字，这样才能做到按名存取。

（1）文件的命名规则：

● 在 Windows 7 系统中，文件的名字由文件名和扩展名组成，格式为"文件名.扩展名"。

● 文件名最长可以包含 255 个字符。

● 文件扩展名一般由多个字符组成，标识了文件的类型，不可随意修改，否则系统将无法识别。

● Windows 系统对文件名中字母的大小写在显示时区分，在使用时不区分。

（2）通配符。通配符是用在文件名中表示一个或一组文件名的符号。通配符有"？"和"*"两种。

● "？"：为单位通配符，表示在该位置处可以是一个任意的合法字符。

● "*"：为多位通配符，表示在该位置处可以是若干个任意的合法字符。

3）文件类型

计算机中所有的信息都是以文件的形式进行存储的，不同类型的信息有不同的存储格式与要求，由此产生多种不同的文件类型，这些不同的文件类型一般通过扩展名来标明。系统对扩展名与文件类型有特殊的约定，常见的文件类型及其扩展名如表 2-1 所示。

4）文件属性

文件的属性有 3 种：只读、隐藏、存档。

（1）只读。只读文件只可做读操作，不能进行写操作，即文件的写保护。

表2-1 常见的文件类型及其扩展名

扩 展 名	文 件 类 型	扩 展 名	文 件 类 型	扩 展 名	文 件 类 型
*.avi	动画文件	*.gif	图形文件	*.png	图形文件
*.bmp	位图文件	*.jpg	压缩规格的图形文件	*.mpeg	VCD 视频文件
*.midi	音频文件	*.mp3	声音文件	*.wav	声音文件
*.wma	Windows 媒体文件	*.txt	文本文件	*.scr	Windows 屏幕保护程序
.doc/.docx	Word 文档	*.xls/*.xlsx	Excel表格文件	*.ppt/*.pptx	PowerPoint 演示文稿文件
*.exe	可执行文件	*.hip	帮助文件	*.wps	WPS 文件、记录文本、表格
*.zip *.rar	压缩文件	*.htm *.html	超文本文件		

（2）存档。存档用来标记文件改动，即在上一次备份后文件有所改动，一些备份软件在备份的时候会只去备份带有存档属性的文件。

（3）隐藏。为了保护某些文件或文件夹，将其设为"隐藏"属性后，该对象将不会显示在所储存的对应位置，即被隐藏起来了。

2.2.2 文件夹

文件夹是用来组织和管理磁盘文件的一种数据结构，是计算机磁盘空间里面为了分类储存文件而建立独立路径的目录。文件夹类似于传统意义上的目录，可以包括文档文件、应用程序、文件夹、磁盘驱动器等。

（1）文件夹的结构。文件夹一般采用多层次结构（树状结构），在这种结构中每一个磁盘有一个根文件夹，它可包含若干文件和子文件夹。子文件夹又可以包含文件及其下一级子文件夹，如此形成多级文件夹结构，帮助用户将不同类型和功能的文件分类储存，方便用户进行文件查找，还允许不同文件夹中的文件拥有相同的文件名。

（2）文件夹的路径。用户在磁盘上寻找文件时，所历经的文件夹线路称为路径。路径分为绝对路径和相对路径。

绝对路径：从根文件夹开始的路径，以"\"作为开始。

相对路径：从当前文件夹开始的路径。

2.2.3 Windows资源管理器

Windows 资源管理器是一个用于查看和管理系统中的所有文件和资源的文件管理工具，通过它可以管理硬盘、映射网络驱动器、外围驱动器、文件和文件夹。Windows 资源管理器在一个窗口之中集中了系统的所有资源，如图 2-8 所示。

图2-8　Windows资源管理器

（1）启动 Windows 资源管理器。单击"开始"按钮，选择"所有程序—附件"，在出现的级联菜单中选择"Windows 资源管理器"命令，即可启动。

（2）Windows 资源管理器窗口。Windows 资源管理器窗口分为左右两个窗格。左窗格是文件夹窗格，以文件夹树的形式列出了系统中的所有资源，将计算机资源分为收藏夹、库、家庭网组、计算机和网络五大类。右窗格是文件夹内容窗格，用于显示当前文件夹中的文件和子文件夹等内容。窗口左右两半部分之间可以通过拖拉分界线改变大小。

在 Windows 资源管理器左侧的文件夹窗格中，每个文件夹图标由一条竖线连至其上一级文件夹，其中，有些文件夹前面带有空三角形标记，该标记说明在这个文件夹之下，除了文件之外还有其他子文件夹。单击该标记可将其展开，展开其下级文件夹后，该标记变成黑色的三角形标记"◢"。可以单击"◢"将其折叠，以节省空间。

2.2.4　管理文件/文件夹

1）选定文件/文件夹。

在 Windows 中进行操作，通常遵循的原则：先选定对象，再对选定的对象进行操作。

（1）选定单个对象。选择单 1 文件或文件夹只需用鼠标单击选定的对象即可。

（2）选定多个对象。连续对象，单击第 1 个要选择的对象，按住"Shift"键不放，用鼠标单击最后一个要选择的对象，即可选择多个连续对象；非连续对象，单击第 1 个要选择的对象，按住"Ctrl"键不放，用鼠标依次单击要选择的对象，即可选择多个非连续对象；选择全部对象，可使用"Ctrl+A"快捷键选择全部文件或文件夹。

2）新建文件夹

从桌面开始的各级文件夹中，如果需要，都可以创建新的文件夹。创建新文件夹之前，需确定新文件夹置于什么地方，如果要将新文件夹建立在磁盘的根节点上，则用鼠标单击该磁盘的图标；如果新文件夹将作为某个文件夹的子文件夹，则应该先打开该文件夹，然后在文件夹中创建新文件夹。

操作步骤：进入到新建文件夹的目标位置，右击空白处，在弹出的快捷菜单中选择"新建"命令，单击"文件夹"，一个默认名为"新建文件夹"的文件夹即可建立。

3）重命名文件 / 文件夹

对文件或文件夹进行改名的方法有多种，不论用哪种方法，都必须先选定需重命名的文件或文件夹，并且每次只能重命名一个文件或文件夹。

选定文件或文件夹后，选择"文件"菜单中的"重命名"命令使所选文件或文件夹名称周围出现一个方框（重命名框），在重命名框中键入新名称。然后，按回车键或用鼠标在其他地方单击加以确认。

注：为文件或文件夹命名时，要选取有意义的名字，尽量做到"见名知意"。修改文件名时要保留文件扩展名，否则会导致系统无法正常打开该文件。

4）复制和剪切文件 / 文件夹

复制和剪切对象都可以实现移动对象，区别在于：

复制是指在指定的磁盘和文件夹中，产生一个与当前选定文件或文件夹完全相同的副本。复制操作完成以后，原来的文件或文件夹仍保留在原位置，并且在指定的目标磁盘或文件夹中多了一个副本。

剪切是把选定的文件或文件夹从某个磁盘或文件夹中移动到另一个磁盘或文件夹，原来位置中不再包含被移走的文件或文件夹。

操作步骤：先选定对象，按键"Ctrl+C"复制或者"Ctrl+X"剪切对象到剪贴板，按键"Ctrl+V"粘贴对象到目标位置。

5）删除文件 / 文件夹

无用的文件或文件夹应及时删除，以便释放更多的可用存储空间。

操作步骤：选定需删除的文件或文件夹后，选择"文件"菜单中的"删除"命令或直接按下键盘上的"Delete"键，表示临时删除，删除的对象可从回收站还原。"Shift+Delete"组合键表示不经过回收站彻底删除。也可以用鼠标拖动待删除的文件或文件夹到桌面上的回收站。

删除文件夹的操作将把该文件夹所包含的所有内容全部删除。对于从本地硬盘上删除的文件或文件夹被放在回收站中，而且在被真正删除或清空回收站操作之前一直保存在其中。如果要撤销对这些文件或文件夹的删除，可以到回收站中恢复文件或文件夹。方法是：在回收站中，选定需恢复的对象，在"文件"菜单或快捷菜单中选择"还原"命令即可。

6）修改文件/文件夹属性

右击需要修改属性的文件/文件夹，在弹出的快捷菜单中选择"属性"。在文件属性"常规"选项卡中包含文件名、文件类型、打开方式、位置、大小、占用空间、创建时间、修改时间及访问时间等，在弹出的"属性"对话框中，选中对应属性的复选框。

7）创建和使用快捷方式

快捷方式是一种特殊类型的文件，它仅包含了与程序、文档或文件夹相链接的位置信息，而并不包含这些对象本身的信息。因此，快捷方式是指向对象的指针，当双击快捷方式时，相当于双击了快捷方式所指向的对象（程序、文档、文件夹等）。

将某个经常使用的应用程序以快捷方式的形式放置于桌面上或某个文件夹中，使得该程序每次执行时会很方便。当不需要该快捷方式时可将其删除也不会影响程序本身。

在需要建立快捷方式的位置（桌面或某个文件夹中）右击，在弹出的快捷菜单中选择"新建"命令下的"快捷方式"命令，打开"创建快捷方式"向导，在"请键入对象的位置"文本框中输入对应的程序文件名（包括文件的完整路径），也可单击"浏览"按钮，在打开的浏览窗口中找到相应文件位置，单击"下一步"按钮，创建快捷方式向导将进一步提示用户输入快捷方式的名称，然后单击"完成"按钮，即完成了快捷方式的建立过程。

8）搜索文件或文件夹

搜索，即查找。Windows 7 的搜索功能强大，搜索的方式主要有两种，一种是用"开始"菜单中的"搜索"文本框进行搜索；另一种是使用"计算机"窗口的"搜索"文本框进行搜索。

Windows操作练习

一、控制面板操作

（1）将桌面主题设置为"Windows 经典"。显示器分辨率为 1680*1050，放向为纵向。

（2）桌面背景设置为"Azul"，位置设为"拉伸"，颜色设置为默认颜色。

（3）设置屏幕保护程序为"三维文字"；等待时间为 10 分钟，楷体，文字内容为"渤海大学欢迎您！"；旋转类型为"跷跷板式"。

（4）外观中的菜单栏背景颜色为绿色（RGB0，128，0），字体为仿宋字，大小为 11，颜色为黑色。

（5）将任务栏设置为"自动隐藏任务栏"，锁定任务栏，并移动到屏幕左侧。

（6）设置 Windows 登录为"Windows 登录声.wav"，启动"播放 Windows 启动声音"。

（7）在桌面上创建一个文件夹"new"，为这个文件夹在开始菜单程序文件夹中创建快捷方式。在高级开始菜单选项中选择"显示收藏夹"。

（8）在 Windows 中添加一个受限制用户，账户名为"新用户"，并启用家长控制设置。

二、文件管理操作

（1）用"Windows 资源管理器"在"本地磁盘 D:\"中创建如图 2-9 所示结构的各文件夹。

（2）在 bmp 文件夹内创建文件 pic1.bmp 和 pic2.bmp。在 txt 文件夹内创建 text1.txt 和 text2.txt。

（3）打开文件夹 bmp，使用缩略图方式和详细方式查看文件夹内的内容。分别按名称和大小排列图标。

（4）将文件 pic1.bmp 复制到"d:\pc\other"下，将"d:\pc\bmp\"中的 pic1.bmp 文件删除。将文件 pic2.bmp 移动到"d:\pc"中。

（5）将文件夹 other 设置为隐藏属性，文件 pic2.bmp 设置为只读属性。将回收站中的文件 pic1.bmp 还原到原来的位置。设定回收站的大小为全局 10%。

（6）在计算机中查找文件名为 3 个字符的文本文件。

图2-9 文件夹

一、选择题

1. 在Windows中，文件夹是指（   ）。

A. 文档　　　　　B. 程序　　　　　C. 磁盘　　　　　D. 目录

2. 在资源管理器中要同时选定不相邻的多个文件，应使用"（   ）"键。

A. Shift　　　　　B. Ctrl　　　　　C. Alt　　　　　D. F8

3. 实现文件（文件夹）快速复制的操作是"（   ）"。

A. Ctrl+S　　　　B. Ctrl+V　　　　C. Ctrl+C　　　　D. Ctrl+X

4. 资源管理器窗口分左、右窗格，右窗格是用来（   ）。

A. 显示活动文件夹中包含的文件或文件夹

B. 显示被删除文件夹中包含的文件或文件夹

C. 显示被复制文件夹中包含的文件或文件夹

D. 显示新建文件夹中包含的文件或文件夹

5. 在Windows的资源管理器左窗格中，有的文件夹左边有"+"号，表示（   ）。

A. 该文件夹的图标　　　　　　　　B. 文件夹中还有子文件夹

C. 文件夹中还有文件　　　　　　D. 该文件夹是打开文件夹

6. 在查找程序的名称框中输入"a?c.exe"可以匹配文件名（　　　）。

A. abc.exe　　　B. abcc.exe　　　C. abc.doc　　　D. abcc.doc

7. 在Windows，为保护文件不被修改，可将它的属性设置为（　　　）。

A. 只读　　　　B. 存档　　　　C. 隐藏　　　　D. 系统

8. 在资源管理器，剪切文件命令的快捷键是"（　　　）"。

A. Ctrl+X　　　B. Ctrl+S　　　C. Ctrl+C　　　D. Ctrl+V

9. 在资源管理器，粘贴文件命令的快捷键是"（　　　）"。

A. Ctrl+X　　　B. Ctrl+S　　　C. Ctrl+C　　　D. Ctrl+V

10. Windows中，可执行文件默认的扩展名是（　　　）。

A. .txt　　　　B. .exe　　　　C. .bat　　　　D. .bmp

11. 文件File.bat存放在D盘的F文件夹下的bat文件夹中，它的完整文件路径是
（　　　）。

A. D:\F\bat\File.bat　　　　　　B. D:\File.bat

C. D:\F\bat\File　　　　　　　　D. D:\F:\File.bat

12. 在Windows下，硬盘中被逻辑删除或暂时删除的文件被放在（　　　）。

A. 根目录下　　B. 回收站　　　C. 控制面板　　D. 光驱

13. 当用鼠标单击窗口的"关闭"按钮时，则对应的程序（　　　）。

A. 转入后台运行　　　　　　　　B. 被终止运行

C. 继续执行　　　　　　　　　　D. 被删除

14. 下面关于文件夹的命名说法中不正确的是（　　　）。

A. 可以使用长文件名　　　　　　B. 可以包含空格

C. 其中可以包含"?"　　　　　　D. 其中不包含"<"

15. 在Windows中，操作具有（　　　）的特点。

A. 先选择操作命令，再选择操作对象

B. 先选择操作对象，再选择操作命令

C. 需同时选择操作命令和操作对象

D. 允许用户任意选择

16. 表示当前文件夹中所有开始2个字符为ER的文件，可使用（　　　）。

A. ?ER?.★　　　B. ER??.★　　　C. ER?.★　　　D. ER★.★

17. 在Windows中，对文件和文件夹的管理是通过（　　　）来实现的。

A. 对话框　　　B. 剪切板　　　C. 资源管理器　　　D. 控制面板

18. 给文件取名时，不允许使用（   ）。

A. 下划线   B. 空格   C. 汉字   D. 尖括号

19. 清空回收站后，被删除的文件、文件夹（   ）。

A. 完全可以恢复   B. 部分可以恢复

C. 不可以再恢复   D. A、B、C都不对

20. 在搜索文件时，若用户输入"★.★"，则将搜索（   ）。

A. 所有含有"★"的文件   B. 所有扩展名中含有★的文件

C. 所有文件   D. 以上全不对

21. 从用户角度考虑，操作系统的主要功能是（   ）。

A. 提供了直接控制内存及CPU操作的手段

B. 提供了用户与用户间互相通信的手段

C. 提供了用户与计算机之间的操作接口

D. 提供了开发应用程序的环境和手段

22. 不正常关闭Windows操作系统可能会（   ）。

A. 烧坏硬盘   B. 丢失数据   C. 任何影响   D. 下次一定无法启动

23. 资源管理器中的库是（   ）。

A. 一个特殊的文件夹   B. 一个特殊的文件

C. 硬件的集合   D. 用户快速访问一组文件或文件夹的快捷路径

24. 下列关于Windows的叙述中，错误的是（   ）。

A. 删除应用程序快捷图标时，会连同其所对应的程序文件一同删除

B. 设置文件夹属性时，可以将属性应用于其包含的所有文件和子文件夹

C. 删除目录时，可将此目录下的所有文件及子目录一同删除

D. 双击某类扩展名的文件，操作系统可启动相关的应用程序

25. Windows的文件组织结构是一种（   ）结构。

A. 表格   B. 树形   C. 网状   D. 线性

26. Windows XP操作系统是一个（   ）。

A. 16位单用户单任务操作系统   B. 支持多任务的操作系统

C. 多用户单任务操作系统   D. 支持64位的操作系统

27. Windows中窗口与对话框的区别是（   ）。

A. 窗口有标题栏而对话框没有   B. 窗口可以移动而对话框不可移动

C. 窗口有命令按钮而对话框没有   D. 窗口有菜单栏而对话框没有

28. Windows中，下列操作与剪切板无关的是（   ）。

A. 粘贴   B. 删除   C. 复制   D. 剪切

29. 启动操作系统时，要进入安全模式应按键"（　　）"。

A. Shift+F8　　　　B. F8　　　　C. F5　　　　D. F4

30. Windows下恢复被误删除的文件，应首先打开（　　）。

A. 剪贴板　　　B. 特殊　　　C. 硬盘还原　　　D. 回收站

31. 关于Windows用户账户说法错误的是（　　）。

A. 支持两种用户账户类型：计算机管理员账户和受限账户

B. 可以给用户账户设置登录口令

C. 用户账户可以拥有自己的桌面外观、我的文档文件夹中的内容

D. 不允许有多个用户账户

32. 下列关于Windows文件夹窗口，说法不正确的是（　　）。

A. 文件夹是用来存放文件和子文件夹

B. 单击文件夹图标即可打开一个文件夹窗口

C. 双击文件夹图标即可打开一个文件夹窗口

D. 文件夹窗口用于显示该文件夹中的文件、子文件夹和组织方式

33. 在Windows 7资源管理器中选定某个文件后，若要将其复制到同一驱动器的文件中，正确的操作是（　　）。

A. 按住"Alt"键拖动鼠标　　　　B. 按住"Shift"键拖动鼠标

C. 直接拖动鼠标　　　　D. 按住"Ctrl"键拖动鼠标

34. 文件的展名一般与（　　）有关。

A. 文件的大小　　　　B. 文件的创建日期

C. 文件的类型　　　　D. 文件的存储位置

35. 在Windows中，当已选定文件夹后，下列操作中不能删除该文件夹的是（　　）。

A. 在文件菜单中选择"删除"命令

B. 用鼠标左键双击该文件夹

C. 用鼠标右键单击该文件夹，打开快捷菜单，然后选择"删除"命令

D. 在键盘上按"Delete"键

36. 在进行Windows操作过程中，要将当前活动窗口中的信息复制到剪贴板中，应同时按下的组合键是（　　）。

A. PrintScreen　　　　B. "Shift+Alt+PrintScreen"

C. "Alt+PrintScreen"　　　　D. "Ctrl+PrintScreen"

37. Windows开始菜单中的"所有程序"是（　　）。

A. 资源的集合　　　　B. 已安装应用软件的集合

C. 用户程序的集合　　　　D. 系统程序的集合

38. Windows是（　　）一种操作系统。

A. 单用户，单任务　　　　　　　　B. 单用户，多任务

C. 多用户，多任务　　　　　　　　D. 多用户，单任务

39. 下列（　　）是Windows 7的默认用户。

A. user　　　　B. Operator　　　C. Replicato　　　D. strator

40. Windows 7操作系统支持以下文件系统格式（　　）。

A. FAT32　　　B. FAT16　　　C. ext　　　　　　D. NTFS

41. 在Windows文件夹中不可以存放的是（　　）。

A. 字符　　　　B. 文件　　　　C. 文件夹　　　　D. 多个文件

42. 在Windows中，下列正确的文件命名是（　　）。

A. myfle.xls.doc　　B. myfle.doc　　C. myfle/doc.xls　　D. myfile".Doc

43. 下面关于Windows多媒体应用的说法中，正确的是（　　）。

A. 媒体播放机是专门用来播放动画的

B. CD播放机可以播放各种格式的音频文件

C. 使用"控制面板"中的"多媒体"图标可以管理多媒体设备和设置多媒体属性

D. ★.WAV文件是Windows的标准视频文件

44. 在Windows中，利用Windows下的（　　）可以建立、编辑纯文本文件。

A. 剪贴板　　　B. 记事本　　　C. 写字板　　　D. 控制面板

45. 中英文输入法之间进行切换的快捷键是（　　）。

A. "Ctrl+."　　B. "Ctrl+Alt"　　C. "Ctrl+Tab"　　D. "Ctrl+Space"

46. 关于控制面板的说法，不正确的是（　　）。

A. 利用它不能调整日期和时间

B. 它为用户提供了一种形象化的修改系统设置的方式

C. 它是一个应用程序

D. 利用它可以对键盘、鼠标及打印机进行设置

47. 以下文件类型不属于可执行文件的是（　　）。

A. bat　　　　　B. exe　　　　　C. doc　　　　　　D. com

48. 所谓的硬件"即插即用"是指（　　）。

A. 可以不装此硬件的驱动程序就能使用

B. 可以将此硬件放到任何I/O插槽中

C. 操作系统可以自动识别此硬件，并自动安装相应的驱动程序

D. 操作系统可以自动识别此硬件，但尚需人工安装相应的驱动程序

49. 在Windows 7中因为（　　　　）所以打开文档就能启动应用程序。

A. 文档即应用程序 　　　　　　　B. 文档和应用程序进行了关联

C. 文档是文件 　　　　　　　　　D. 应用程序无法单独启动

50. 在Windows 7环境下，如果某应用程序在运行过程中发生"死机"，则通过下列操作有可能结束该应用程序的运行是（　　　　）。

A. 按键盘上的"Pause"键

B. 按组合键"Ctrl+Alt+Del"

C. 用鼠标单击该应用程序窗口中的关闭按钮

D. 按组合键"At+F4"

二、填空题

1. 如果在删除文件或文件夹时，直接删除不放入回收站中，可在选择"删除"命令或拖曳到回收站的同时按住_____键。

2. Windows中文件名的最大长度是_____个字符。

3. 文件通配符"?"可代替_____个字符。

4. 当用户按下_____键，系统弹出"Windows任务管理器"对话框。

5. 要查找所有第一个字母为A且扩展名为WAV的文件，应输入_____。

三、基本操作题

1. 请完成下列操作。

（1）将D盘根下的file1文件移到D盘根下的pand1文作件夹下。

（2）将D盘根下的title文件夹复制到D盘根下的fly1文件夹下。

（3）将D盘根下的game1文件夹设置为"隐藏"属性。

2. 请完成下列操作。

（1）在D盘根下的null1文件夹下建立AA1文件夹。

（2）将D盘根下的wang1文件夹删除。

（3）在D盘根下查找sower1文件夹，并将它复制到D盘根下的fly1文件夹下。

3. 请完成下列操作。

（1）在D盘根下建立CC文件夹。

（2）将D盘根下PP文件夹中的A.doc、B.gif、C.pot和D.xls 4个文件移动到CC文件夹中。

（3）为"附件"中的"画图"创建桌面快捷方式图标，名称为"绘图程序"。

4. 请完成下列操作。

（1）在 D 盘根下建立文件 A1.TXT。

（2）将 D 盘根下的所有文件和文件夹以"详细列表"方式排列。

（3）将 D 盘根下的 home1 文作夹下的 T11 文件夹设置为只读属性。

5. 请完成下列操作。

（1）在 D 盘根下建立文件夹 PIC。

（2）将 D 盘根下所有的文件名以 a 开头类型为 jpg 的文件移动到 D 盘根下的 PIC 文件夹中。

（3）将 D 盘根下的 PIC 文件夹的文件以大图标方式显示。

6. 请完成下列操作。

（1）在 D 盘根下建立文件夹 music。

（2）将 D 盘根下所有 MP3 类型的文件移动到 D 盘根下的 music 文件夹中。

（3）将 D 盘根下的 music 文件夹设置属性为"只读"。

7. 请完成下列操作。

（1）将 D 盘根下的 file1 文件夹下的前 5 个文件删除。

（2）将 D 盘根下的 file2 文件夹在 C 盘根下创建名为"F2"的快捷方式。

（3）在 D 盘根下找文本文档，并将它们移动到 D 盘根下的 text1 文件夹下。

8. 请完成下列操作。

（1）在 D 盘根下新建一个 DAN 文件夹。

（2）将 D 盘根下 B38 文件夹中的所有文件移动到 D 盘根 DAN 文件夹中。

（3）将 D 盘根下的 XYZ.JPG 文件取消只读属性设置成隐藏属性。

四、综合操作题

1. 在 C 盘的根目录下建立如图 2-10 所示的文件夹结构。

2. 将 c:\Windows\system32 文件夹中的计算器文件 calc.exe、画图文件 mspaint.exe、记事本文件 notepad.exe 分别复制到 pink 文件夹中。

3. 在 pink 文件夹下新建一个名为 test.txt 的文本文件，内容为"欢迎使用，谢谢！"。

4. 将 pink 文件夹下的扩展名为".exe"的所有文件复制到 engineer 文件夹下。

5. 将 pink\test.txt 移动到 play 文件夹下，并将其设为隐藏属性。

6. 将 engineer\calc.exe 重命名为 calculate.exe。

7. 删除 play 文件夹。

8. 在桌面上建立记事本文件 notepad.exe 的快捷方式，命名为"notepad"。

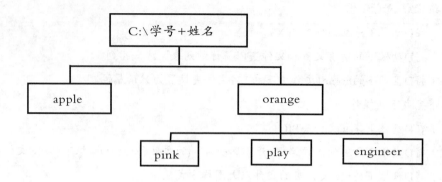

图2-10　文件夹结构

五、思考题

1. 为什么计算机硬盘多被划分为多个逻辑分区（如C区、D区、E区、F区）?

2. 计算机中颜色为什么称作真彩色?

3. 计算机屏幕保护程序如何做到短时间离开电脑时屏幕私密内容不被其他人看到?

4. 显示器分辨率大小不同时桌面图标大小为什么会相应变化?

5. 若某同学卧床但还需要操作计算机时,如何设置显示方式以适应不同体位?

6. 在利用键盘和鼠标输入数字时,一般习惯左手操作鼠标,右手按键盘,如何设置左手使用鼠标?

7. 如何对不熟悉计算机操作的人员隐藏私密文件或文件夹?

8. 在操作中所存储文件找不到时如何快速定位? 若文件名不全时如何定位?

3

第3章　字处理软件Word 2010的使用

本章学习导读

　　字处理软件是指专门用来编辑处理文字、图片、表格等媒体的软件，有的软件功能比较单一，只能处理文字，如记事本、写字板程序，而有的功能比较全面，可以处理日常的办公文档、排版、处理数据、建立表格，还可以做简单的网页；而且通过其他软件还可以直接发传真或者发E-mail等，能满足普通人的绝大部分日常办公的需求。现有的中文文字处理软件主要有微软公司的Word和金山公司的WPS。Word是Microsoft Office套装软件中的重要部分，它提供了一整套工具，使得用户能够轻松制作图文并茂、具有专业水准的精美文档。

　　本章主要介绍了Word 2010文档基本操作、文档格式化、图文混排、表格编辑与处理、长文档编辑技巧。通过本章的学习，读者可以熟练掌握Word文档的新建、保存、打开和关闭等基本操作；熟练掌握文档文本编辑与排版；掌握图片、艺术字、文本框等图与文的混排；掌握各种简单、复杂表格的创建与美化；利用长文档编辑技巧对毕业论文、书稿等长文档进行专业排版。

微信扫一扫

1 Word 2010应用基础

1.1 Word 2010文档创建与保存

1.1.1 新建文档

启动 Word 2010 时，系统会自动建立名称为"文档 1"的空白文档，如图 3-1 所示。

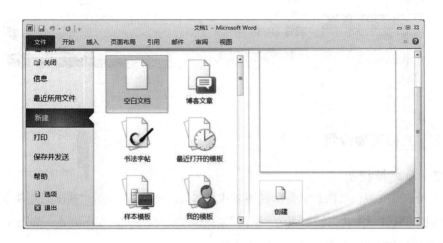

图3-1 新建文档

新建文档还有以下几种方法：

（1）创建空白文档。选择"文件"选项卡，单击"新建"命令，弹出如图 3-1 所示对话框，在"可用模板"区域可以选择"空白文档"，单击"创建"按钮。

（2）根据模板创建文档。创建方法与创建空白文档相似，可以选择系统自带模板或选择 Office 在线模板。

技巧：通过按组合键"Ctrl+N"可以快速建立空白文档。

1.1.2 保存文档

一个文档就是一个 Word 文件，其默认扩展名为".DOCX"。

（1）保存。常用保存方法有以下几种：

● 单击"快速访问工具栏"上的保存按钮 ![保存图标]。

● 选择"文件"选项卡，单击"保存"命令。

● 选择"文件"选项卡，单击"另存为"命令。

技巧：快速保存文档按组合键"Ctrl+S"。

（2）保存并发送。在 Word 2010 中"文件"选项卡中的"保存并发送"选项中，增加了创建 PDF/XPS 文件的功能，用户可以不借助第 3 方软件，直接将 Word 文件转化为 PDF/XPS

文件，大大满足用户对于 PDF 文件制作的需求。制作方法如图 3-2 所示。

图3-2　保存并发送

1.2　文档页面设置

1.2.1　文档视图

在 Word 2010 中，文档默认显示视图方式是"页面视图"，单击"视图"选项卡，再单击需要的视图方式或单击状态栏右侧的"视图"按钮可以切换不同的视图方式，如图 3-3 所示。

各种不同的视图方式的主要功能特点如下：

（1）页面视图。显示 Word 2010 文档的打印结果外观，包括页眉、页脚、页边距、分栏等，它是与真实打印结果相一致的视图。

（2）阅读版式视图。以图书分页样式显示文档，某些功能区域会被隐藏起来，用户可以使用"工具"按钮选择阅读工具，方便阅读文章。

（3）Web 版式视图。以网页的形式显示 Word 2010 文档，用户在 Web 版式视图下可以方便编辑文档用于发送电子邮件和制作网页文件。

（4）大纲视图。广泛应用于长文档编辑，设计文档层次结构，生成目录和索引。

（5）草稿视图。隐藏了页面边距、分栏、页眉、页脚和图片等元素，仅显示标题和正文。

利用"视图"选项卡中"显示"选项组可以设置 Word 2010 是否显示"标尺""网络线""导航窗格"，如图 3-3 所示。

利用"视图"选项卡中"显示比例"选项组可以设置调整窗口显示比例，也可以单页、双页或页宽显示文档，如图 3-3 所示。

如何在多个文档窗口之间切换？

Word 2010 能够同时对多个文档进行编辑，单击选择"视图"选项卡，单击"切换窗口命令"来切换到指定的文档进行编辑，如图3-3所示。

技巧：快速调整窗口显示比例可以按住"Ctrl"键的同时滚动鼠标滚轮。

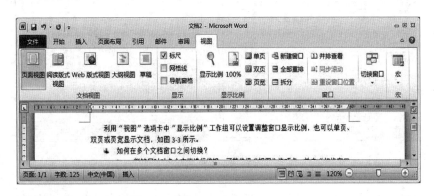

图3-3　视图方式

1.2.2　页面布局

页面布局是在打印文档之前需要做的准备工作，目的是使页面内容打印后与纸张大小、方向等相适应，否则打印后的结果会杂乱无章。

（1）页面设置。选择"页面布局"选项卡，如图3-4所示。在"页面设置"选项组中可以分别设置页边距、纸张方向及纸张大小。

文档中正文部分称为版心，版心与文档上下左右距离称为页边距，包括上边距、下边距、左边距、右边距。

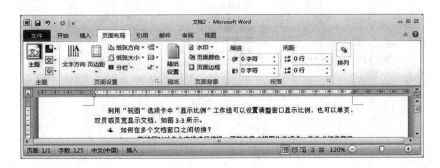

图3-4　页面布局

为了更好地装订，还可以预留"装订线"位置，在"页面布局"选项卡中单击"页面设置"对话框启动器 ，弹出"页面设置"对话框，在"页边距"选项卡中可以分别设置边距、装订线、纸的横向或纵向使用等，如图3-5所示。

可以通过"页面设置"对话框中的"文档网格"选项卡设置文档每页可以容纳的行数及每行可以容纳的字数，如图3-5所示。

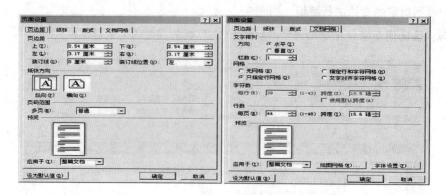

图3-5　页面设置

（2）主题。在 Windows 系统或手机系统中，人们经常使用主题来修饰系统的背景、音乐等，Word 2010 中可以选择"页面布局"选项卡，单击"主题"命令，可以选择 Word 提供的预设主题来修饰文档，还可以根据"主题"选项组中的颜色、字体、效果来修改主题，如图 3-6 所示。

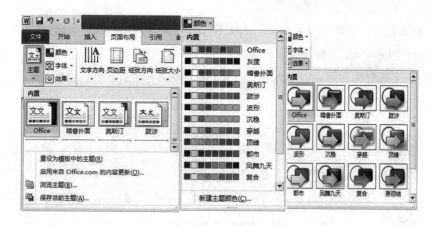

图3-6　页面设置

1.2.3　页面背景

（1）水印。文档中可以加上水印背景，一方面可以增加文档的美观，另一方面也可以强调版权。如图 3-8 所示为文字水印效果。

选择"页面布局"选项卡，单击"水印"命令，弹出如图 3-7 所示的下拉菜单，单击"自定义水印..."命令弹出"水印"对话框，设置图片水印或文字水印。

图3-7　水印与页面边框

（2）页面边框。Word 2010中可以为每页文档添加页面边框，用于美化修饰文档，如图3-8所示。页面边框可以是方框，也可以像有些宣传画报上一样设置"艺术型"边框。艺术型边框由系统预设花型。

选择"页面布局"选项卡，单击"页面边框"命令，弹出"页面边框"对话框。如图3-8所示，先选中线型样式、颜色、宽度，再设置所选项目作用于页面4个方向的线条，其中，艺术型不可以改变颜色但可以改变宽度。

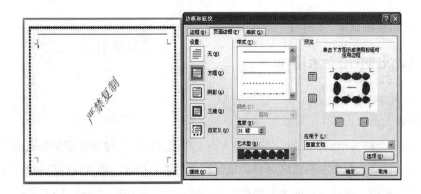

图3-8　水印及页面边框

1.2.4　打印与预览

作为优秀的文字处理软件Word 2010的"所见即所得"是其主要优点之一，即在页面视图中所看到的一切就是用户打印时所得到的一切，在完成文档编辑和排版后，应选择打印预览功能，在正式打印之前将文档的效果在屏幕上模拟显示出来，以便确认是否格式正确，从而避免打印错误而浪费纸张。

选择"文件"选项卡，单击"打印"命令，切换到打印预览状态，如图3-9所示，在窗口的右侧显示打印预览的效果，在其下方可以快速调整显示页数，显示比例。

在打印预览窗口中的左侧，可以选择打印份数、打印页码范围、方向、纸张大小等设置。

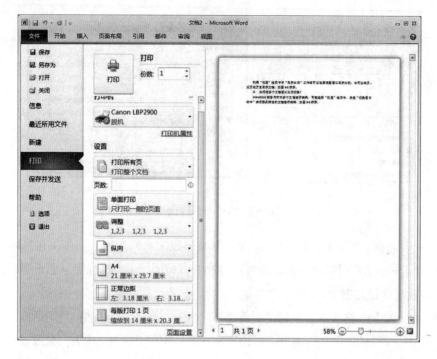

图3-9　预览与打印

技巧：可以按组合键"Ctrl+P"实现快速打印。

1.3　Word 2010文本操作

1.3.1　文本编辑

1）移动插入点

插入点决定当前文档编辑位置，移动插入点主要通过鼠标、键盘和定位来完成操作。

（1）鼠标移动。在文本编辑区域移动鼠标到文档某一位置，单击鼠标即可移动插入点。

（2）键盘移动。通过键盘或组合键可以移动插入点，常用按键如表3-1所示。

表3-1　移动插入点

按　键	作　用	按　键	作　用
Home	移动到行首	Ctrl+Home	移动到篇首
End	移动到行尾	Ctrl+End	移动到篇尾
PgUP	上移一屏	Ctrl+ ↑	上移一段
PgDn	下移一屏	Ctrl+ ↓	下移一段

（3）定位。选择"开始"选项卡，单击"编辑"选项组"查找 - 转到"命令或按"F5"键，在弹出的"定位"对话框中可以按页、节等元素进行移动光标，如图 3-10 所示。

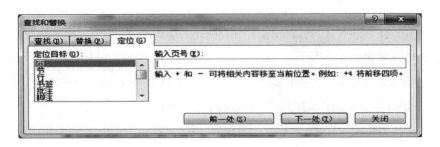

图3-10　定位

2）选定文本

Word 2010 在进行编辑操作时应遵循"先选定、后操作"的工作方式，选定文本有以下4种方法：

（1）鼠标拖动。在需要选定文本开始部拖动鼠标到需要选定文本结束位置。

（2）选定栏。在文档左侧空白区域为文本的选定栏，如图 3-11 所示，在选定栏处单击鼠标可以快速选定一行文本；双击鼠标可以快速选定一段文本；三击鼠标可以选定整篇文本。

> **选定栏**
>
> **摘 要**
> 会议是人们为了解决某方面共同的问题或者出于不同目的，从而使大家聚集在一起进行交流讨论的活动，举行会议常常伴随着一定规模的参会人员的消费和流动，在信息化时代的今天，随着世界各地每天好几百万次会议的进行，那么就需要一款软件来管理这些会议，通过软件管理会议安排，使得人们不管身处何地，都可以通过网络预订或者取消会议，也可以直观地看出每个会议室的空闲状况，以便自己挑选合适的时间和地点进行会议安排。
> 本系统利用 Microsoft Visual Studio 2010 Professional 作为开发工具，利用 SQL Server 2008 R2 作为数据库开发工具，应用 BS 结构，开发了一个会议室管理系统，目的是可以简单有效地管理企业的会议室资源。
> 企业应用会议室管理系统后，可以提高大中型企业的工作效率，避免了传统且烦琐的审批流程，它将复杂的预订审批流程自动化、人性化，用户只需通过浏览器就可以完成会议的预订，实现了预订审批的无纸化、办公自动化，节省了企业的人力、物力和财力，企业的相关部门可以利用会议室管理系统的数据库，根据数据进行分析本年会议室的使用情况，从而对会议室的数量做出适当的调整，以便达到会议室使用率的最大化以及支出成本的最小化。
>
> 关键词：会议室管理、网络预订、Visual Studio SQL server 2008 R2 BS

图3-11　选定栏

（3）"Shift+ 单击"。将插入点移动到需要选定文本开始部分，然后按住"Shift"键，同时，在需要选定的文本结尾处单击鼠标左键，可以选定相应文本。

（4）"扩展"模式。将插入点移动到需要选定文本开始部分，然后按"F8"键，激活扩展模式，再单击需要选定文本的结尾部分，可以选定需要选定的文本。

技巧1：全选整篇文档可以使用组合键"Ctrl+A"。

技巧2：当按住"Ctrl"键时，单击鼠标左键可以快速选定一段文本。

技巧3：当按住"Alt"键时，拖动鼠标可以选定一块文本。

3）移动或复制文本

（1）鼠标移动或复制。选定需要移动的文本，用鼠标左键拖放到目标位置，完成移动操作；在拖放的同时按住"Ctrl"键即可以完成复制文本的操作。

（2）利用"剪贴板"。选择"开始"选项卡，在"剪贴板"选项组中使用"剪切"与"粘贴"命令完成移动文本操作；使用"复制"与"粘贴"命令完成复制文本操作。

在使用"复制"或"剪切"命令时，被操作的内容临时存放到"剪贴板"上，利用"粘贴"命令，可以将"剪贴板"上的内容粘贴到插入点位置。Word 2010剪贴板最多可以保留24次复制或剪切的内容。

技巧："Ctrl+C"可以完成复制操作，"Ctrl+X"完成剪切操作，"Ctrl+V"完成粘贴操作。

1.3.2 撤销与恢复

编辑文档时，如果出现误操作，可以单击"快速访问工具栏"上的"撤销"按钮或按"恢复"按钮恢复之前的操作。

技巧：按组合键"Ctrl+Z"可以进行快速撤销操作。

1.3.3 查找与替换

编辑文档时，可能需要查看某个字符，然后有目的地修改，通过"查找与替换"功能可以快速完成操作。

选择"开始"选项卡，在"编辑"选项组中，单击"查找"命令或按组合键"Ctrl+F"可以打开导航侧边栏，如图3-12所示。

选择"开始"选项卡，在"编辑"选项组中，单击"查找"命令右侧的下拉列表，在列表中可以选择"高级查找""替换"和"定位"3个选项。

（1）导航。在"导航条"内输入"会议"字符串，系统自动找到所有"会议"字符并反白，另外在"导航"中还可以快速定位到文中某个位置。

（2）查找。在"查找"对话框中输入需要查找的内容，单击"查找下一处"按钮，找到结果以反白显示，若要查看下一处内容，可单击"查找下一处"按钮继续查找，如图3-13所示。当单击"更多"按钮时，可以调整查找方向、查找格式和一些特殊字符等。

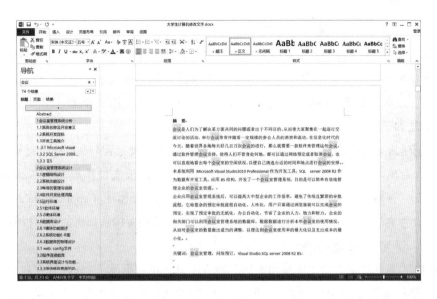

图3-12　导航

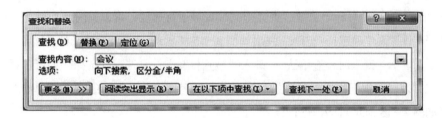

图3-13　查找

（3）替换。"替换"相对于"查找"来说，就是多了一个"替换"功能，操作时，可以在"查找内容"处输入要查找的内容，在"替换处"输入替换内容，可以替换或全部替换文档中相关内容。"更多"按钮处可以选择替换内容为格式、特殊字符等，如图3-14所示。

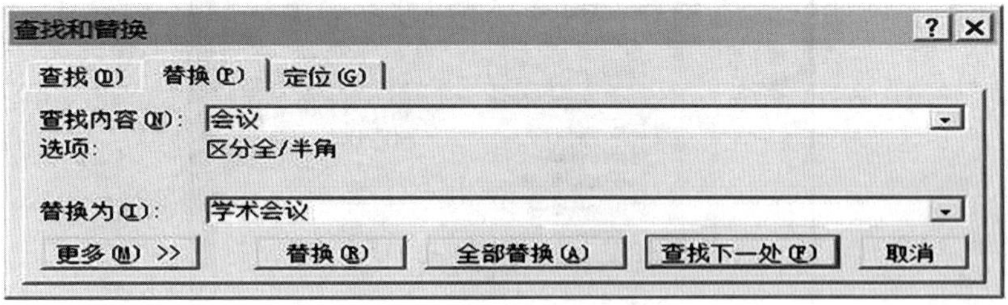

图3-14　替换

1.4 知识拓展

1.4.1 创建文档模板

Word 中提供了多种类型的包含固定格式设置和版式设置的模板文件，用于帮助用户快速生成特定类型的 Word 文档。用户也可以创建模板文件，把一些固定的格式、样式和版式等各种设置保存，以后再创建文档时可避免重复设计并能保证多个文档格式统一。

操作方法如下：

（1）创建新文档，设置需要保存的格式、样式等设置，此过程与文档建立过程相同。

（2）保存时将保存类型部分设置为"Word 模板"，模板文件扩展名为".docx"，用户自定义模板一般需要存储在"c:\documents and settings\administrator\applicationdata\microsoft\templates"文件夹下，用户在创建新文档时可以在"我的模板"中选择所创建模板创建文档。

1.4.2 拼写与语法检查

Word 提供了一套完备的"拼写和语法"检查工具，可根据 Word 的内置字典标示出文档中所含有的拼写或语法错误的单词或短语，其中，红色或蓝色波浪线表示单词或短语含有拼写错误，而绿色下划线表示语法错误（注意这些错误只是一种修改建议，用户可选择忽略）。

当文档过大时"拼写和语法"检查会影响翻页等运行速度，可以关闭此功能。

单击"文件"菜单项选择"选项"弹出如图 3-15 所示的"Word 选项"对话框后，选择"校对"菜单项，取消"键入时检查语法""键入时检查拼写"等复选框的选择。或者选择"审阅"选项卡，在"校对"选项组中选择"拼写和语法"命令按钮，在打开的对话框中单击"选项"按钮打开如图 3-15 所示对话框进行设置。

图3-15　Word选项对话框

1.4.3 字数统计

Word 提供了文档字数统计功能，可以给出文档内字数统计数据。

单击文档最底下状态栏左下角字数按钮 页面: 1/1 字数: 0 可以打开字数统计对话框，如图 3-16 所示。也可以单击"审阅"选项卡，选择"字数统计"命令按钮，打开如图 3-16 所示对话框。

1.4.4 自动更正

Word 提供自动更正功能，即在自动更正词条库内查找用户所输入内容，若有匹配者即用更正库内词条替换之。利用此功能系统可以将一些常见错误输入自动修正，用户也可以巧妙使用此功能实现复杂词条的简单输入。如在词条库中建立"SH"与"社会主义建设"的对应，则编辑文本时输入"SH"系统即自动替换为"社会主义建设"，可大大提高编辑效率，使用结束后在词条库中删除该词条即可。

单击"文件"菜单项选择"选项"弹出如图 3-15 所示的"Word 选项"对话框后，选择"校对"菜单项，单击"自动更正选项"按钮，弹出如图 3-17 所示的对话框。

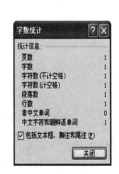

图3-16 字数统计对话框　　图3-17 自动更正对话框

📋 Word应用基础练习

1. 完成以下操作要求：

（1）在 Word 中，新建一空白文档，要求使用"书法字帖"模板。

（2）将所创建文档保存到桌面，文件名为"学号末两位＋姓名"，如"87 张三丰"。

（3）将所创建文档转化为 PDF/XPS 文件并存储到桌面上，文件名为"学号末两位＋姓名"，如"87 张三丰"。

2. 打开1题所创建文档，输入三段文字后保存，完成如下操作：

（1）分别以"页面视图""大纲视图"和"草稿视图"浏览文档，注意其区别。

（2）设置文档显示比例为"78%"。

（3）设置纸张大小为 A4 纸，页面边距都为 2.5 厘米，横向用纸。

（4）文档每页 30 行，每行 30 字。

（5）设置页面文字方向为垂直。

（6）以原文件名保存文档。

3. 打开 2 题所保存文档，完成如下操作：

（1）设置文档主题为"凤舞九天"，颜色为"穿越"。

（2）文档第 2 段分为两栏，栏宽相等，两栏中间加分隔线。

（3）为文档设置动物剪贴画图片水印。

（4）为文档设置阴影型边框，页面背景颜色为"浅蓝"色。

（5）将文档另存为"学号＋姓名＋页面设置"。

4. 打开 2 题中所创建文档，完成如下操作：

（1）试选中文档的一行、一段、连续多行、不连续多行、文本块，快速选中整段、整篇文档，熟练掌握文本选定操作。

（2）交换文档第 1 段与第 3 段内容。

（3）将文本中所有的"段落标记"替换为"手动换行符"。

（4）统计文本字数及行数。

2 Word 2010 文档格式化

2.1 Word 2010基本格式化

Word 2010 对文档的字符与段落格式化的相关操作命令基本都在"开始"选项卡中，如图 3-18 所示。

图3-18 开始选项卡

2.1.1 字体格式设置

选择"开始"选项卡，在"字体"选项组中，有对字符格式化的基本命令，如字体、字号、颜色、带圈字符、增大字号、缩小字号等，还可以为汉字标注拼音、设置文本效果等。更多的字体设置单击字体选项组右下角的对话框启动按钮打开"字体"对话框，如图 3-19 所示，在对话框的"高级"选项卡中可以设置字符的缩放、字符间距、字符垂直方向提高或降低位置。

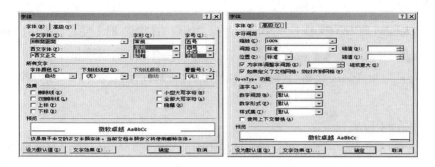

图3-19　字体对话框

2.1.2　段落格式设置

选择"开始"选项卡，在"段落"选项组中，有对段落格式化的基本命令，如对齐方式、缩进、项目符号、编号等，更多的段落格式化设置可以单击段落选项组右下角的对话框启动按钮打开"段落"对话框，如图3-20所示。

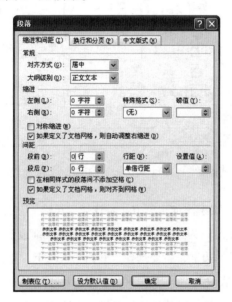

图3-20　段落设置对话

（1）对齐方式。对齐方式，分为水平对齐即段落内各行左右方向对齐方式，共有5种，分别为左对齐、居中、右对齐、两端对齐、分散对齐。

（2）间距。间距包括段间距和段内行距。段间距可设置每段的段前及段后距离实现段落之间的分隔，可以为行的整数或小数倍数，如0.35行或1行等；行间距用于设置段内行与行之间的垂直距离，有单倍行距、1.5倍行距、2倍行距、多倍行距、固定值、最小值。单倍、1.5倍、2倍、多倍行距是指基础行距的倍数。基础行距值是由文档中每页行数控制的。最小值行距指当基础行距改变得比最小值小时，以所设置的最小值为行距值而不是基础行距。固定值行距指行距不受基础行距值改变的影响而保持固定值行距，注意选项 □ **如果定义了文档网格，则对齐网格(W)** 被选中时，选择"固定值行距"时不受对齐网格影响。

（3）缩进。缩进是指文本与左右页边的距离。分为有左、右缩进和特殊格式。左右缩进指整个段落与左边距之间的距离。特殊格式指段落首行与其他行的关系，分为首行缩进和悬挂缩进两种。

2.1.3　边框和底纹

选择"开始"选项卡，单击"段落"选项组中的"边框"按钮，可以设置简单的框线，单击"边框和底纹"命令时可以弹出"边框和底纹"对话框，可以设置更多样式的边框和底纹。

在"边框和底纹"对话框中，包括3个选项卡，依次是"边框""页面边框"和"底纹"，如图3-21所示。

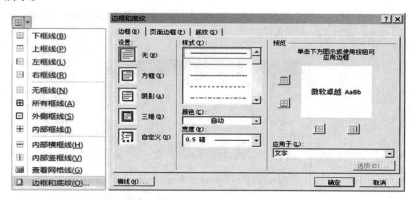

图3-21　"段落"选项组"边框"按钮和"边框和底纹"对话框

（1）边框。最简单的为文字添加边框方法是选择"开始"选项卡，在"字体"选项组中，单击"字符边框"命令按钮 **A**，为选择的文字添加黑色实线细边框。

如果需要添加其他形式的边框，就要选择"开始"选项卡，单击"段落"选项组中的"下框线"按钮，选择"边框和底纹"，在"边框和底纹"对话框中设置边框的类型、样式、颜色、宽度、应用范围，注意文字边框与段落边框的区别，文字边框不可设置部分边框，而段落4个方向的边框可以分别设置线型等参数，如图3-21所示。

（2）底纹。最简单的对文字设置底纹，可以通过选择"开始"选项卡，在"字体"选项组中单击"字符底纹"按钮 **A**，为选定的文本设置灰色底纹。

设置更多样式的底纹，需要选择"开始"选项卡，在"段落"选项组中单击"下框线"按钮 ，在弹出的"边框和底纹"对话框中切换到"底纹"选项卡，如图3-22所示，可以设置底纹填充、图案模式、图案颜色及应用范围。

图3-22 "边框和底纹"之"底纹"

2.1.4 项目符号和编号

"项目符号和编号"的设置可以增加文档的层次感,能够更有效地组织数据,选择"开始"选项卡,单击"段落"选项组中的"项目称号""编号"和"多级列表",如图3-23所示。

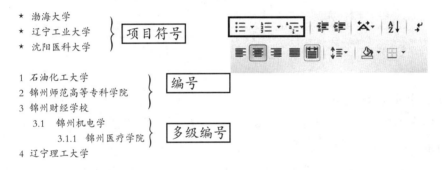

图3-23 项目符号、编号及多级列表

2.1.5 分栏

"分栏"是将文本分成几个并排的栏,广泛应用于报纸、杂志中,简单的分栏操作在"页面布局"选项卡中设置,单击"分栏"按钮的下拉列表,可以选择预先定义的多种效果。若需要更多的分栏,则可以单击"分栏"按钮中的"更多分栏"命令,在"分栏"对话框中可以设置分栏栏数、栏宽度及分隔线等,如图3-24所示。

图3-24 分栏

2.1.6 首字下沉

"首字下沉"效果也是报纸、杂志经常出现的排版样式，选择"插入"选项卡，单击"文本"选项组中的"首字下沉"命令，可以选择预先设置的下沉、悬挂效果，更多的设置可以选择"首字下沉选项"命令，在"首字下沉"对话框中设置下沉与悬挂、字体、行数及距正文距离。如图3-25所示。

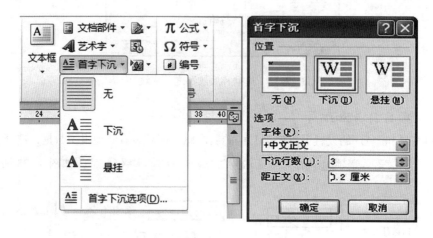

图3-25　首字下沉

2.1.7 中文版式设置

对于中文特有的版式如注拼音等Word提供了"中文版式"功能，包括带圈字符、双行合一、合并字符、拼音指南、纵横混排。

选中文字，单击"开始"选项卡单击"段落"选项组中"中文版式"按钮 ✖️▾ 打开"中文版式"下拉菜单，选择"纵横混排""合并字符""双行合一"等项目打开相应设置对话框继续设置。

双行合一与合并字符相似，都是将字符分做两行，但是合并字符只能处理最多6个字符且能改变合并字符的字号，而双行合一字符个数没有太多限制。另外，还能在合并后的文字两侧加上特殊括号（（），[]，<>，{}），但不能改变字符的字号。

2.1.8 格式刷

Word 2010提供了快速复制排版格式的功能，可以将文本、段落的排版格式快速复制到其他文本、段落上，复制格式的操作步骤如下：

（1）先选中带有要复制排版格式的文本、段落。

（2）选择"开始"选项卡，单击"剪贴板"选项组中的"格式刷"按钮 🖌️。

（3）单击选中需要粘贴格式的文本、段落。

单击格式刷按钮时，格式刷只能复制一次格式，当双击格式刷按钮时，可以进行多次格式复制，要退出复制可以再单击一次格式刷或按"Esc"键。

2.2 知识拓展

制表位的使用：表格是由表元素和表格线组成的。表的内容若不用格线来划分成小格，而是依靠相互之间的固定的间距和规则的纵横定位来形成表的特征称为制表位，它包括制表位位置、制表位对齐方式和制表位的前导字符 3 个部分。

制表位位置用来确定表内容的起始位置，一般为距离左边距的字符个数值或磅值。

对齐方式与段落的对齐格式完全一致，只是多了小数点对齐和竖线对齐方式。选择小数点对齐方式之后，可以保证输入的数值是以小数点为基准对齐；选择竖线对齐方式时，在制表位处显示一条竖线，在此处不能输入任何数据。

前导字符是制表位的辅助符号，用来填充制表位前的空白区间。如在书籍的目录中，经常利用前导字符来索引标题位置。前导字符有 4 种样式，它们是实线、粗虚线、细虚线和点画线。

制表位间可以通过按"Tab"键进行切换，下一个制表位如果有前导符则在按"Tab"键切换时加入前导符。

定位鼠标到需要设置制表位的段落，打开"段落"对话框，单击对话框左下角的"制表位"按钮，进入如图 3-26 所示的制表位对话框，设置制表位的位置、对齐方式、前导符，单击设置按钮完成。若在"制表位位置"部分选择已定义制表位，单击"清除"按钮可取消已设置的制表位，也可单击 全部清除(A) 按钮取消所有已设置的制表位。

技巧：可以先单击标尺最左侧的"制表符"按钮选择制表符类型，再单击水平标尺中需要设置制表位的位置，实现制表位的设置。如图 3-27 所示，设置了居中方式及右对齐方式两个制表位。

图3-26 制表位

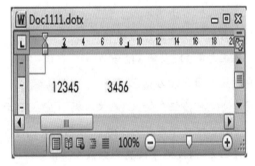

图3-27 制表位效果

文档格式化练习

一、基本操作题

1. 创建新文档，输入任意文字后，完成下面操作。

（1）设置文档标题格式为：黑体、四号字、加粗、居中。

（2）设置正文各段首行缩进2字符。

（3）设置正文第1段文字首字下沉2行。

（4）纸张设置为A4（21厘米×29.7厘米），上下左右边距均设置为3厘米。

2. 创建新文档，任意输入两段文字后，完成下面操作。

（1）将正文第1段文字设置为楷体_GB2312、三号、倾斜。

（2）将正文第2段文字设置为居中。

（3）将正文第1段的行间距设置为2倍行距。

（4）纸张设置为A4（21厘米×29.7厘米），纵向。

3. 创建新文档，任意输入3段文字后，完成下面操作。

（1）将标题段文字改为黑体、三号、加下划线，并添加字符边框。

（2）将正文各段添加项目符号"O"。

（3）将文件以文件名"TESTOO01.DOC"另存在D盘根下。

4. 创建新文档，任意输入3段文字后，完成下面操作。

（1）将标题段文字设置为小四号、加粗，加字符底纹。

（2）将正文内容设置为两端对齐。

（3）将正文第2段与第3段合并。

（4）设置页面背景为黄色。

5. 创建新文档，任意输入3段文字后，完成下面操作。

（1）将标题段文字设置为三号、蓝色、带圈字符。

（2）将正文第1段文字设置为分散对齐。

（3）在正文末尾插入系统时间。

（4）切换视图方式到草稿视图。

6. 创建新文档，任意输入3段文字后，完成下面操作。

（1）将正文内容设置为隶书、小四号、蓝色、加粗。

（2）将标题应用标题1样式。

（3）将正文第1段的段前间距设置为0.8行。

（4）将正文第2段分成等宽两栏，栏间距为2字符。

7. 创建新文档，任意输入3段文字后，完成下面操作。

（1）将标题文字设置为隶书、三号、带圈字符。

（2）将正文所有段落设置为首行缩进2字符，悬挂缩进1字符。

（3）将正文第2段添加红色阴影边框。

（4）将正文第3段与第4段内容交换。

8. 创建新文档，任意输入3段文字，要求第1段文字中有数字，完成下面操作。

（1）将第1段中的数字设置为上标。

（2）删除第3段中第1句话。

（3）将正文第1段的段前间距设置为1.2行。

（4）将第2段设置为蓝色底纹。

9. 创建新文档，任意输入3段文字后，完成下面操作。

（1）将标题中第2、3个字设置为缩放200%。

（2）为第2段第1行文字设置"填充－橙色，强调文字颜色6，轮廓－强调文字颜色6，发光－强调文字颜色6"文字效果。

（3）每段段前、段后间距为0.5行，行间距为1.2倍行距。

（4）利用格式刷设置第3段与第2段相同格式。

10. 创建新文档，任意输入3段文字后，完成下面操作。

（1）通过在标尺上设置制表位实现如图3-28所示的表格。

（2）通过制表位对话框在第2段文字中设置带有前导符的制表位并输入内容验证。

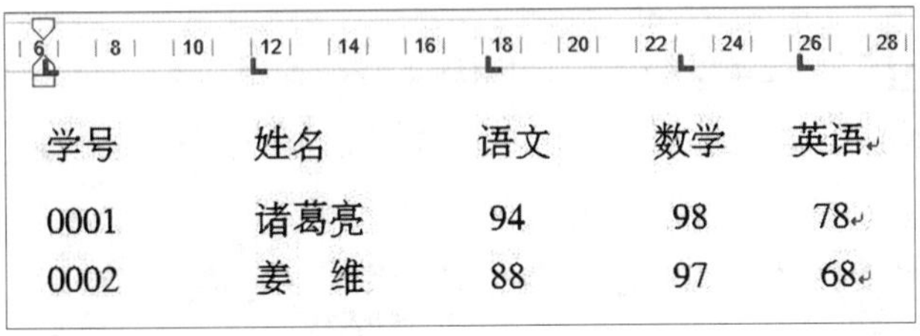

| 6 | 8 | 10 | 12 | 14 | 16 | 18 | 20 | 22 | 24 | 26 | 28 |

学号	姓名	语文	数学	英语
0001	诸葛亮	94	98	78
0002	姜　维	88	97	68

图3-28　第10题图

二、综合操作题

按照如下要求完成文档编辑与文字排版，设置效果如图3-29样张所示。

（1）新建空白文档，自选文字输入，生成Word文档，文件名称为"样张一.docx"保存到U盘上。

（2）设置文档边距分别为1.8厘米，方向为纵向，纸张大小为B5纸。

（3）设置文档每页有40行，每行30个字。

（4）整个文档添加任意边框（方框或艺术型边框）。

（5）添加水印效果为文字水印，内容为"严禁复制"。

（6）设置文档标题黑体一号，居中对齐；全文首行缩进2个字符，楷体四号字。

（7）将SQL Server 2008添加着重号，将R2中的数字设置为上标。

（8）第1段文字加边框、底纹。

（9）第2段文字行距为1.5倍，段前、段后间距为1行。

（10）第3段文字设置首字下沉效果。

（11）第4段分栏，并将企业列表添加项目符号，学校列表添加编号。

（12）将文档生成PDF文档并发送到指定电子邮件中。

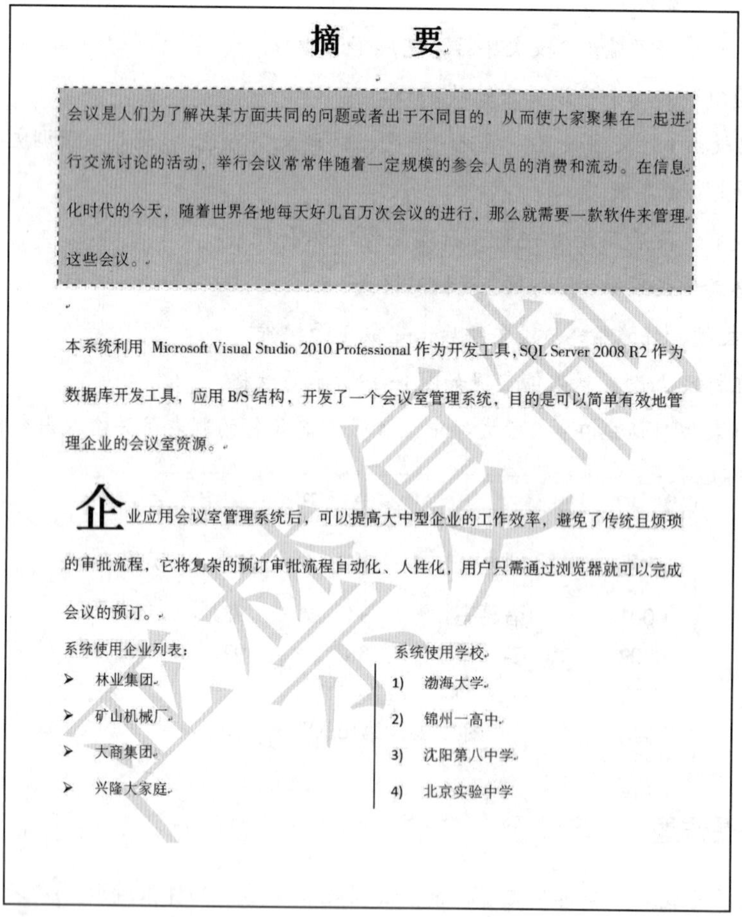

摘　　要

会议是人们为了解决某方面共同的问题或者出于不同目的，从而使大家聚集在一起进行交流讨论的活动，举行会议常常伴随着一定规模的参会人员的消费和流动。在信息化时代的今天，随着世界各地每天好几百万次会议的进行，那么就需要一款软件来管理这些会议。

本系统利用 Microsoft Visual Studio 2010 Professional 作为开发工具，SQL Server 2008 R2 作为数据库开发工具，应用 B/S 结构，开发了一个会议室管理系统，目的是可以简单有效地管理企业的会议室资源。

企业应用会议室管理系统后，可以提高大中型企业的工作效率，避免了传统且烦琐的审批流程，它将复杂的预订审批流程自动化、人性化，用户只需通过浏览器就可以完成会议的预订。

系统使用企业列表：

➢ 林业集团
➢ 矿山机械厂
➢ 大商集团
➢ 兴隆大家庭

系统使用学校：

1）渤海大学
2）锦州一高中
3）沈阳第八中学
4）北京实验中学

图3-29　案例样张一

3　Word 2010图文混排

3.1　插入图片与图文混排

3.1.1　插图方法

选择"插入"选项卡，选择"插图"选项组中的命令，如图3-30所示，插图选项组包括图片、剪贴画、形状、SmartArt、图表及屏幕截图6个命令按钮。

图3-30　"插图"选项组

（1）图片。"图片"命令可以从磁盘中选取一个图形插入文档，单击"图片"按钮后，弹出选取图片对话框，如图3-31所示。

图3-31　选取图片

（2）剪贴画。"剪贴画"命令可以从Office提供的图库中选取图片插入文档，单击"剪贴画"命令后屏幕右侧将出现"剪贴画"任务窗格，可以选择"搜索"相关图片，单击插入按钮，如图3-32所示。

（3）形状。"形状"命令可以应用系统提供的各种工具绘制图形，单击"形状"命令，包括最近使用的形状、线条、矩形、基本形状、箭头总汇等，如图3-33所示。

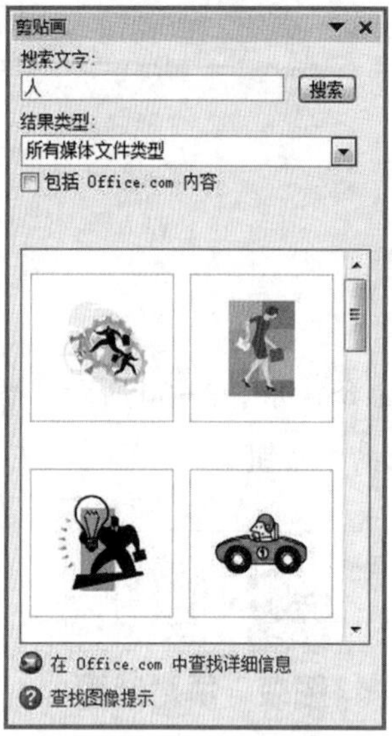

图3-32　插入剪贴画

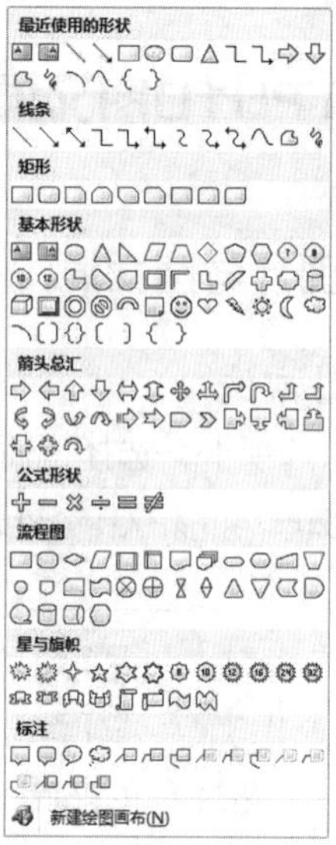

图3-33　插入形状

（4）SmartArt。“SmartArt” 命令用于插入组织结构图、循环图、射线图等，如图 3-34 所示。

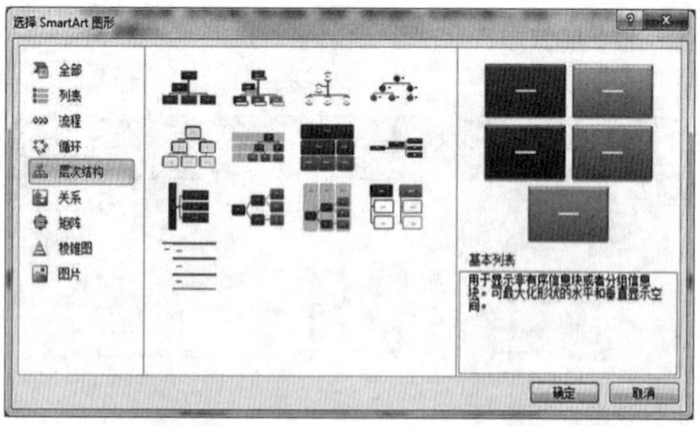

图3-34　插入SmartArt图形

（5）屏幕截图。Word 2010 提供了“屏幕截图”功能，完美地解决了截屏问题，可以截取整个屏幕也可以根据需求截取想要的部分内容。选择“插入”选项卡，单击“屏幕载图”命令，可以选择“可用视窗”或“屏幕剪辑”命令截取屏幕。

3.1.2　编辑图片

插入的图片主要指图片、剪贴画、屏幕截图，通常要进行适当的修饰，双击图片或单击选中图片后，菜单中会出现“图片工具”选项卡，根据图片类型不同提供不同子选项卡。对于图片，只有“格式”选项卡，如图3-35所示，包括调整、图片样式、排列、大小选项组。

图3-35　图片"格式"（一）

（1）调整组。调整组主要包括删除背景、更正、颜色、艺术效果、压缩图片、更改图片和重设图片共7个命令按钮，图片类型不同有些功能不能使用，如剪贴画不可以删除背景，如图3-35所示。

● 删除背景，可以实现从图片中提取部分图片，通过标记要保留的图片区域或标记要删除区域，存储设置的更改项目实现图片提取。

● 更正，主要对图片进行锐化和柔化设置及亮度和对比度设置，可以单击"图片更正"命令按钮选择系统预设的效果，也可单击"更多图片更正选项"命令按钮打开"设置图片格式"对话框，选中"图片更正"项进行微调。如图3-36所示。

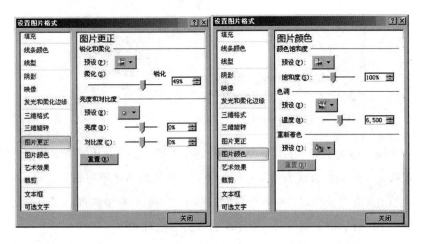

图3-36　设置图片格式对话框-图片更正及颜色设置

● 颜色，主要对图片的颜色饱和度及色调进行设置，甚至可以重新着色，用户可以选择预设方案，也可以进行微调。如图3-36所示。

● 艺术效果，选取系统预设的显示图片艺术效果，如粉笔素描、浅色屏幕等效果。

（2）排列组。排列组主要包括设置图片的位置、自动换行、叠放次序、对齐方式、旋转及多个图形的组合与拆分，如图3-35所示。

● 位置与自动换行，这两个按钮都是用于设置文字与图片的环绕方式。单击其下拉菜单中"其他布局选项"命令可以打开"布局"对话框，设置图片在文档中的位置及环绕方式。

● 叠放次序，包括"上移一层""下移一层""选择窗格"3个命令按钮。图片根据其插入的先后顺序确定其叠放次序，用户可以选择上移一层或下移一层，也可以置于最顶层或最底层。当图片被叠于底层时，操作时不容易选择，可以通过单击"选择窗格"命令按钮打开"选择和可见性"窗口，如图3-37所示，可取消上层图片的可见性，操作结束后再恢复其可见性从而方便下层图片的操作。

● 对齐，对非嵌入型环绕方式的图片，可以设置其在页面内的水平及垂直对齐方式，文档内多个图片需要横向或纵向对齐并均匀分布时可以按住"Shift"键同时单击需要选择的图片从而选中多个图片后设置其对齐方式，如图3-38所示。

图3-37　选择和可见性　　　　图3-38　对齐下拉菜单

● 组合，文档中添加了多个图片对象并确定好位置后，为了防止对象间的相对位置发生改变，用户可以将多个对象组合成为一个整体，注意图片环绕方式不可以为"嵌入式"。对非嵌入型环绕方式的图片等对象可以选中多个对象后单击"组合"命令实现将多个独立对象合成一个对象，也可选中组合后的对象单击"取消组合"拆分该对象。

● 旋转，对选择的图片等对象可以单击旋转命令，打开菜单后可以在系统预设的几种旋转方式中选择需要的，也可以单击"其他旋转选项"按钮打开对话框后设置旋转的角度。

（3）大小组。大小组可以对图片进行裁剪、设置图片的宽度及高度，当单击"大小"对话框时，可以对图片进行更丰富的设置，如图3-35所示。

（4）图片样式。图片样式组可以使用图片主题设置图片格式；可以自定义图片格式，包括图片边框、图片效果及图片格式；也可以单击"图片格式"对话框设置图片更为丰富的格式，如图3-39所示。

图3-39　图片"格式"（二）

3.1.3　图文混排

图片环绕方式是解决图文混排的一种方法，插入图片时 Word 将其默认为"嵌入型"，嵌入文字。

环绕版式包括嵌入型、四周型、紧密型、上下型、浮于文字上方、衬于文字下方6种。

嵌入型：图片插入到文本的光标处，能随文本一起移动，但不可以自由移动，即不能拖动图片任意改变位置。

四周型：可以设置文字在图片四周的任意侧环绕，即图片可在页面中居左、居右、居中等位置，用户还可设置文字与图片的距离。

紧密型：适用于剪贴画、艺术字或其他特殊形状的自选图形等，文字环绕在对象不规则形状的周围。

上下型：文字只能环绕在图片的上下两个方向。

浮于文字上方：图片浮在文字的上方，因此图片会盖住文字。

衬于文字下方：图片衬于文字下方，可作为一种背景设置的方法。

要改变图片的环绕方式，可以选择"图片"格式选项卡，单击"位置"或"自动换行"命令进行修改，如图3-35所示。

3.2　插入其他图形

3.2.1　艺术字

在图文混排中，可以设计艺术字体，选择"插入"选项卡，单击"艺术字"命令，如图3-40所示。输入相应文字信息，选择艺术字"格式"选项卡，可以对艺术字设置相应的形状样式、艺术字样式、文本、排列、大小等信息，如图3-40所示。

图3-40　艺术字与文本框

3.2.2 文本框

在文字排版过程中，有时需要将文档中的某一段内容放到文本框中，也可以通过文本框与文字方向功能完成特殊的格式设置，如文字的 90°、270° 旋转，与艺术字的格式设置功能相似，如图 3-41 所示。添加文本框可以选择"插入"选项卡中的"文本框"命令，可以选择 Word 2010 提供的样式，可以选择"绘制文本框"或"绘制竖排文本框"命令。

图3-41 艺术字"格式"选项卡

3.2.3 公式

在文字排版过程中，理工科经常用到数学公式，可以选择"插入"选项卡，在"符号"选项组中，选择"公式"命令，可以选择"内置"公式或"插入新公式"命令完成数学公式录入，公式设计选项卡如图 3-42 所示。

图3-42 公式工具"设计"选项卡

3.3 知识拓展

3.3.1 图片对象的移动与微移动

操作步骤：单击待操作的图片对象，鼠标移动到图片对象上鼠标指针变为 ✛ 形状后，拖曳鼠标指针到目标位置；或单击待操作的图片对象后，按动键盘的上下左右按键完成图片移动；或单击待操作的图片对象后，按住"Ctrl"键的同时按动键盘的上下左右按键可以实现图片的微移动。

3.3.2 绘图画布

Word "绘图画布"是文档中的一个特殊区域，其意义相当于一个"图形容器"，绘图画布内可以放置自选图形、文本框、图片、艺术字等多种不同的图形。绘图画布用来绘制和管理多个图形对象，可以将多个图形对象作为一个整体，在文档中移动、调整大小或设置文字环绕方式，还能避免文本中断或分页时出现的图形异常，也可以对其中的单个图形对象进行格式化操作。

选择"插入"选项卡插图功能组中"形状"按钮 ⬜，单击最底部的"新建绘图画布"命令，绘图画布将根据页面大小自动被插入到 Word 2010 页面中。

3.3.3　图片裁剪

用户可根据需要对已插入图片通过裁剪改变图片大小，甚至可以进行异型裁剪，还可以对图片进行颜色填充。选择图片后，单击绘图工具中格式选项卡，在"大小"选项组中单击裁剪按钮可以打开裁剪下拉菜单，如图3-43所示。

（1）裁剪。选中要裁剪的图片，单击裁剪命令，图片四周出现8个裁剪标志，向图内侧或外侧拖动标志，如图3-44所示。

图3-43　裁剪下拉菜单　　图3-44　带有裁剪标志的图片

（2）裁剪为形状。通过裁剪为形状这个功能可以制作异型图片，单击该按钮后打开形状对话框，选择要裁剪的形状即可。如图3-45（1）所示裁剪为心形的图片。若为图片加上立体边框效果更突出，如图3-45（2）所示。具体实现请读者思考并完成。

（1）　　　　　　（2）

图3-45　心形图片及立体边框效果

📋 图文混排练习

一、基本操作

1. 在Word中，新建一空白文档，输入任意3段文字，然后完成下面操作。

（1）输入标题为"运动的快乐"，并设置文字为：三号、黑体、绿色。

（2）正文末尾插入屏幕截图，图片大小为5厘米×5厘米。

（3）通过删除背景提取图片中部分内容形成新图片。

（4）将新建文档以"运动的快乐"保存到桌面。

2. 打开1题中所存储文件，完成如下操作：

（1）在文档任意位置插入任意图片，图片大小为原图片的75%。

（2）设置图片更正为锐化25%，亮度为+20%，对比度为+20%。

（3）调整图片颜色饱和度100%，色温6000k。

（4）为图片重新着色为"橄榄色，强调文字颜色3，浅色"。

（5）设置图片艺术效果为"塑封"。

（6）保存文档为"图片-调整设置操作"。

3. 打开1题中所存储文件，完成如下操作。

（1）在文档任意位置插入任意图片，图片大小为原图片的60%。

（2）为图片加上"绿色""方点"虚线、"2.25磅"宽度的边框。

（3）为图片添加"外部-居中偏移"阴影效果。

（4）为图片添加"半映像，4Pt偏移"的映像效果。

（5）为图片添加任意发光效果。

（6）为图片添加任意棱台效果。

（7）保存文档为"图片-样式操作"。

4. 打开1题中所存储文件，完成如下操作。

（1）在文档任意位置插入任意3幅图片，图片大小为原图片的40%。

（2）设置图片一为"四周型"、图片二为"紧密型"、图片三为"浮于文字上方"环绕方式。

（3）设置两幅图片的叠放次序。

（4）将图片一顺时针旋转30°。

（5）设置图片一、图片二为纵向分布。

（6）保存文档为"图片-排列操作"。

5. 在Word中，新建一空白文档，输入任意3段文字，然后完成下面操作。

（1）在文档任意位置插入"圣诞老人"剪贴画，设置其为"紧密型"环绕方式。

（2）取消图片的组合，查看该剪贴画的构成。

（3）新建画布后，利用圣诞老人剪贴画中分解出的小图试构造自己的圣诞老人。

（4）插入另外任意两幅剪贴画，设置其环绕方式为"紧密型"，组合二图。

（5）保存文档为"图片-组合操作"。

6. 在Word中，新建一空白文档，然后完成下面操作。

（1）在文档任意位置插入"心形""太阳形"图形。

（2）更改图形"太阳形"为"笑脸"。

（3）在每个图形内添加任意文字，调整图形内部边距4个方向都为0。

（4）任意设置图形的轮廓、填充效果、形状效果。

（5）图形内文字方向为所有文字旋转270°。

（6）保存文档为"图片–图形操作"。

7. 在Word中，新建一空白文档，然后完成下面操作。

（1）在文档任意位置插入" 填充 - 橙色，强调文字颜色 6，轮廓 - 强调文字颜色 6，发光 - 强调文字颜色 6 "艺术字，内容任意。

（2）任意设置艺术字的轮廓、填充效果。

（3）形状效果设置为转换中的"圆形"。

（4）为艺术字添加阴影、棱台立体效果、三维旋转效果。

（5）保存文档为"图片–艺术字操作"。

8. 使用文本框制作如图3–46所示样张文本框。

9. 使用文本框制作如图3–47所示样张文本框。

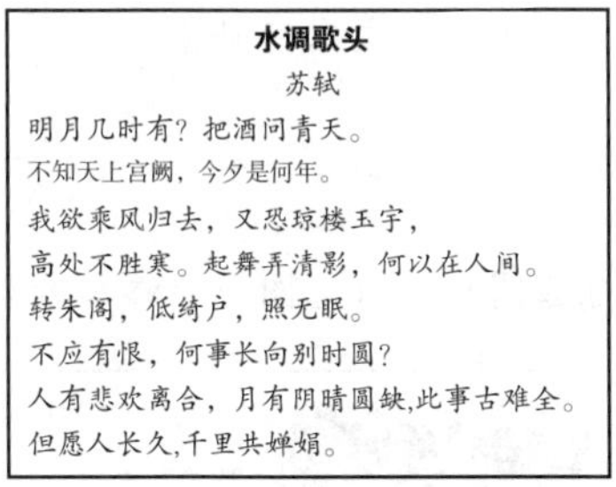

图3–46 8题图　　　　图3–47 9题图

10. 制作如图3–48所示的组织结构图。

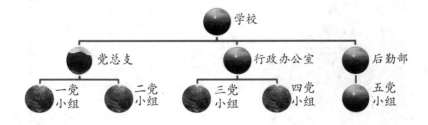

图3–48 组织结构

11. 制作如图3–49所示的公式。

$$d \frac{|A_{x0}+B_{Y0}+C|}{\sqrt{A^2+B^2}} \qquad V=\frac{xh}{6}(3r^2+h^2) \qquad \cos a = \frac{1-\text{tg}^2\frac{a}{2}}{1+\text{tg}^2\frac{a}{2}}$$

图3–49 11题图

12. 制作如图3-50所示的几何图形。

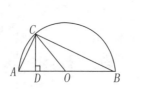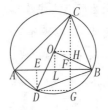

图3-50 12题图

二、综合操作

1. 创建Word文档，文件名为"农家风味菜单.doc"，按照如图3-51所示的样张实现菜单制作，要求如下：

（1）标题为艺术字，颜色、线型、大小等自行选择。

（2）菜单内容为两个文本框，上端的文本框横排，下端的文本框竖排。

（3）竖排文本框内的菜价利用艺术字实现。

（4）背景图片自选，设置为衬于文字下方。

（5）"订餐热线"为艺术字，电话号码部分为自选图形，自选图形内添加号码。

图3-51 菜单制作样张

2. 按照如下要求完成文档图文排版，设置效果如图3-52所示样张。

（1）新建空白文档，输入内容，文件命名为"样张二.docx"，保存到U盘上。

（2）添加艺术字标题，设置方向为纵向。

（3）形状样式任意、阴影任意、三维任意，文字环绕方式任意。

（4）插入一幅图片，设置环绕方式为紧密型，长、宽、高均为3厘米。

（5）插入文本框，并设置边框宽度为1磅，文字方向如样张所示。

（6）插入如样张所示数学公式。

摘要

会议是人们为了解决某方面共同的问题或者出于不同目的，从而使大家聚集在一起进行交流讨论的活动，举行会议常常伴随着一定规模的参会人员的消费和流动。在信息化时代的今天，随着世界各地每天好几百万次会议的进行，那么就需要一款软件来管理这些会议，通过软件管理会议安排，使得人们不管身处何地，都可以通过网络预订或者取消会议，也可以直观地看出每个会议室的空闲状况，以便自己挑选合适的时间和地点进行会议的安排。

本系统利用 Microsoft Visual Studio2010 Professional 作为开发工具，SQL Server2008 R2 作为数据库开发工具，应用 BS 结构，开发了一个会议室管理系统，目的是可以简单有效地管理企业的会议室资源。

企业的相关部门可以利用会议室管理系统的数据库，根据数据进行分析本年会议室的使用情况。

$$\int \frac{dx}{\sqrt{x^2 \pm a^2}} = \ln\left(x + \sqrt{x^2 \pm a^2}\right) + c$$

企业应用会议室管理系统后，可以提高大中型企业的工作效率，避免了传统且烦琐的审批流程，它将复杂的预订审批流程自动化、人性化，用户只需通过浏览器就可以完成会议的预订，实现了预订审批的无纸化、办公自动化，节省了企业的人力、物力和财力。

图3-52　案例样张二

3. 绘制如图3-53所示的中国象棋。

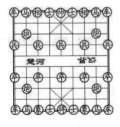  

图3-53　中国象棋样张　　图3-54　"春晓"效果　　图3-55　"贺年卡"效果

4. 完成以下操作：

（1）新建空白文档"春晓.doc"，在空白文档中插入一横排文本框，设置文本框高8厘米、宽10厘米，文本框线条颜色为红色1磅实线。

（2）在文本框输入"春晓，作者：孟浩然（唐）春眠不觉晓，处处闻啼鸟。夜来风雨声，花落知多少"的文字，并设置标题为黑体二号，正文为楷体四号，文字全部居中。

（3）在文本框中插入图片作为填充背景。

（4）设置图片环绕方式为"四周型"，水平对齐方式为居中对齐。

（5）操作完成后，保存文档，完成效果如图3-54所示。

5. 制作贺卡：

（1）新建空白文档"新年贺卡.doc"，在空白文档中插入一横排文本框，设置文本框高10厘米、宽15厘米。

（2）在文本框中插入图片作为填充背景。

（3）在文本框中插入艺术字"新年快乐"，艺术字样式为第5行第5列的样式，艺术字颜色为深红色、透明度为25%，字体大小为30号、黑体。

（4）在文本框中插入样张中的艺术字"Happy new year!"，艺术字样式为第3行第4列的样式，艺术字为红色，36号，加粗；艺术字形状为"左领章"。

（5）操作完成后，保存文档。完成后效果如图3-55所示。

4 Word 2010表格制作与处理

Word 2010 表格能够将数据清晰而直观地组织起来，并进行比较、运算和分析，因此表格的用途很广泛。

4.1 插入表格

选择"插入"选项卡中的"表格"命令，可以创建表格，在"表格"窗口中可以选取行列快速创建表格，如图3-56"表格"选项所示，通用鼠标选取4行5列创建表格，也可以通过表格选项中的"插入表格"命令，在弹出的插入表格命令中，设置行列可以创建更多行列的表格，如图3-57所示插入表格。

为叙述方便本节以创建"销售统计"表为例，创建如表3-2所示销售统计案例所示。

4.1.1 插入表格

选择"插入"选项卡，单击"表格"命令，选取"插入表格"命令，设置表格为5行5列，即可创建5行5列的表格，如图3-58案例表格所示，并输入内容。

4.1.2 表格标记

如图3-59所示，表格左上角为"全选表格"按钮，可以通过此命令按钮选择或移动表格，表格右下角为调整表格尺寸按钮，通过此命令可以调整表格大小。

图3-56　表格选项　　　　　　　图3-57　插入表格命令

表3-2　销售统计

销售 / 产品		数量（台）	单价（元/台）	总金额（元）
地 区	电视	95	1050	
	冰箱	86	1000	
	手机	96	890	
	合计			

产品销售	产　品	数量（台）	单价（元/台）	总金额（元）
地 区	电视	95	1050	
	冰箱	86	1000	
	手机	96	890	
	合　计			

选定或移动表格

改变表格尺寸

图3-58　创建表格输入内容

4.2　表格处理

4.2.1　选定表格的行、列或整个表格

（1）利用文本选定区，拖动鼠标左键可以选定一行或多行。

（2）将鼠标移动到表格上方拖动鼠标左键可以选定一列或多列。

（3）在表格中拖动左键可以选取连续的单元格。

（4）利用表格左上角全选按钮可以选中整个表格。

4.2.2　插入与删除行、列或整个表格

利用"表格工具"中的"布局"选项卡可以对表格进行修改，单击"删除"按钮可以删除单元格、行、列及整个表格。

在"行与列"选项组中，也可以插入行或列。如图 3-59 所示。

4.2.3　合并单元格

利用"布局"选项卡中的"合并"选项组，可以对表格中选定的"单元格"进行合并与拆分操作，也可以完成拆分表格操作，将表格拆分成上下两个表格，如图 3-59 所示合并选项组。本例要求完成"产品销售"和"地区"单元格的合并操作。

4.2.4　单元格数据对齐

选定数据，利用"布局"选项卡中的"对齐方式"选项组，可以选择合适的对齐方式，如图 3-60 所示。本例对齐方式要求中部居中，"地区"对齐方式如样张所示。

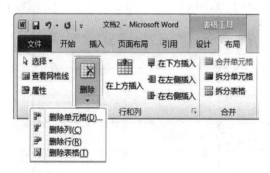

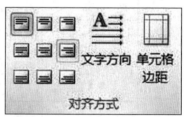

图3-59　行与列选项组和合并选项组　　　　图3-60　对齐方式选项组

4.2.5　调整行高与列宽

利用鼠标拖动行、列边框可以快速调整行高与列宽。

利用"布局"选项卡中的"合并"选项组中的"自动调整"命令，可以自动调整表格大小。也可以通过表格"属性"来设置表格行高与列宽。选择"布局"选项卡，单击"属性"命令，弹出"表格属性"对话框，如图 3-61 所示，在此对话框中，可以设置行高与列宽，还可以设置表格在页面中的对齐方式及环绕方式等。

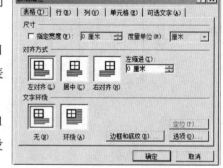

图3-61　表格属性

4.2.6　设计表格

（1）表格样式。选择"表格工具"中的"设计"选项卡，在"表格样式"选项组中，可以选择 Word 2010 提供的自动套用格式来修饰表格。

（2）绘制表格。利用"设计"选项卡中的"绘图边框"选项组，可以完成手动绘制表格，可以先选择线型、粗细、笔颜色，然后手动绘制表格。如图 3-62 所示。

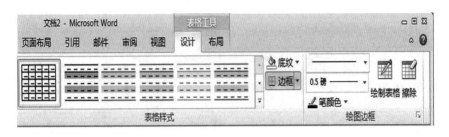

图 3-62　设计表格

（3）表格边框与底纹。利用"绘制边框"选项组，可以为表格添加边框。可以先设置框线类型、粗细、颜色，然后单击"边框"按钮，选择"框线类型"。利用"绘图边框"选项组中的"底纹"命令，可以为单元格添加底纹。如表 3-3 所示，为表格中数量、单价、总金额单元格及单元格添加底纹。

表 3-3　电器销售统计

产品 ＼ 销售		数量（台）	单价（元／台）	总金额（元）
地区	电视	95	1050	9975
	冰箱	86	1000	8600
	手机	96	890	8544
合　　计		277		

4.3　表格计算

在"布局"选项卡中的"数据"选项组中可以完成对数据排序、计算、文本与表格转换及重复标题行操作。如图 3-63 所示。

4.3.1　排序

选择"表格工具"中的"布局"选项卡，在"数据"选项组中，单击"排序"命令，可以完成对数据排序操作，包括升序与降序。

4.3.2　公式

在表格中，利用"公式"命令可以完成求和、平均值等运算，也可以完成加、减、乘、除等算术运算。

单击"公式"命令后弹出"粘贴"公式对话框,如图 3-64 所示,在对话框中输入公式,完成计算。如完成求数量的总和(公式为＝ sum(above))、求总金额(公式为＝ C2*D2)。

图3-63 "数据"选项组

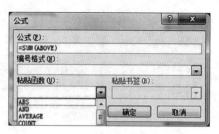

图3-64 粘贴函数

4.3.3 文本与表格转换

Word 2010 支持表格与文本之间的转换,例如,根据学生成绩数据,完成将文本转换成表格。

先选择数据,再选择"插入"选项卡中的"表格"命令,单击"文本转换成表格"命令,如图 3-65 所示。Word 自动根据文字分隔符调整表格行、列数。单击"确定"完成操作,结果如表 3-4 所示。

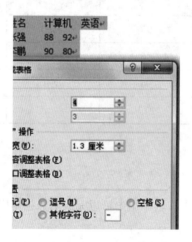

图3-65 文本转换成表格

同理,也可以将表格转换成文本,即先在表格后单击"插入"选项卡中的"表格"命令,单击"表格转换成文本"命令后在对话框中输入相应参数即可转换。

表3-4 转换结果

学 号	姓 名	计 算 机	英 语
170102	张 强	88	92
170103	李 鹏	90	80

4.4 知识拓展

4.4.1 单元格边距调整

单元格边距包括单元格间距和单元格中文本与边框间距。通过调整单元格内边距的大小，可以在不改变单元格大小的情况下改变单元格内存放的字数。

选中待操作的单元格区域，右击鼠标在弹出的快捷菜单中选择"表格属性"，弹出对话框后选择"单元格"选项卡，单击"选项"按钮弹出如图3-66所示的对话框，输入上、下、左、右边距即可。

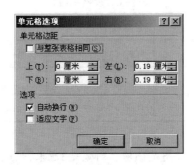

图3-66 单元格选项对话框

4.4.2 多斜线表头制作

在我们日常使用Word的过程中，往往需要在Word中插入表格，以更方便地解释说明数据。当我们做的表格遇到有3个以上数据项时，就需要制备拥有多个斜线的表头了。目前，系统只可以直接制作单斜线表头，这里介绍多斜线表头的一种制作方法。

这里以需要输入3个项目为例（姓名、学号和科目），按照表格制作方法插入表格并将第1列和第2列的列宽调小，以区别项目栏和输入内容栏，然后选中第1行的前两个单元格将其合并，在"插入"选项卡中选择"斜线"线条，画出对应的两条曲线，分别从左上角开始到对应的第1列和第2列的右上角结束。添加表头的名称时注意不要直接在单元格中输入数字，否则排版困难，这里我们使用文本框来添加"表头"名称，为了方便排版，每个文本框只插入一个字，插入的文本框可以通过形状轮廓选择"无轮廓"去掉文本框的外框，并且注意选择"无填充"，才能保证放到表格中不会覆盖表格中的线条，将所插的文本框进行排版，将插入的文本框拖到之前制作的斜线表头中，文本框可以随意改变位置，直到制作的表头较为美观，效果如表3-5所示。

表3-5　多斜线表头制作效果

姓名 学 学号 科			

📋 表格练习

一、基本操作题

1. 制作表格并输入下面内容，将下列表格第2行中的文字删除，表格的行数与列数不变，不得将表格及表格线作其他改变，如表3-6所示。

表3-6　表格练习1

虞美人	①	【南唐】李煜		
春花	秋月	何时了	往事	知多少。
雕栏	应犹在，③	只是	朱颜改。	④

2. 下列2行4列表格，设置行高是15磅、列宽是3厘米，将表格的第4列删除，再增加第3行，使表格变成同样格式的3行3列的表格，并添入相同字体的相应数字。不得作其他修改，如表3-7所示。

表3-7　表格练习2

第1行第1列	第1行第2列	第1行第3列
第2行第1列	第2行第2列	第2行第3列
第3行第1列	第3行第2列	第3行第3列

3. 使用"表格"菜单中的命令将下列表格的第3行和第1列删除。不得作其他修改，如表3-8所示。

表3-8　表格练习3

6	11			
7	12			
9	14			
10	15			

4. 使用"表格"菜单中的命令，将下列表格的第1列与第2列合并，变成4行3列的表格。不得作其他修改，如表3-9所示。

表3-9　表格练习4

5. 将下列表格的表格线设定为1.5磅，不得将表格作其他改变，如表3-10所示。

表3-10　表格练习5

6. 将下列2行4列表格的行高改为25磅、列宽改为2.5厘米，并将表格中的数字设定为三号字。不得作其他修改，如表3-11所示。

表3-11　表格练习6

1	2	3	4
5	6	7	8

7. 将下列2行4列表格的四周边线设定3磅；其余的表格线设定为1.5磅，并将表格中的数字设定为小四号字。不得作其他修改，如表3-12所示。

表3-12　表格练习7

1	2	3	4
5	6	7	8

8. 2行4列表格改为：仅能打印出四周边线，其余各线为隐藏虚框，表格线设定为2.25磅。不得作其他修改，如表3-13所示。

表3-13　表格练习8

1	2	3	4
5	6	7	8

9. 使用"表格"菜单中的命令，平均调整下列表格各列的宽度。不得拖动表格线、不得作其他修改，如表3-14所示。

表3-14　表格练习9

10. 使用"表格"菜单中的命令，将下列表格的第2行与第3行间拆分两个表格，两个表格间仅有一个回车符。将表格线设定为1磅，不得作其他修改，如表3-15所示。

表3-15　表格练习10

1			
2			
3			
4			
5			
6			
7			

11. 将下列表格的表格线全部去掉，变成5行4列的数字。不得作其他修改，如表3-16所示。

表3-16　表格练习11

1	2	3	4
5	6	7	8
9	10	11	12
13	14	15	16
17	18	19	20

12. 在文档的开始处建立一个3行4列的表格，设置第1列中单元格的宽度为2厘米，设置第2列中单元格的宽度为2.5厘米，设置第3列中单元格的宽度为3厘米，设置第4列中单元格的宽度为3.5厘米。将表格的外框线宽度设置为2.25磅、线型为双实线，内框线宽度为1.5磅、线型为单实线。

13. 根据给定的表格：

（1）计算出总分填入表格中。

（2）对总分按升序排列完成。不得做其他修改，如表3-17所示。

表3-17 表格练习13

姓　　名	高　　代	数　　分	解　　析	总　　分
李　　司	56	67	78	
赵　　六	65	76	87	
张　　三	77	88	99	
王　　舞	89	90	98	970

14. 将给定表格按第1列进行表格数据递减排序。不得做其他改变，如表3-18所示。

表3-18 表格练习14

56	1		
78	2		
100	5		
56	7		
32	9		
90	10		

15. 将给定表格第2列前两行合并为一个单元格，将第2列的后3行拆分为2列3行。不得做其他改变，如表3-19所示。

表3-19 表格练习15

1	4	7	
2	5	8	
3	6	9	

二、综合操作题

1. 要求完成如表3-20所示的个人简历样张。

表3-20 个人简历样张

姓　　名		性　　别		照　片
民　　族		出生年月		
学　　历		政治面貌		
联系电话		手　　机		
毕业院校		专　　业		
爱好及能力				
相关证书				
个人教育奖励情况				
学习及实践经历				
时　　间		地区、学校或单位		专业
自我评价				

2. 创建Word文档"制作课程表.doc",按照要求创建如表3-21所示的表格。

(1)表格标题"课程表"作为表格的一部分,字体宋体,字号为三号字,居中。

(2)设置如样张中所示的斜线表头。

(3)表格总宽度为13.8厘米,行高为0.6厘米。

(4)表格内文字宋体,小四号。

表3-21　课程表样张

课程表

时间＼星期		星期一		星期二		星期三		星期四		星期五	
		科目	教师	科目	教师	科目	教师	科目	教师	科目	教师
上午	第一节										
	第二节										
	第三节										
	第四节										
下午	第五节										
	第六节										
	第七节										
	第八节										

3. 创建Word文档"精英班成绩表.doc"，按照要求创建如表3-22所示的表格。

（1）按照表3-22所示制作考试成绩表，输入相关文字及数据。

（2）表格边框格式如表3-22所示。

（3）计算每个同学的总分、每科的平均分。

（4）复制一份表格，并将复制后的表格按照总分降序排序。

（5）在总分列后增加一列，列标题为名次，手动输入每个记录的排序后顺序。

（6）表格列标题栏设置浅蓝色纯色底纹。

表3-22　成绩表格样张

精英班级成绩

学　号	姓　名	语　文	数　学	英　语	计算机	总　分
0001	诸葛亮	94	98	78	34	
0002	姜　维	88	97	68	65	
0003	曹　操	96	99	82	28	
0004	刘　备	99	76	38	82	
	平均分					

4. 表格制作题目要求制作不规则表格，对字体没有要求，使用默认字体即可，表格的行高和列宽与样表大致相同即可，如表3-23至表3-32所示。

表3-23 表格制作1

姓名		出生年月		学历	
参加工作时间		工作年限			
考核时间	1999 年	2000 年		2001 年	2002 年

表3-24 表格制作2

会计科目	本期发生额						
	借方金额			账页	贷方金额		账页

表3-25 表格制作3

摘要	原批月工资计划数	申请增（减）	其 中			
			基本工资	津贴	奖金	其他
主管部门		人事部门				

表3-26 表格制作4

月度截至			某公司存货活动分析				
存货地点	存货号数	说明	单位	最后业务日期	本期净出额		金额
					数量	月均	

表3-27 表格制作5

项 目	年 份		结 构		1986 年比 1985 年发展速度 /%
	1985 年	1986 年	1985 年	1986 年	
铁路					
公路					

表3-28 表格制作6

单位补贴	元	补贴资金来源	单位负担	元
职工缴纳	元		财政负担	元
市房办审批				

表3-29 表格制作7

区　域	一季度	二季度	三季度	四季度
海淀区连锁店	1024	2239	2569	3890
西城区连锁店	1589	3089	4120	4500
总　　计				

表3-30 表格制作8

数　　量		说　明	单　价	总　价	运　费	总　计
延　期	发出					
		运到				

表3-31 表格制作9

总产值资料				制卡日期		
月　份	总产值		月　份	总产值		
	各月	逐月累积		各月	逐月累积	

表3-32 表格制作10

姓名		性别		出差地点		
出差理由			起止日期			
车船费	途中补助	住勤费	住宿费	其他		合计

5　Word 2010长文档编辑

在编辑一些长达几十页或是几百页的文档，如营销报告、毕业论文、项目结题报告、宣传手册、活动计划等时，由于长文档的纲目结构通常都比较复杂，内容较多难于查找，如果方法不得当，会使得编辑效率大大降低，而且排版效果还不能尽如人意。Word 文字处理系统提供了完备的长文档编辑技术，主要包括模板、样式、各种标注、目录、审阅等的功能设计，使用大纲视图大大提高了查找文档、定位文档等操作的效率。

5.1　分隔符

5.1.1　分页符

当输入文本或插入的图形超过一页时，将自动换至新的一页，并在两页之间插入一个"自动分页符"。

除了系统自动分页符之外，还允许人工分页符，强制产生下一页，在文档中插入人工分页符的步骤如下：把插入点移动到要分页的位置，然后选择"页面布局"选项卡，单击"分隔符"命令，在"分隔符"命令下拉列表中选择"分页符"中的"分页符"命令。

5.1.2　分节符

分节符与分页符最大的区别是分节符中每个节的页码、页眉等可以设置不相同的效果。如果整篇文档都采用统一格式，则不需要分节操作。

例如，在论文排版中，封皮部分不需要页眉与页码、摘要部分不需要页码、目录与正文部分需要设置自个的页码，这就需要在排版过程中将文章分为 4 个节，然后设置每个节的不同的页眉与页码。

在文章中插入分节符的步骤为：将插入点移动到需要分节的位置，然后选择"页面布局"选项卡，单击"分隔符"命令，在"分隔符"命令下拉列表中选择"分节符"中的"下一页"命令。

5.2　页眉与页脚、页码

5.2.1　页眉和页脚

要为文档加入页眉或页脚，可以选择"插入"选项卡中的"页眉和页脚"选项组，单击"页眉"命令，可以使用 Word 2010 的内置页眉或页脚，也可以选择"编辑页眉或编辑页脚"。

进入"页眉或页脚"编辑状态后，在"设计"选项卡中，可以对"页眉或页脚"进行更多的设置，如图 3-67 所示的页眉和页脚工具。编辑结束后可以单击"关闭"按钮或双击文档任意位置处完成编辑。

图3-67 页眉和页脚工具

5.2.2 页码

在文档中插入"页码",可以选择"插入"选项卡,然后单击"页码"命令,在"页码"命令下拉列表中,可以选择相应命令对页码位置、格式等进行设置,如图3-68所示。

图3-68 插入页码与设置页码格式

选择其中的"设置页码格式"命令会弹出"页码格式"对话框,如图3-68所示,可以设置页码的编号格式、起始页码等。

5.3 引用

5.3.1 脚注和尾注

脚注和尾注也是文档的一部分,用于文档正文的补充说明,脚注所解释的是本页中的内容,尾注是在一篇文档的最后所加的注释。通常脚注置于文档页面的底端,尾注置于文档的末尾。

如图3-69所示,中数字编号1、2是脚注,脚注内容位于文档页面的底端,英文字母编号i是尾注,而注释内容则在文档结尾部分。

插入脚注与尾注可以选择"引用"选项卡,在"脚注"选项组中,单击"插入脚注"或"插入尾注"命令,单击"脚注"对话框按钮,可以弹出"脚注和尾注"对话框,可以对脚注和尾注的位置、格式等进行更多的设置,如图3-70所示。在文档中删除待操作的脚注或尾注的注释引用标记即可删除脚注及其注释部分,Word会对文档后面的注释重新编号。

图3-69　脚注和尾注示例例　　　　图3-70　脚注和尾注对话框

5.3.2　题注

题注是 Word 提供的给文档中的图片、表格、图表、公式等项目添加名称及编号的一种非常实用的方法，使用题注功能可以保证长文档中图片、表格或图表等项目能够顺序地自动编号。如果移动、插入或删除带题注的项目时，Word 可以自动更新题注的编号，而且带有题注的项目，可以对其进行交叉引用，这些将大大提高长文档的编辑效率和准确度。

选择"引用"选项卡，单击"插入题注"命令，在弹出"题注"对话框中，可以新建标签，如图 3-71 所示，新建标签"图 7-1"，当为图片插入题注时，会自动编号。

图3-71　"题注"对话框

5.3.3　编制文档目录

在编辑书籍、论文、报告等各种文档时，习惯于在文档前加入文档的目录结构，目录中的标题需要与文档内容的页码相对应，当文档内容的页码发生变化时需要与目录同步改变，Word 提供了强大的目录生成功能。

Word 一般是利用标题或者大纲级别来创建目录的，因此，在创建目录之前应确保需要出现在目录中的标题已经设置了内置的标题样式或使用了包含大纲级别的样式或者自定义的样式。只有文档的结构性能比较好，才能快捷地创建出合格的目录。

1）插入目录

（1）设置标题样式、大纲级别。

（2）鼠标定位到插入目录的位置，选择"引用"选项卡，单击"目录"命令，在"目录"

命令下拉列表中可以选择"内置"目录或插入目录，在弹出的"目录"对话框中，如图3-72所示，进行选择目录中是否显示页码，设置页码对齐方式、制表符前导符号形式及目录中显示级别等相关设置。

图3-72 插入目录

2）更新目录

Word 所创建的目录是以文档的内容为依据，如果文档的内容发生了变化，如页码或者标题发生了变化，就要更新目录，使它与文档的内容保持一致。一般不建议直接修改目录，因为容易引起目录与文档的内容不一致。

创建后的目录，如果需要改变目录的格式或者显示的标题等，可以重新执行一次创建目录的操作，再次选择格式和显示级别等选项，执行完操作后在出现的对话框选择替换原来的目录即可。

如果只是想更新目录中的数据，以适应文档的变化，而不是要更改目录的格式等项目，那么选中目录，右击鼠标选择"更新域"弹出对话框，选择"只更新页码"或"更新整个目录确定即可"。

在目录的超链接可通过按"Ctrl"的同时单击鼠标左键，可以快速地定位到文档中目录的位置。

5.4 知识拓展

5.4.1 文档审阅

使用 Word 提供的审阅功能，可以实现记录审阅者对文档内容的更改情况，省去了批阅者作标示的工作量，而且标识清晰，作为文档的原作者查看批阅情况时可以选择接受或拒绝审阅修改。

（1）使用修订功能。选择"审阅"选项卡，单击"修订"按钮，进入修订状态，此时对文档所做的任何修改如删除、插入等将设置修订标记，再次单击该按钮可以结束修订工作。用户可以单击"接受"按钮接受修订，或单击"拒绝"按钮拒绝修订。如果选择接受修订，删除的内容将从文档中自动消失。

（2）修订标记方式的选择。对于文档修订标记方式表现形式用户可以进行不同设置，如插入的新内容为红色斜体，被删除内容加删除线等，单击"修订"中的下拉框弹出对话框后进行修订标记方式的设置。

5.4.2 交叉引用

编辑文档时经常需要在文档中的一个位置引用另一个位置的标题、题注等。使用 Word 提供的交叉引用实现被引用内容与引用部分保持链接关系，达到当被引用部分的内容发生变化时，所创建的交叉引用可随之更新。一般在文档中设置了标题样式或插入了脚注、题注或带有编号的段落，就可以创建交叉引用实现两部分的链接。

定位光标到需要插入交叉引用的位置，单击"插入"菜单选择"引用"下的"交叉引用"弹出对话框，选择引用类型、引用内容等，单击"插入"按钮即可。

5.4.3 使用多窗口，查看长文档的不同部分

用多个窗口来显示同一长文档的不同部分，可以使查找、编辑工作变得较为方便。

（1）菜单命令。操作步骤：打开文档后，单击"窗口"菜单中的"新建窗口"，再单击"窗口"菜单中的"全部重排"，可打开上下两个窗口来显示文档。

（2）手动拆分。操作步骤：将鼠标放在文档右端滚动条的最上方，当鼠标变为"拆分窗口"的记号时双击，可将当前窗口拆分为两个子窗口。上下拖动拆分条可调节这两个子窗口的大小，双击拆分条可取消拆分。

5.4.4 用自动滚动功能浏览长文档

Word 也提供了对文档页面的自动滚动功能，以方便用户阅读文档。

右击菜单栏选择"自定义快速访问工具栏"，弹出如图 3-73 所示的"Word 选项"对话框，选择"自定义快速访问工具栏"后，右侧窗格中"从下列命令中选择"选择"所有命令"，再将"命令"项中的"自动滚动"添加到右侧，单击"确定"即在 Word 最左上角的"快速访问工具栏"中添加了命令"自动滚动"。

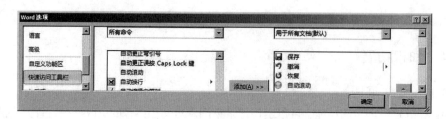

图3-73 Word选项：自动滚动设置

浏览长文档时，只需点击工具条上的"自动滚动"命令，并使鼠标位于右边滚动条中心位置的上方或下方即可实现上下滚动，鼠标离中心位置越远，滚动越快。要取消自动滚动功能回到正常编辑状态，只需右击鼠标即可。也可用鼠标直接在文档中上下移动进行向前或向后的快速浏览。

长文档编辑练习

自备论文初稿，命名文件名为"毕业论文.doc"，按照如下要求对论文排版。

1．第1页为封皮，无页眉、页脚，为"会议"，实现添加脚注，为"系统"增加尾注，如图3-74所示。

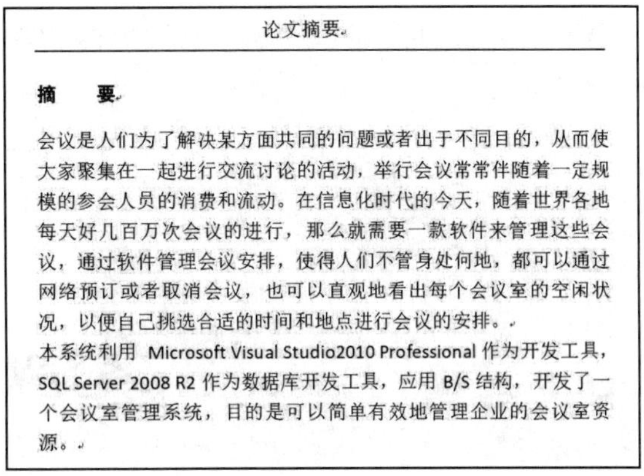

2．第2页为摘要，设为第2节，添加页眉"论文摘要"，页脚插入页码，页码形式为"一、二……"形式，如图3-75所示。

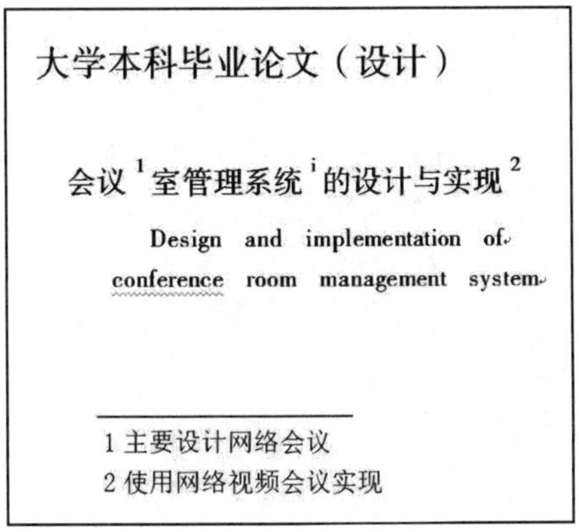

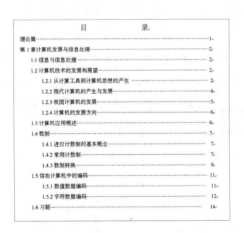

图3-74　论文封皮　　　　　　　　图3-75　样例四之摘要

3．第3页为目录页。设置为第3节，无页眉、页脚，"目录"二字三号字，居中，下面空一行，加入自动生成目录，如图3-76所示。

图3-76　样例之目录

4．论文结构序号由一、（一）、1、（1）4个层次组成。

5．页面为A4纸，上边距为2.54厘米，下边距为2.54厘米，左边距为3厘米，右边距为2.5厘米，装订线在左侧。

6. 一级标题黑体小二号字居中，二级标题黑体小三号字居中，三级及四级标题宋体4号字，左对齐。正文宋体4号字，段首缩进2字符，行间距1.5倍。

7. 每章另起一页，通过插入页码实现。

8. 页眉：单页内容为"渤海大学论文"，双页内容为所选论文的题目。

9. 页脚：为页码，形式为"-1-、-2-……"形式。

10. 为表格添加题注：表格1；为图片添加题注：图片1。

11. 为参考文献加脚注，方式为在正文中放在句子的结尾处。附录参考文献格式。

（1）期刊，书写格式为：序号、作者、文章题目（后面加［J］）、期刊名、年、卷、期、起始页码。

（2）书写格式为：序号、作者、书名（后面加［M］）、出版单位、出版年。序号为[1]、[2]、[3]、[4]、[5]等。

✏️ 习题

一、选择题

1. 在Word 2010的哪种视图方式下，可以显示分页效果（　　）。

A. 普通　　　　　B. 大纲　　　　　C. 页面　　　　　D. 主控文档

2. 在Word 2010的编辑状态，设置了标尺，可以同时显示水平标尺和垂直标尺的视图方式是（　　）。

A. 普通方式　　　B. 页面方式　　　C. 大纲方式　　　D. 全屏显示方式

3. 在Word 2010的编辑状态，执行"编辑"菜单中的"粘贴"命令后（　　）。

A. 被选择的内容移到插入点处　　　B. 被选择的内容移到剪贴板

C. 剪贴板中的内容移到插入点　　　D. 剪贴板中的内容复制到插入点

4. 在使用Microsoft Word 2010中，如果想把一篇文章以另外一个名字保存，则可选择"文件"菜单中的（　　）命令。

A. "保存"　　　B. "新建"　　　C. "打开"　　　D. "另存为"

5. 如果已有页眉或页脚，再次进入页眉页脚区只需双击（　　）就行了。

A. 文本区　　　B. 菜单区　　　C. 工具栏区　　　D. 页眉页脚区

6. 如果文档中的内容在一页没满的情况下需要强制换页，（　　）。

A. 不可以这样做　　　　　　　　　　B. 插入分隔符

C. 多按几次回车键直到出现下一页　　D. 插入分页符

7. 在一个正处于编辑状态的Word 2010文档中选中一段文字后，按"（　　）"键可将其放入剪贴板中。

  A．Ctrl+A   B．Ctrl+V   C．Ctrl+C   D．Ctrl+F

  8．在Word 2010窗口的工作区里，闪烁的小垂直条表示（ ）。

  A．插入点位置 B．按钮位置   C．鼠标图标   D．接写错误

  9．在Word 2010文档中，将光标直接移到文档尾的快捷键"（ ）"。

  A．PaUp   B．End   C．Ctrl+End   D．Home

  10．在以下4种操作中，（ ）可以在Word窗口中的文档内选取整行。

  A．将鼠标指针指向该行，并单击鼠标左键

  B．将鼠标指针指向该行，并单击鼠标右键

  C．将鼠标指针指向该行处的最左端，并单击鼠标左键

  D．将鼠标指针指向该行处的最左端，按"Ctrl"键的同时单击鼠标左键

  11．在Word 2010文档操作中，经常利用（ ）操作过程相互配合，用以将一段文本内容移到另一处。

  A．选取、复制、粘贴   B．选取、剪切、粘贴

  C．选取、剪切、复制   D．选取、粘贴、复制

  12．用快捷键退出Word 2010的方法是按"（ ）"。

  A．Ctrl+F4   B．Alt+F4   C．Alt+F+X   D．Esc

  13．在Word 2010文本编辑状态中，查找的快捷键是"（ ）"。

  A．Ctrl+C   B．Ctrl+V   C．Ctrl+F   D．Ctrl+H

  14．在进行Word 2010文档录入时，按"（ ）"键可产生段落标记。

  A．Shift+Enter B．Ctrl+Enter C．Alt+Enter D．Enter

  15．下列命令中，新建文档的命令为"（ ）"。

  A．Ctrl+O   B．Ctrl+N   C．Ctrl+S   D．Ctrl+D

  16．在Word 2010编辑状态，可以使插入点快速移到文档首部的组合键是"（ ）"。

  A．Ctrl+Home B．Alt+Home C．Home   D．PageUp

  17．在Word 2010的编辑状态，执行编辑菜单中"复制"命令后（ ）。

  A．被选择的内容被复制到插入点处

  B．被选择的内容被复制到剪贴板

  C．插入点所在的段落内容被复制到剪贴板

  D．光标所在的段落内容被复制到剪贴板

  18．在Word 2010的编辑状态，执行两次"剪切"操作，则剪贴板中（ ）。

  A．仅有第1次被剪切的内容   B．仅有第2次被剪切的内容

  C．有两次被剪切的内容   D．内容被清除

  19．在Word 2010中打印文档时，预打印第1页、3页、9页及5页至7页，在打印对话框中

"页码范围"栏应输入（　　　　）。

A. 1，3，5，7，9　　　　　　　　　B. 1，3，5^7，9

C. 1~9　　　　　　　　　　　　　　D. 1，3，5—7，9

20. 使Word 2010能使用自动更正经常输错的单词，应使用（　　　　）功能。

A. 拼写检查　　　B. 同意词库　　　C. 自动拼写　　　D. 自动更正

21. 在Word中，切换"插入"和"改写"编辑状态，可以按（　　　　）。

A. Enter键　　　B. Insert键　　　C. Delete键　　　D. Backspace键

22. 下面关于Word 2010中的"格式刷"工具的说法，不正确的是（　　　　）。

A. "格式刷"工具可以用来复制文字

B. "格式刷"工具可以用来快速设置文字格式

C. "格式刷"工具可以用来快速设置段落格式

D. 双击"常用"工具栏上的"格式刷"按钮，可以多次复制同一格式

23. 在Word 2010文档中，页眉和页脚上的文字（　　　　）。

A. 不可以设置其字体、字号、颜色等

B. 可以对其字体、字号、颜色等进行设置

C. 仅可设置字体，不能设置字号和颜色

D. 不能设置段落格式，如行间距、段落对齐方式等

24. 下列方法中，不能删除Word 2010文档中被选择剪贴画的是（　　　　）。

A. 按"Delete"键

B. 按"Backspace"键

C. 选择"编辑"→"剪切"菜单命令

D. 选择"编辑"→"复制"菜单命令

25. 插入Word文档中的剪贴画，默认的环绕方式是（　　　　）。

A. 嵌入型　　　B. 四周型　　　C. 浮于文字上方　　D. 衬于文字下方

26. 在Word中，如果希望选定一个矩形区域，需按"（　　　　）"键。

A. Alt　　　　　B. Ctrl　　　　C. Shift　　　　　D. Tab

27. 关于Word模板，下列说法错误的是（　　　　）。

A. 模板的文件类型与普通文档的文件类型一样

B. 模板是某种文档格式的样板

C. 模板是指一组已命名的字符和段落格式

D. 模板是Word的一项重要技术

28. Word中对于拆分单元格，正确的说法是（　　　　）。

A. 只能把单元格拆分为左右两部分

B. 只能把单元格拆分为上下两部分

C. 只能把单元格拆分成多行

D. 可以自己设定拆成的行数与列数

29. 在Word中，对所选文字设置字符间距加宽的格式，应（　　）。

A. 选择“开始”选项卡中的“字体”组

B. 选择“开始”选项卡中的“段落”组

C. 直接单击段落组中的“字符缩放”按钮

D. 直接单击“字符”组中的字号进行选择

30. 在Word中，如果输入“25”，则最正确的方法是（　　）。

A. 将“2”的字号设成最大　　B. 将“5”的字号设成最小

C. 将“5”的字号设成上标　　D. 将“5”的字号设成下标

二、简答题

1. Word 2010提供的视图方式有几种？各有什么特点？

2. 文档的缩进方式有几种？分别是？

3. Word 2010文档的图片来源有哪些方式？

三、操作题

1. 创建Word文档如输入图3–77所给的文字，按照以下要求完成相关设置。

C 语言程序设计

C 语言程序设计是近年来在国内外得到迅速推广应用的一种计算机语言，课程开设的主要目的是使学生掌握一种基本的程序编译语言。

以其丰富灵活的控制和数据结构，简洁而高效的语句表达、清晰的程序结构、良好的移槽性

较小的时空开销，已被广泛地应用于系统软件和应用软件的开发中，

课程的开设可以培养学生的踏实工作作风，培养学生的观察和思考能力以及团队合作的能力。毕业生可以到各类企事业单位、计算机软件公司从事各类信息管理系统的程序编写、技术支持及软件销售的工作。

年份　总接待人数（万人）旅游收入（亿元）　人均消费（元）

2004年　10400　390　375

2005年　12100　467　386

2006年　14600　585　401

2007年　17900　736　411

合计

图3－77　1题文档内容

（1）将标题段（“C语言程序设计”）文字设置为二号红色黑体、居中。

（2）将正文第1段文字设置为小四号楷体、段落首行缩进2字符、行距1.25倍。

（3）将正文中第2～3段内容设置成楷体、红色小三号，并加黄色段落底纹，段后间距0.5行。

（4）将文中后6行文字转换为一个6行4列的表格。设置表格居中，表格第1列列宽为2.5厘米，其余列列宽为3.6厘米，行高为0.8厘米；全表单元格对齐方式为水平居中（垂直、水平均居中）。

（5）设置表格外框线为1.5磅蓝色双实线、内框线为0.5磅红色单实线。

（6）分别用公式计算表格中2~4列的合计，填入对应的单元格中。

2. 创建Word文档，输入图3-78所给的文字，按照以下要求完成相关设置。

> 在河北省赵县有一座世界闻名的石拱桥，叫赵州桥，又叫安济桥。它是隋朝的石匠李春设计并参加建造的，到现在已经有 1300 多年了。
> 赵州桥非常雄伟，桥长 50 多米，有 9 米多宽，中间行车马，两旁走人，这么长的桥，全部用石头砌成，下面没有桥墩，只有一个拱形的大桥洞，横跨在 37 米多宽的河面上。大桥洞顶上的左右两边，还各有两个拱形的小桥洞。平时，河水从大桥洞流过；发大水的时候，河水还可以从 4 个小桥洞流过。这种设计，在建桥史上是一个创举，既减轻了流水对桥身的冲击力，使桥不容易被大水冲坏；又减轻了桥身重量，节省了石料。
> 这座桥不但坚固，而且美观。桥面两侧有石栏，栏板上雕刻着精美的图案：有的刻着两条互相缠绕的龙，嘴里吐出美丽的水花；有的刻着两条飞龙，前爪互相抵着，各自回首相望；还有的刻着双龙戏珠。所有的龙似乎都在游动，真像活的一样。
> 赵州桥表现了劳动人民的智慧和才干，是我国宝贵的历史遗产。

图3-78　2题文档内容

（1）将标题段文字（"赵州桥"）设置为二号红色黑体、加粗、居中、字符间距加宽4磅，并添加黄色底纹，底纹图案样式为"20%"，颜色为"自动"。

（2）将正文各段文字（"在河北省赵县……宝贵的历史遗产。"）设置为五号仿宋；各段落左右各缩进2字符、首行缩进2字符、行距设置为1.25倍行距；将正文第3段（"这座桥不但……真像活的一样。"）分为等宽的两栏、栏间距为1.5字符；栏间加分隔线。正文中所有"赵州桥"一词添加波浪下划线。

（3）设置页面颜色为"茶色，背景2，深色10%"，用选择一桥图片为页面设置图片水印。

（4）在页面底端插入"普通数字3"样式页码，设置页码编号格式为"i，ii，iii，…"。

（5）创建如表3-33所示表格，并对表格做以下操作。

● 设置表格居中，表格行高0.6厘米；表格中第1、2行文字水平居中，其余各行文字中，第1列文字中部两端对齐、其余各列文字中部右对齐。

● 在"合计（万台）"列的相应单元格中，计算并填入左侧四列的合计数量，将表格后4行内容按"列6"列降序排序。

● 设置外框线为1.5磅红色单实线，内框线为0.75磅蓝色（标准色）单实线，第2、3行间的内框线为0.75磅蓝色（标准色）双窄线。

表3-33　2题表格

产品名称	产量 / 万台				合计 / 万台
	一季度	二季度	三季度	四季度	
电视机	15.8	16.4	16.9	17.2	
DVD	8.2	9.1	9.6	10.7	
空调	14.6	25.8	20.1	18.6	
洗衣机	10.1	10.3	12.9	14.6	

第4章　电子表格处理软件Excel 2010

本章学习导读

　　电子表格软件可以输入输出、显示数据，可以帮助用户制作各种复杂的表格，进行烦琐的数据计算，并能对输入的数据进行各种复杂统计运算后显示为可视性极佳的表格，同时它还能形象地将大量枯燥无味的数据变为多种漂亮的彩色商业图表显示出来，极大地增强了数据的可视性，电子表格软件还能将各种统计报告和统计图打印出来。Excel是微软Office软件中的电子表格组件，它具有强大的自由制表和数据处理等多种功能，是目前世界上优秀、流行的电子表格制作和数据处理软件之一。除此以外，还有国产的CCED、金山WPS中的电子表格等。

　　通过本章学习，读者可以掌握工作簿文档的创建、编辑、保存；单元格数据的输入；利用公式、函数对单元格进行数据计算；充分利用单元格的相对引用与绝对引用实现公式复制；熟练运用各种类型图表；掌握数据的排序、筛选和分类汇总。

微信扫一扫

1　Excel 2010启动、退出及界面

1.1　Excel 2010启动和退出

1.1.1　Excel的启动

（1）依次单击"开始"→"所有程序"→"Microsoft Office"→"Microsoft Excel 2010"。

（2）双击桌面上已建立的 Excel 2010 的快捷方式图标。

1.1.2.　Excel的退出

（1）Excel 对话框下，单击"文件"选项卡中的"退出"命令。

（2）单击 Excel 对话框右上角的"关闭"按钮。

1.2　Excel 2010窗口介绍

Excel 2010 启动后所显示窗口，由标题栏、功能选项卡、功能区、地址栏、编辑框、工作表及状态栏构成，如图 4-1 所示。

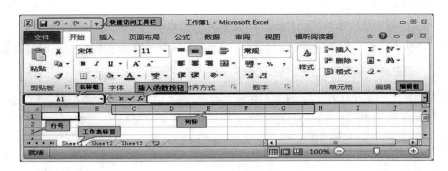

图4-1　Excel窗口介绍

1.2.1　快速访问工具栏

快速访问工具栏在标题栏的左上角，这项功能是 Excel 2010 的一项新功能。"快速访问工具栏"包含的是一些常用工具，帮助快速完成工作。

预设的"快速访问工具栏"只有 3 个常用的工具，分别是"存储文件""复原"及"取消复原"。如果要添加其他常用工具，单击自定义快速访问工具栏按钮进行设定。如在自定义快速访问工具栏清单中选择"新建"工具，"新建"工具即添加到快速访问工具栏中。

如果在清单中没有要添加的工具，可以选择"其他命令"菜单，打开 Excel 2010 选项对话框，将需要的功能工具增加到自定义快速访问工具栏列表中，点击"确定"按钮，如图 4-2 所示。

图4-2　自定义快速访问工具栏

1.2.2　功能选项卡

Excel 2010 中包括 8 个功能选项卡，即文件、开始、插入、页面布局、公式、数据、审阅和视图。通过选择每个选项卡的标签实现选项卡之间的切换，在各选项卡中收录相关的功能群组。例如，开始选项卡包括字体、段落、样式等选项组，要使用其中包含的工具按钮单击该选项卡即可。

1.2.3　功能区

启动 Excel 2010 时初始显示"开始"选项卡及其功能区，用户可以根据需要在各功能选项卡间切换。功能区内包含编辑工作表时需要使用的工具按钮，工具按钮按照一定的功能分隔成若干区块，一般称作功能区，如剪贴板、字体、对齐方式等。

点击功能区中的每个区块右下角的对话框启动器 ，可以开启专属的对话框。如选择"开始"选项卡中的"字体"区右下角的按钮就可打开"设置单元格格式"对话框。

1.2.4　行号、列标和单元格

行号是用1，2，3，…，1048576 表示的，共有 1048576 行。列标为 A，B，C，D，…，AB，AC，…，XFD，共有 16384 列。行和列交汇的地方即单元格，行号和列标一起构成了单元格地址。例如，C4 表示第 4 行第 C 列的单元格。

工作表的行高和列宽可以按照需要进行设置。设置行高时，将光标放到每一行的行标下边界处，按住鼠标左键拖曳。设置列宽时，将光标放到每一列的列标右侧边界处，按住鼠标左键拖曳。

1.2.5　名称框和编辑栏

名称框用于显示当前活动单元格地址，或当前活动单元格区域的最左上角单元格地址。编辑栏用于显示和编辑活动单元格内的内容。黑色粗框的单元格或单元格区域即当前活动的单元格或单元格区域。

2 工作簿、工作表和单元格

2.1 工作簿

Excel 2010 创建的文件称为工作簿，文件扩展名为".xlsx"。Excel 2010 工作簿文件使用的文件架构，可以将它设想成为一个工作夹，工作夹由多张工作纸组成，这里我们称这些工作纸为工作表。

2.1.1 建立工作簿文件

（1）创建空白工作簿文件。启动 Excel 2010 时，系统默认创建一个空白的工作簿文件，默认情况下文件名为"工作簿 1.xlsx"。

（2）使用文件选项卡创建工作簿文件。在 Excel 2010 工作界面下，选择"文件"选项卡，在"文件"选项卡中选择"新建"菜单，在新建对话框中可以选择"空白工作簿""最近打开的模板""样本模板""我的模板""根据现有内容创建"等方式新建文件。

2.1.2 保存文件

Excel 2010 工作簿文件以扩展名 .xlsx 保存到磁盘上。文件保存的方法有以下 3 种：

（1）对于刚刚建立的文件可以使用快速访问工具栏上的"保存"按钮来完成文件的保存。点击"保存"按钮后，弹出"另存为"对话框，在"另存为"对话框中设置"保存位置"和"文件名"，"保存类型"默认情况下是"Excel 工作簿（*.xlsx）"。

（2）也可以使用"文件"选项卡下的"保存"菜单项，完成文件的第一次保存。

（3）对于保存过的文件如果想另外存一份到其他的存储位置，可以选择"文件"选项卡下的"另存为"菜单项，在打开的"另存为"对话框可以重新设置"保存位置""文件名"。

在储存时系统会将存档类型设定为 Excel 工作簿，扩展名是 *.xlsx 的格式，但此格式的文件无法在 Excel 2000/XP/2003 等低版本中打开，若需要在这些低版本 Excel 中打开工作簿，需将存档类型设定为 Excel 1997—2003 工作簿。将文件存成 Excel 1997—2003 工作簿的 *.xls 格式后，若文件中使用了 2007/2010 的新功能，在储存时会提示用户对文件的存储方式的选择，建议先备份 Excel 工作簿（*.xlsx）格式，再另存为 Excel 1997—2003 工作簿（*.xls）格式。

2.1.3 打开文件

（1）在 Excel 2010 工作对话框打开状态下，选择"文件"选项卡下的"打开"菜单项，进入打开对话框。在对话框中确定要打开文件的存储位置，即"查找范围"，选择要打开的文件，点击"打开按钮"。

（2）若要打开最近编辑过的文件选项卡中选择"最近所用文件"菜单项，在右侧对话框中会弹出相应的文件。双击要打开的文件，该文件就会在 Excel 的工作界面中打开。

2.2 工作表

2.2.1 工作表的插入

每一个新建的工作簿文件预设有 3 张空白工作表,工作表是由若干行和列构成的,行和列的交汇处是单元格。每一个工作表都有标签,默认情况下为 Sheet1、Sheet2、Sheet3。通过选择工作表标签选择不同的工作表。当默认的 3 个工作表不能满足工作需要时,可以增加新的工作表。

(1)单击"插入工作表"按钮 ![按钮] (最后一个工作表标签右侧),实现在最后添加新的工作表。

(2)在已有的工作表标签上单击右键,在弹出的快捷菜单中选择插入菜单,在弹出的"插入"对话框中选择工作表,完成插入工作表操作。

2.2.2 重命名工作表

用户可以根据工作表内容为工作表重新命名,达到见名知意。如将标签 Sheet1 改为"学生信息",右击"Sheet1"在弹出的快捷菜单中选择"重命名"选项后,标签反向显示时输入新名称即可。

2.2.3 设定工作表标签颜色

当工作表数量较多时,可以通过设定工作表标签的颜色来加以区分,使不同的工作表更容易辨识。右击工作表标签,在弹出的菜单中选择"工作表标签颜色"在下级菜单中选择需要的颜色,还可以在对话框中自定义颜色。

2.2.4 删除工作表

对于不需要的工作表可以删除。右击待删除的工作表标签,在弹出的快捷菜单中选择"删除",删除工作表。若工作表中含有内容,出现的提示交谈对话框确认是否要删除,避免误删了重要的工作表。

2.2.5 复制与移动工作表

复制与移动工作表有两种情况,在工作簿内复制和移动工作表;在工作簿之间复制和移动工作表。

1)在同一工作簿中复制和移动工作表

(1)选择要移动的工作表标签,按住鼠标左键拖曳,在目的位置释放鼠标。

(2)选择要复制的工作表标签,按住"Ctrl"键同时按住鼠标左键拖曳,在目的位置释放鼠标。

2)在不同工作簿之间复制和移动工作表

首先,打开用于接收工作表的目标工作簿;然后,右击原工作簿中需要移动或复制的工作表标签,在弹出的快捷菜单中选择"移动或复制工作表"选项弹出对话框。在"工作簿"列表框中选择目标工作簿；然后选择移动的位置，如果是复制则选中"建立副本"复选框，然后点击"确定"按钮。如图4-3所示。

2.2.6 显示与隐藏工作表

通过隐藏和显示工作簿和工作表可以保护的工作簿或工作表。

1）显示和隐藏工作簿

（1）选择"视图"选项卡中的"隐藏"工具按钮即可隐藏当前工作簿。

（2）选择"视图"选项卡中的"取消隐藏"工具按钮即可隐藏当前工作簿。

图4-3 移动或复制工作表

2）显示和隐藏工作表、行、列

选择"开始"选项卡"单元格"功能区中的"格式"工具按钮，在下拉列表中选择"可见性"菜单中的"隐藏和显示隐藏"菜单中的"隐藏行""隐藏列""隐藏工作表""取消隐藏行""取消隐藏列""取消隐藏工作表"。

2.3 单元格及选择器

2.3.1 单元格

单元格是 Excel 工作表的最小组成单位，行和列相交形成网格，每个小格即一个单元格。单元格可存储信息的基本单位，数值、字符、日期、公式；一个单元格，只能存放一种数据类型；不能存放图片、图表，它们需要存放到工作表中；可以存放迷你图。

每个单元格都有唯一的名称也称作单元格地址，由所在列的列标和所在行的行标组成，列在前，行在后，也称作是单元格的名称，如 A3 表示第 3 行第 1 列上的单元格。E4 表示第 4 行第 5 列。用户可以修改单元格名称，只需在名称框中输入新名称即可。

2.3.2 单元格区域

由多个单元格组成的区域称为单元格区域。区域名由该区域左上角单元格名称和右下角单元格名称中间加冒号"："构成。如单元格区域（A1：B2）表示的单元格 A1，A2，B1，B2。如果单元格中间以逗号","分隔，则表示区域包括所列的各单元格。如"A1，B2"表示A1，B2 两个单元格。如"A1：B2，C2：D3"则表示两个区域包括 A1，A2，B1，B2，C2，C3，D2，D3 共 8 个单元格。选中单元格区域后可以在名称框内命名区域，可以在公式中通过区域名称引用该区域。

2.3.3 单元格选择器

在工作表中有时会有一个或多个单元格被黑色边框所包围。由粗边框包围的单元格称为活动单元格。它代表当前正在用于输入或编辑数据的单元格。黑色边框称为单元格选择器，活动单元格粗边框的右下角的黑色小方块，称作填充句柄。对于一个活动单元格的名称出现在"名称框"中，用户所进行的操作也只对活动单元格起作用。单元格闪烁边框表明该单元格被复制或被剪切，可以进行粘贴操作。

Excel操作时鼠标形状主要有以下3种情况，如表4-1所示：

- 正常鼠标形状（选择单元格）：空心白十字。
- 填充柄：实心黑十字。
- 移动单元格：花十字。

表4-1　当前单元格

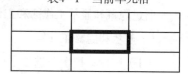

工作簿、工作表和单元格练习

一、单项选择题

1. 在Excel中，用于存储并处理工作表数据的文件称为（　　　）。

A. 单元格　　　　B. 工作区　　　　C. 工作簿　　　　D. 工作表

2. （　　　）是一个由行和列交叉排列的二维表，用于组织和分析数据。

A. 工作簿　　　　B. 工作表　　　　C. 单元格　　　　D. 数据清单

3. 在Excel中，A7和N9围成的单元格区域的表示为（　　　）。

A. A7#N9　　　　B. A7+N9　　　　C. A7：N9　　　　D. A7<N9

4. Excel主界面窗口中默认包含的选项卡的个数为（　　　）。

A. 6　　　　　　B. 12　　　　　　C. 15　　　　　　D. 8

5. Excel中，工作表"重命名"命令后，则下面说法正确的是（　　　）。

A. 只改变工作表的名称　　　　　　B. 只改变它的内容

C. 既改变名称又改变内容　　　　　D. 既不改变名称又不改变内容

6. 在Excel中，把A1、B1等称作该单元格的（　　　）。

A. 地址　　　　B. 编号　　　　C. 内容　　　　D. 大小

7. 若选定区域A1：C4和D3：F6，应（　　　）。

A. 按鼠标左键从A1拖动到C4，然后按鼠标左键从D3拖动到F6

B. 按鼠标左键从A1拖动到C4，然后按住"Shift"键，并按鼠标左键从D3施动到F6

C. 按鼠标左键从A1拖动到C4，然后按住"Ctrl"键不放，并按鼠标左键从D3拖动到F6

D. 按鼠标左键从A1拖动到C4，然后按住"Alt"键，并按鼠标左键从D3拖动到F6

8. 在Excel的操作界面中，整个编辑栏被分为左、中、右3个部分，左面部分显示出（　　　）。

A. 某个单元格名称　　　　　　　B. 活动单元格名称

C. 活动单元格的列标　　　　　　　D. 活动单元格的行号

9. 单元格区域 "A1：C3，A3：E3" 包含（　　　）个单元格。

A. 11　　　　　　B. 9　　　　　　C. 3　　　　　　D. 14

10. 在Excel工作表中，可以选定一个或一组单元格，其中活动单元格的数目是
（　　　）。

A. 所选中的单元格数目　　　　　　B. 一行

C. 一列　　　　　　　　　　　　　D. 一个

11. 在Excel中，要在同一工作簿中把工作表Sheet3移动到Sheet1前面，应（　　　）。

A. 单击工作表Sheet3标签，并沿着标签拖动到Sheet1前

B. 单击工作表Sheet3签，并按住 "Ctrl" 键沿着标签行拖动到Sheet1前

C. 单击工作表Sheet3标签，并选 "编辑" 菜单的 "复制" 命令，然后单击工作表Sheet1
标签，再选 "编辑" 菜单的 "粘贴" 命令

D. 单击工作表Sheet3标签，并选 "编辑" 菜单的 "剪切" 命令，然后单击工作表Sheet1
标签，再选 "编辑" 菜单的 "粘贴" 命令

12. 如果要对当前Excel工作表重命名，下面错误的操作是（　　　）。

A. 单击工作表标签后输入新的工作表名

B. 双击工作表标签后输入新的工作表名

C. 右击工作表标签后单击 "重命名"，再输入新的工作表名

D. 选择开始|单元格|格式| "重命名" 后输入新的工作表名

13. 在Excel 2010中，工作表与工作簿的关系是（　　　）。

A. 工作表即工作簿　　　　　　　　B. 工作簿中可包含多张工作表

C. 工作表中包含多个工作簿　　　　D. 两者无关

14. 在Excel 2010的主窗口中（　　　）。

A. 只能打开一个工作簿

B. 可以打开多个工作簿，还可以同时显示它们的内容

C. 可以打开多个工作簿，但只能显示其中一个工作簿的内容

D. 只能打开一个工作簿，但可以同时显示多个不同工作表的内容

15. 在Excel 2010中， "文件" 选项卡 "新建" 命令的功能（　　　）。

A. 新建一个工作簿窗口，原来显示的工作簿被关闭

B. 新建一个工作簿窗口，原来显示的工作簿仍处于打开状态且仍为当前工作簿

C. 新建一个工作簿窗口并成为当前工作簿，原来显示的工作簿仍处于打开状态

D. 新建一个工作簿窗口与原来的工作窗口以 "水平并排方式" 排列在窗口工作区中

二、综合操作题

1. 启动Excel 2010，完成以下操作。

（1）创建新工作簿文件，文件名为"Excel基本操作"。

（2）将"打印与浏览"命令添加到"快速访问工具栏"。

（3）在工作簿中第2张工资表之前添加一新工作表。

（4）保存为1997—2003版及2010版两个版本。

2. 打开1题中所创建的2010版本的文件，完成如下操作。

（1）将4个工作表分别命名为"表1、表2、表3、表4"。

（2）为每个表设置不同的标签颜色，颜色任意。

（3）移动表1到表3的后面。

（4）试隐藏并取消隐藏工作簿。

（5）隐藏表2，并隐藏表3的第5行。

（6）保存文档后退出Excel。

3. 打开1题中所保存的2010版本的Excel文件，完成如下操作。

（1）选中不同单元格，观察其名称变化。

（2）拖动水平、垂直滚动条观察列标及行号变化。

（3）选中B3：H8区域，并为此区域命名为"求和区域"。

（4）选中不同区域注意观察区域右下角的拖动句柄。

3 输入数据

3.1 直接输入数据及清除数据

Excel 要处理的数据是存储在单元格中的，如何在单元格中更好地输入数据十分重要，在工作表中选定单元格后，直接键入文字、数字、日期或公式，此时输入的内容同时显示在单元格和编辑栏中，按回车键确认或按编辑栏的确认按钮✔即可。按"Esc"键则取消所输入数据或按编辑栏上的"取消"按钮✘，即可取消所输入数据。

3.1.1 输入数值数据

数值数据由数字 0～9、小数点、正负号、$、%及大小写字母 E。例如，3.14159、-99、$340、77%、1.2e10 等数值数据。当输入的数值长度超过单元格的宽度时，将以科学计数法的形式显示。默认情况下，数值型数据在单元格内是右对齐。

在单元格输入数据时，应注意以下几点：①输入正数时，"＋"可以省略。②输入负数时，"－"不可以省略，也可以用"（　　）"代替负号。③输入分数时，采用正整数加分数形式。

如输入"1/3"时，应先输入"0"，然后按"Space"键后再输入分数。④ 如果要在同一个单元格内输入多行数据，可以在换行时按下"Alt+Enter"键，将插入点移到下一行。

3.1.2 输入文本

文本数据主要由字符、数字、汉字组成。如："渤海大学""student""0416-3400171"等。输入文本数据时应注意：① 默认情况下，文本数据在单元格中左对齐。② 当输入以"0"开头的数字文本时，如"0088"时，应先输入"'"即半角的单引号之后再输入内容，或先设置该单元格数字类型为"文本"后再输入数字文本。③ 当输入的文本数据超过单元格宽度时，若该单元格右侧单元格无数据，则跨列显示到右侧单元格但并不合并该格。若右侧单元格内有数据，则截断显示。④ "Alt + Enter"：强制单元格内的数据换行；或单击"开始"|"对齐方式"|"自动换行"命令。⑤ "Ctrl+Enter"：可以向多个单元格输入相同的内容。

3.1.3 输入日期时间

日期时间数据由年、月、日、小时、分、秒构成。日期分隔符通常使用"/""-"。时间分隔符使用"："分隔，如果是12小时制则在时间后加上"am"或"pm"表示上午或下午。例如，2015/01/01、08:30pm等。

3.1.4 插入批注

在单元格中可以插入"批注"，对单元格中的数据进行说明和强调。

选定要插入批注的单元格，选择"审阅"选项卡，点击"新建批注"工具按钮，在弹出的"批注框"中插入内容。点击"批注框"之外的地方，完成批注。

对于已经插入批注的单元格，可以使用"审阅"选项卡中的"删除批注""显示/隐藏批注""显示所有批注""编辑批注"等工具按钮对批注进行编辑。

3.1.5 清除单元格内容

清除单元格内容首先要选中要清除内容的单元格，然后选择键盘上的"Delete"或者在选中的单元格上单击鼠标右键，在弹出的菜单中选择"清除内容"菜单项。

3.2 数据输入特殊方法

3.2.1 快速输入数据

输入如等差序列、等比序列、系统预先定义的数据及用户自定义的新序列等有规律的数据时，用户可利用系统提供的填充功能，能够大大减少数据的输入量。

（1）使用自动填充选项完成数据的输入。在填充区域的第1个单元格内输入待填充内容，如在A1单元格输入数值"1"或输入文本"中国"，选中该单元格，鼠标移动到该单元格右下角，使指针由一个粗的空心十字变成一个细的实心十字（称作填充句柄）后，按住鼠标左键拖动到目标单元格，释放鼠标可实现对连续区域输入相同内容并出现自动填充选项按钮，单击后弹出快捷菜单，可以根据需要调整输入选项，默认情况下是"复制单元格"，如图4-4所示。

注意：如果单元格所输入的是日期（2008-10-31）或时间（10：00），则需按住"Ctrl"键的同时拖动鼠标进行操作，才能输入相同日期或时间。

（2）利用自动完成输入的功能完成重复资料的输入。例如，在B2单元格内输入姓名"张宇"，在B3：B6单元格输入其他姓名时，如果输入一个"张"时，"张"后会自动填入与B2单元格内容相同的"宇"字，并以反白方式显示，若需要填入按"Enter"键确定输入内容，注意该功能只适用于文本数据的输入。

（3）从下拉式列表选择曾输入过的文本。当同一列的单元格输入的内容雷同时，可以使用下拉列表挑选功能来输入数据。如在C5单元格中输入内容时，右击单元格C5，在弹出的菜单中选择"从下拉列表中选择"菜单项。在该单元格下会出现下拉列表，在列表中选择要填入的数据即可，如图4-5所示。此功能只适用于文本数据的输入。

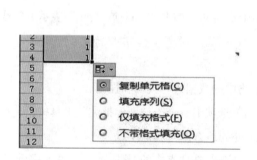

图4-4　自动填充

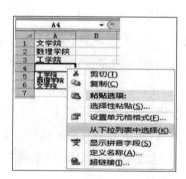

图4-5　下拉列表选择输入

3.2.2　自动输入等差、等比序列

输入等差、等比序列。在同一行或同一列的单元格中相邻的单元格的差相等即等差数列，商相等即等比数列。如1，3，5为步长值为2的等差序列，而2，4，8，16为步长值为2的等比序列。

在该列或该行的第1个单元格输入第1个数据，在第2个单元格输入第2个数据后选中两个单元格，拖曳选中区域的右下角的填充句柄到目标位置释放即可填入序列值。

或在该列或该行的第1个单元格输入序列的初始值，单击"开始"选项卡"编辑"功能区的"填充"按钮在弹出的列表中选择"系列（S）…"打开对话框，设置等差或等比序列的步长值实现填充，如图4-6所示。

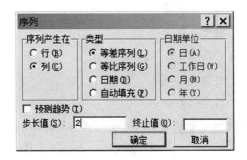

图4-6　序列设置对话框

3.2.3　系统或用户自定义序列填充

Excel 系统内建了若干预定义序列，用户还可根据需要添加自定义序列。

（1）填充已定义序列。在待填充区域的第 1 个单元格输入初始值，如在单元格 A1 中输入"星期一"，选中该单元格并拖动"填充句柄"到目标单元格，即可得到结果。

（2）添加用户自定义序列。若系统预定义序列中没有需要的序列时用户可以自定义序列并添加到 Excel。

单击"文件"选项卡选择"选项"弹出如图 4-7 所示的"Excel 选项"对话框，单击"高级"选项中"常规"组中"编辑自定义列表 ..."按钮，弹出如图 4-8 所示的对话框，在"输入序列"框中输入自定义序列内容以回车分隔或以","分隔，输入结束后，单击"添加"按钮加入新序列。

在"自定义序列"列表框中选中序列单击"删除"按钮实现删除序列操作。

　　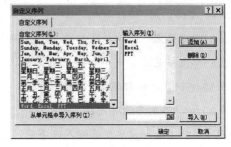

图4-7　Excel选项对话框　　　　　图4-8　添加自定义序列

输入数据练习

一、基本操作题

1．下列不属于Excel提供的填充方式有（　　　）。

A．等差填充　　　B．等比填充　　　C．任意填充　　　　D．日期填充

2. 自定义序列可以用（   ）来建立。

A. "编辑"选项卡的"填充"命令

B. "文件" | "选项" | "高级" | "自定义列表"

C. "格式"选项卡的"自动套用格式"命令

D. "数据"选项卡的"排序"命令

3. 在Excel 2010工作可以进行智能填充时，鼠标的形状为（   ）。

A. 空心粗十字   B. 向左上方箭头

C. 实心细十字   D. 向右上方箭头

4. 在Excel 2010中，如果把一串阿拉伯数字作为字符串而不是数值输入到单元格中，应当先输入（   ）。

A. "（双引号）   B. '（单引号）

C. ""（两个双引号）   D. "（两个单引号）

5. 在Excel中，利用"开始" | "清除"命令不可以的是（   ）。

A. 清除单元格数据的格式   B. 清除单元格中的数据

C. 单元格的批注   D. 移去单元格

6. 在Excel的单元格中，如果想输入数字字符串070615（例如，学号），则应该输入（   ）。

A. 00070615   B. "070615"   C. 076015   D. '070615

7. 在A1单元格输入"大一"，在A2单元格输入"大二"，选定A1~A2单元格，向下拖动填充柄至A4单元格，则（   ）。

A. 在A3单元格显示"大三"，在A4单元格显示"大四"

B. 在A3单元格显示"大一"，在A4单元格显示"大二"

C. 在A3和A4单元格都显示"大三"

D. 在A3和A4单元格没有内容显示

8. 在Excel中，给当前单元格输入汉字时，默认为（   ）。

A. 居中   B. 左对齐   C. 右对齐   D. 随机

9. 在Excel中，给当前单元格输入逻辑型数据时，默认为（   ）。

A. 居中   B. 右对齐   C. 左对齐   D. 随机

10. 在Excel中，若在某单元格内输入文字型数据0401，则应输入（   ）。

A. 0401   B. "0401"   C. '0401   D. =0401

11. 在Excel工作表中，若向单元格中输入"03 / 4"，则在编辑框中显示出的数据应该是（   ）。

A. 3 / 4   B. 3月4日   C. 03 / 4   D. 0.75

12. 在Excel工作表的某单元格内输入数字字符串"456"，正确的输入方法是（　　　）。

A. 456　　　　　B. ='456'　　　C. ="456"　　　D. "456"

13. 在Excel中，某一单元格内容为"星期三"，拖放该单元格向下填充5个连续的单元格，其内容为（　　　）。

A. 星期四、星期五、星期六、星期日、星期一

B. 连续6个"星期三"

C. 连续6个空白

D. 星期四、星期五、星期六、星期日、星期三

14. 在Excel工作表中，如果输入分数，应当首先输入"（　　　）"。

A. 字母0　　　B. 数字空格　　　C. 0空格　　　D. 空格0

15. 在Excel中，下面的输入不正确的是（　　　）。

A. 输入"01/5"表示五分之一　　B. 输入"（1234）"表示"+"1234

C. 输入"（5432）"表示"−"5432　D. 输入"1，234，456"表示1234456

16. 如果在单元格输入数据"20091225"，Excel将把它识别为（　　　）数据。

A. 文本型　　　B. 数值型　　　C. 日期时间型　　　D. 公式

17. 在Excel中，选中一个单元格，使用单元格的自动填充功能可产生复制效果的是（　　　）。

A. 数值　　　　　　　　B. 日期型数据

C. 时间型数据　　　　　　D. 带有文字和数字形式的数据（如第1名）

18. 在Excel中工作表中可以输入的两类数据是（　　　）。

A. 常量和函数　　B. 常量和公式　　C. 函数和公式　　D. 数字和文本

19. 在Excel工作表中，单元格D3中已输入汉字，将鼠标指向活动单元格D3的右下角的小方块，使鼠标符号变成"+"字然后拖动鼠标至D5单元格，则（　　　）。

A. 选中D3：D5单元格区域

B. 将D3单元格的内容移动到D5单元格

C. 将D3单元格的内容复制到D5单元格

D. 将D3单元格的内容分别复制到D4和D5单元格

20. 在Excel工作表的单元格A5中显示有"######"，这表示（　　　）。

A. 公式错误　　B. 数据错误　　C. 列宽不够　　D. 行高不够

21. 在工作表的单元格中输入日期2006年10月18日，下列输入中不正确的是（　　　）。

A. 2006−10−18　　　　　B. 2006/10/18

C. 20061018　　　　　　D. 2006年10月18日

22. 在A1单元格中输入"计算机文化基础"，在A2单元格中输入"Excel"，在A3单元格中输入"＝A1＆A2"结果为（　　　）。

A. 计算机文化基础&Excel　　　　B. "计算机文化基础"＆"Excel

C. 计算机文化基础Excel　　　　　D. 以上都不对

23. 在Excel中，对于上下相邻两个含有数值的单元格用拖曳法向下做自动填充，默认的填充规则是（　　　）。

A. 等比序列　　　B. 等差序列　　　C. 自定义序列　　　D. 日期序列

24. Excel中，当输入"123456789123"，其长度超过单元格的宽度时，单元格中可能显示（　　　）。

A. "长度非法"　　　　　　　　B. 1.23457e+11

C. 123456789123　　　　　　　 D. 123456

25. 在当前工作表的B3，B4单元格分别填入字符串"MicrosoftOffice"和"Excel"，那么如果在B5单元格中输入"=REPLACE（B3，11，5，B4）"后回车，则B5单元格将显示（　　　）。

A. Microsoft Office Excel　　　　B. Microsoft Excel

C. Microsoft Excel Office　　　　D. MicrosoftExcel

二、综合操作题

创建工作簿，按照表4-2所示输入数据保存后并完成如下操作：

表4-2　销售数据

销 售 统 计			
地　区	Windows 办公软件轻松学习	FoxPro 通用程序设计	会计信息系统开发揭秘	合　计
北京	1000	1000	1500	
沈阳	300	383	800	
冶尔滨	450	238	900	
大连	250	245	400	
济南	890	1200	2000	
青岛	450	300	1200	
上海	1000	1200	2000	
成都	1000	800	2000	

1. 将B3单元格中的数据改为1500，D7单元格的内容改为1500。

2. 试练习选定单元格，选定整行、列，选定连续区域、不连续区域，选定整个工作表

3. 数据的移动、复制与清除：

（1）用菜单方法将B3～D3数据复制到D11～F11区域。

（2）用鼠标拖动方法将F13～H13数据移动到A15～C15区域。

（3）将A15~C15区域数据删除。（清除与删除——行、列、单元格删除与插入）。

4. 数据的填充：

（1）在C12单元格中输入100，将其复制填充到C12~C18中。

（2）将2，4，6，8，…，12填充到G2~G7中。

（3）将"星期一"至"星期日"填充到H2~H8。

（4）添加任意新序列，并试验智能填充。

5. 保存文件，文件名为"原始数据表.xlsx"。

4　工作表的格式化

4.1　选定单元格

4.1.1　选择单个单元格
使用鼠标左键点击任意单元格，完成选择单个单元格操作。

4.1.2　选择多个单元格
（1）选择连续单元格。选择连续的单元格区域时，首先要选中区域中最左上角的单元格，按住"Shift"键同时单击待选择区域的最右下角单元格。或者直接选中要选中区域的最左上角单元格，按住鼠标左键拖曳到要选择区域的最右下角单元格，松开鼠标左键。

（2）选择不连续的单元格。选择不连续的单元格区域时，选中第1个数据区域，然后按住"Ctrl"键后用鼠标选择其他数据区域。

4.1.3　选择行或列
单击行号可以选择该行，同样单击列标可以选择该列；若按住"Ctrl"键再单击行号或列标可以选择不连续的多行数据或多列数据，按住"Shift"键再单击行号或列标可以选择连续的多行数据或多列数据。

4.2　工作表中行、列、单元格操作

4.2.1　数据的复制与移动
在Excel中提供了较丰富的将剪贴板中数据粘贴到单元格的选项，如只粘贴数据、只复制公式和数字格式等，如表4-3所示。

表4-3 粘贴按钮功能

按　　钮	功　　能
	将源区域中的所有内容、格式、条件格式、数据有效性、批注等全部粘贴到目标区域
	仅粘贴源区域中的文本、数值、日期及公式等内容
	公式和数字格式：除粘贴源区域内容外，还包含源区域的数值格式。数字格式包括货币样式、百分比样式、小数点位数等
	复制源区域的所有内容和格式，这个选项似乎与直接粘贴没有什么不同。但有一点值得注意：当源区域中包含用公式设置的条件格式时，在同一工作簿中的不同工作表之间用这种方法粘贴后，目标区域条件格式中的公式会引用源工作表中对应的单元格区域
	粘贴全部内容，仅去掉源区域中的边框
	保留原列宽：与保留源格式选项类似，但同时还复制源区域中的列宽。这与"选择性粘贴"对话框中的"列宽"选项不同，"选择性粘贴"对话框中的"列宽"选项仅复制列宽而不粘贴内容
	粘贴时互换行和列
	当源区域中包含条件格式时，粘贴时将源区域与目标区域中的条件格式合并。如果源区域不包含条件格式，该选项不可见
	将文本、数值、日期及公式结果粘贴到目标区域
	将公式结果粘贴到目标区域，同时还包含数字格式
	与保留源格式选项类似，粘贴时将公式结果粘贴到目标区域，同时复制源区域中的格式
	仅复制源区域中的格式，而不包括内容
	将源区域作为图片进行粘贴
	将源区域粘贴为图片，但图片会根据源区域数据的变化而变化。类似于 Excel 中的"照相机"功能

（1）选中待复制单元格区域，数据复制则单击"开始"选项卡中的"复制"按钮或按键组合"Ctrl+C"，数据移动则单击"开始"选项卡中的"剪切"按钮或按键组合"Ctrl+X"。

（2）选中目的区域中最左上角单元格，单击"开始"选项卡中"粘贴"按钮，弹出下拉菜单，如图 4-9 所示，用户可以根据需要来选择不同的粘贴按钮，按钮功能如表 4-3 所示。

4.2.2　插入和删除操作

当在建好的表格中添加新的内容时，可以插入新的列、行和单元格。插入操作可以使用开始选项卡中的插入按钮或快捷菜单中的插入菜单。如果有空白的行、列或单元格则可以删除，删除操作可以使用开始选项卡中的删除按钮或快捷菜单中的删除菜单。

（1）插入操作。选中插入位置，单击"开始"选项卡下的"单元格"功能区中的"插入"按钮，在弹出的下拉菜单中选择要插入的内容，如单元格、行、列等。如图4-10所示。

（2）删除操作。选中要被删除的行、列、单元格或单元格区域，单击"开始"选项卡下的"单元格"功能区中的"删除"按钮，在弹出的下拉菜单中选择删除的项目，包括删除工作表、删除工作表中的行、删除工作表中的列和删除单元格4个选项。

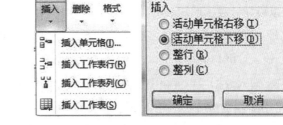

图4-9 粘贴按钮选项　　　　　图4-10 插入下拉菜单选项

（3）单元格大小设置。选中要改变大小的单元格，单击"开始"选项卡下的"单元格"功能区中的"格式"按钮，在弹出的下拉菜单中选择行高、列宽、自动调整行高等选项进行精确设置，拖放单元格边框只能粗略改变其大小，如图4-11所示。

4.3 单元格格式设置

用户可以对单元格的内容进行字体、数字、对齐方式、填充、保护、边框方面的设置。单击"开始"选项卡选择"字体"或其他功能区右下角的对话框启动器，打开"单元格格式"设置对话框。如图4-12所示。

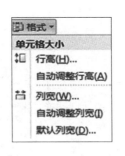

图4-11 单元格大小调整　　图4-12 设置单元格数字格式对话框

4.3.1　设置单元格数字格式

Excel 中的数据格式包括数值、文本、货币值、百分数、分数等多种形式，用户可根据需要对单元格或区域进行相应设置。

先选中待设置单元格或区域，打开如图 4-12 所示的对话框，选择"数字"选项卡，按照需要进行相应设置。

Excel 提供的数据格式：

（1）常规。单元格中的数据显示与数据的输入形式完全相同，即无格式设置。

（2）数值。设置单元格数据为数值型，用户可设置数字的小数位数（系统默认数据的小数位数为两位），使用千位分隔符，负数格式（加"-"号或将输入的数据放到括号内，如 -100 或 100）。默认情况下，数值在单元格内靠右侧对齐；如果输入的数值长度超过单元格的宽度时，Excel 将以科学计数法形式表示。

（3）文本。通常指字符、汉字或字符和数字的组合。如中国、Ab、100A 等。输入纯数字文本时，如输入"08140014"时，应在文本串前先输入"'"，即"'08140014"，可以将数值强制转成字符，输入数据后单元格左上角会出现绿色三角标，表明其为文本数据。默认情况下文本在单元格中靠左侧对齐。当输入文字的长度超出单元格的宽度时，如果右侧单元格无内容，则跨列显示到右侧单元格，否则将截断显示。

（4）货币。用户可以设置货币符号，默认值为人民币的"¥"符号，系统提供了多个国家的货币符号，如中国的财务货币为 CNY。

（5）分数。系统提供多种分母格式的分数，注意输入分数时使用正整数加分数形式，否则系统当作日期型数据处理。如：输入 3/4 系统处理为 3 月 4 号。正确的输入方法是在分数前面加"0"，即输入"03/4"。

（6）日期与时间。日期通常使用反斜线"/"或连字符"-"分隔，时间通常使用冒号"："分隔，如果是 12 小时制则在时间后加上 am 或 pm 表示上午或下午。如 2008-10-30，10：30：11am。按组合键"Ctrl+；"可以输入系统当前日期，按组合键"Ctrl+Shift+；"可以输入系统当前时间。

4.3.2　设置单元格对齐方式

Excel 文本单元格格式包括对齐方式、自动换行、文本方向等设置。

先选择待设置单元格或区域，再单击"开始"选项卡中"对齐方式"功能区右下角的对话框启动器，打开如图 4-13 所示的对话框，按照需要进行相应设置。

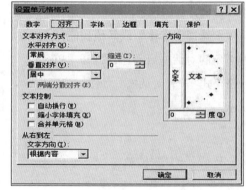

图4-13　设置单元格文本格式

（1）对齐方式。对齐方式包括水平对齐、垂直对齐两种。

（2）合并单元格。合并单元格可以实现将多个单元格合并为一个单元格的功能，制作表头时常用此功能。注意：单元格区域合并为一个单元格后，区域内只保留最左上角单元格的文本。

（3）自动换行。自动换行可实现一个单元格内显示多行信息。若未设置自动换行，单元格中所输入数据超出单元格宽度时，系统会自动跨列显示，但该单元格内容并未占用相邻单元格。注意：可以在输入内容中按"Alt+Enter"组合键盘，进行多行文本的输入。

（4）文字方向。文字方向可以控制文字中、单元格中文字从左到右或从右到左的方向。

（5）方向。方向可控制文字中单元格中文字横向倾斜的角度。

4.3.3　设置字体格式

选择待设置单元格或区域，再单击"开始"选项卡中"字体"功能区右下角的对话框启动器，打开对话框后，如同 Word 一样可以设置单元格的字体、字型、字号、颜色、下划线及一些特殊效果。

4.3.4　设置边框

Excel 工作表自带的网格在打印时并不能直接打印出来，需要用户设置单元格的边框才能打印输出。

选择需要添加边框的单元格或区域，打开如图 4-14 所示的设置单元格对话框，先选择线条样式、颜色再设置其应用在边框的具体位置，如上边线、左边线、中间线条等。

如果表格边线比较简单也可在"开始"选项卡"字体"功能区中单击"绘制边框线"按钮，在下拉菜单中选择各种线型，如图 4-15 所示。

注意：若边线线型不同须分别对每条边线按照先选择线型再设置其作用位置。

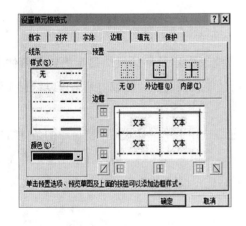

图4-14　设置单元格边框　　　　图4-15　绘制边框线下拉菜单

4.3.5　单元格填充图案

用户通过设置单元格的底纹、图案以及颜色等，使得表格整体更加美观，更能突出显示数据。

选择要填充图案的单元格或区域，打开"设置单元格格式"对话框选择"填充"选项卡，如图4-16所示，选择图案颜色及图案样式，设置单元格背景颜色及填充图案。单击"填充效果"按钮可打开如图4-17所示填充效果对话框，选择渐变填充。

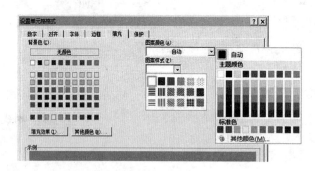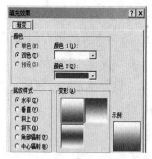

图4-16　设置单元格填充　　　　　　　图4-17　填充效果对话框

注意：若单元格颜色设置为"白色"，可以实现将所选单元格的系统自身网格线（不是用户设置的边框线）隐藏的功能。效果如同单元格合并，但每个单元格却是独立存在的。

4.4　样式按钮

"开始"选项卡中样式功能区内的工具按钮有3个，分别是条件格式、套用表格格式、单元格样式。

4.4.1　条件格式

为了能够将一些特殊单元格突出显示，如成绩表中不及格的成绩显示为红色斜体字。Excel系统提供了根据条件进行单元格格式设置的功能，在同一片区域内最多可以设置3种满足不同条件的格式。

先选中需要设置的单元格或区域，单击"开始"选项卡中"样式"功能区中的条件格式按钮，弹出如图4-18所示的下拉菜单中选择"突出显示单元格规则"的级联菜单中选择需要设置的条件如大于、小于等进入如图4-19所示的对话框，设置突出显示格式。

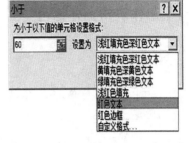

图4-18　条件格式下拉菜单　　　　图4-19　突出显示格式设置对话框

4.4.2　套用表格格式

可以实现设置整个表格格式。选择套用样式的数据区域，单击套用表格格式按钮，在弹出的下拉列表中选择需要套用的样式，如图4-20（a）所示。

4.4.3　单元格样式

用于对个别单元格或行、列等对象设置格式。

先选中需要设置的单元格或行、列，再单击"单元格样式"按钮，在弹出的下拉列表中选取需要的样式。如图4-20（b）所示。

在下拉列表中提供了多种样式，每一种样式都有名字，用户可以根据需要来选择某一种。除此之外，用户可以根据需要来创建自己的样式，选择下拉列表中的"新建表样式…"菜单项，进入新建样式对话框新建样式。

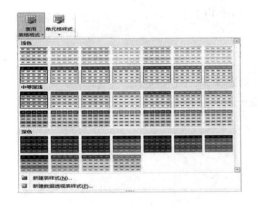

（a）套用样式下拉列表　　　　（b）单元格样式下拉列表

图4-20　单元格样式

工作表格式化练习

一、基本操作

1. 在Excel中，给当前单元格输入数值型数据时，默认为（   ）。

A. 居中　　　　　B. 右对齐　　　　C. 左对齐　　　　D. 随机

2. 若某一个单元格右上角有一个红色的三角形，这表示（   ）。

A. 表示单元格为文本数值　　　　B. 表示单元格出错

C. 表示强调　　　　　　　　　　D. 附有批注

3. 在Excel中如何利用鼠标拖动的方法将当前工作表中的内容移动到其他工作表（   ）。

A. 将鼠标指针放在选择区域的边框上，按住"Shift"键加鼠标左键拖动

B. 将鼠标指针放在选择区域的边框上，按住"Ctrl"键加鼠标左键推动

C. 将鼠标指针放在选择区域的边框上，按住"Alt"键加鼠标左键拖动，并指向相应的工作标签

D. 将鼠标指针放在选择区域的边框上，按住鼠标左键拖动到指定的工作表中

4. 在Excel中选定任意10行，然后改变第5行的行高，则（   ）。

A. 任意10行的行高均改变，并与第5行的行高相等

B. 任意10行的行高均改变，并与第5行的行高不相等

C. 只有第5行的行高改变

D. 只有第5行的行高不变

5. 选择A1：C1，A3：C3，然后完成复制后粘贴操作，这时候（   ）。

A. "不能对多重区域选定使用此命令"警告

B. 粘贴成功

C. 粘贴不会成功

D. 选定不连续区域，右键根本不能出现复制命令

6. 在Excel中，数值数据不包含（   ）。

A. ,　　　　　　B. ¥　　　　　　C. '　　　　　　D. E

7. 为了区别"数字"与"数字字符串"数据，Excel要求在输入项前加（   ）符号来区别。

A. "　　　　　　B. '　　　　　　C. #　　　　　　D. @

8. 在Excel中，为了使以后在查看工作表时能了解某些重要的单元格的含义，则可给其添加（　　）。

A. 批注　　　　　B. 公式　　　　　C. 特殊符号　　　　　D. 颜色标记

9. 在Excel单元格中，手动换行方法是"（　　）"。

A. Ctrl+Enter　　B. Alt+Enter　　C. Shift+Enter　　D. Ctrl+Shift

10. 在Excel中，给当前单元格输入日期型数据时，默认为（　　）。

11. 在Excel的操作界面中，整个编辑栏被分为左、中、右3个部分，左面部分显示出（　　）。

A. 某个单元格名称　　　　　　　　B. 活动单元格名称

C. 活动单元格的列标　　　　　　　D. 活动单元格的行号

12. 在Excel中要想设置行高、列宽，应选用（　　）选项卡中的"格式"命令。

A. 开始　　　　　B. 插入　　　　　C. 页面布局　　　　　D. 视图

13. 在Excel中要改变"数字"格式可使用"单元格格式"对话框的（　　）选项卡。

A. 对齐　　　　　B. 文本　　　　　C. 数字　　　　　D. 字体

14. 下列删除单元格的方法，正确的是（　　）。

A. 选中要删除的单元格，按"Del"键

B. 选中要删除的单元格，按"剪切"按钮

C. 选中要删除的单元格，按"Shift+Del"键

D. 选中要删除的单元格，使用右键菜单中的删除单元格命令

15. Excel中，（　　）选项卡可以添加表格边框、颜色。

A. 文件　　　　　B. 视图　　　　　C. 开始　　　　　D. 审阅

16. 如果只想将原单元格的格式从复制区域转换到粘贴区域，应在开始选项卡选择（　　）命令。

A. 粘贴　　　　　　　　　　　　　B. 选择性粘贴

C. 粘贴为超级链接　　　　　　　　D. 链接

17. 在Excel中，要向单元格输入数据这个单元格必须是（　　）。

A. 当前单元格　　　　　　　　　　B. 空单元格

C. 行首或行列单元格　　　　　　　D. 必须定义好格式

18. 在Excel中，若删除数据选择的区域是"整行"，则删除后，该列（　　）。

A. 仍在原位置　　　　　　　　　　B. 被右侧列填充

C. 被左侧列填充　　　　　　　　　D. 被移动

19. 如用户要在不同工作表中进行数据的移动和复制操作，必须按住的键是"（   ）"。

A. Shift   B. Alt   C. Ctrl   D. Tab

20. 在Excel中，仅把某单元格的批注复制到另外单元格中，方法是（   ）。

A. 复制原单元格，到目标单元格执行粘贴命令

B. 复制原单元格，到目标单元格执行选择性粘贴命令

C. 使用格式刷

D. 将两个单元格链接起来

21. 在Excel中选定任意10行，然后改变第5行的行高，则（   ）。

A. 任意10行的行高均改变，并与第5行的行高相等

B. 任意10行的行高均改变，并与第5行的行高不相等

C. 只有第5行的行高改变

D. 只有第5行的行高不变

22. Excel保护一个工作表，可以使不知道密码的人（   ）。

A. 看不到工作表的内容   B. 不能复制工作表的内容

C. 不能修改工作表的内容   D. 不能删除工作表所在的工作簿文件

23. 在Excel中，设置数据有效性后，可使用（   ）功能标注用户已输入的无效数据。

A. 数据筛选   B. 数据分组   C. 圈释无效数据   D. 条件格式

24. 在Excel中，要使某单元格内输入的数据介于18～60；而一旦超出范围就出现错误提示，可使用（   ）。

A. "数据"选项卡的"有效性"命令

B. "格式"菜单下的"单元格"命令

C. "格式"菜单下的"条件格式"命令

D. "格式"菜单下的"样式"命令

二、综合操作题

创建Excel工作簿，文档命名为"工作表格式化练习.xlsx"。按照表4-4所给数据在工作表A1开始的单元格输入所有数据并保存文件。

1. 打开文件"工作表格式化练习.xlsx"，完成如下操作：

（1）分别选择单元格G5、H8，注意观察被选中单元格显示效果。

（2）选择区域A1：C3，A3：E3，计算有多少个单元格。

（3）选择第1行、第4列数据，注意观察显示效果。

（4）选择第2行至第6行连续4行单元格，第2列至第4列单元格，选择第1行、第3行两行单元格，选择第1列、第3列两列单元格，注意观察显示效果。

（5）选择A2：D4，E5：H7两个区域单元格，注意观察显示效果。

表4-4 已知数据表数据

序号	A	B	C	D	E	F	G	H	I	J	K	L
1	学号	姓名	班级	语文	数学	英语	生物	地理	历史	政治	总分	平均分
2	120305	包宏伟	03	91.5	89	94	92	91	86	86		
3	120203	陈万地	02	93	99	92	86	86	73	92		
4	120104	杜学江	01	102	116	113	78	88	86	73		
5	120301	符合	03	99	98	101	95	91	95	78		
6	120306	吉祥	03	101	94	99	90	87	95	93		
7	120206	李北大	02	100.5	103	104	88	89	78	90		
8	120302	李娜娜	03	78	95	94	82	90	93	84		
9	120204	刘康锋	02	95.5	92	96	84	95	91	92		
10	120201	刘鹏举	02	93.5	107	96	100	93	92	93		
11	120304	倪冬声	03	95	97	102	93	95	92	88		
12	120103	齐飞扬	01	95	85	99	98	92	92	88		

2. 打开文件"工作表格式化练习.xlsx"，完成如下操作：

（1）交换学号为"120104""12032"的两个同学的数据。

（2）在学号为"120306"同学前增加一名同学，其学号为"120305"，该生其他数据用户自行输入。

（3）在表格中最后一行后增加1列，姓名项填入"名次"。

（4）在表格中最后一行后增加1行，姓名项填入"平均分"，并保存文件。

3. 打开文件"工作表格式化练习.xlsx"，完成如下操作：

（1）设置姓名列单元格宽度为15，其他单元格宽度为9。

（2）设置表中每行高度为18。

（3）设置表中所有数值数据小数位数为0。

（4）删除第2题中所添加的学号为"120305"的记录。

（5）保存文件。

4. 打开文件"工作表格式化练习.xlsx"，完成如下操作：

（1）设置姓名及学号列数据为文本型。

（2）设置所有单元格对齐方式为水平居中。

（3）在D20单元格中输入"0090"。

（4）在K20单元格中输入日期"2019-5-1"，在L20单元格中输入系统当前日期。

（5）表格中第1行前增加1行，并合并合适的单元格，输入"成绩表"，文字横向倾斜15°。

（6）保存文件。

5. 打开"工作表格式化练习.xlsx"文件完成如下操作：

（1）设置表头"成绩表"为"黑体、四号、红色、发光"格式其中发光方式任意。

（2）设置表内其他文字为"宋体、五号、黑色"。

（3）设置A2:L2单元格字体加"双下划线"，底纹"浅蓝"。

（4）设置表格外边框为红色双实线，内部边线为黑色虚线。

（5）表头行单元格填充效果为渐变填充，颜色任意。

（6）其他所有单元格填充为浅色，颜色任意。

（7）另存文件，文件名任意。

6. 打开"工作表格式化练习.xlsx"文件，完成如下操作：

（1）将所有语文成绩大于100分的单元格填充为绿色，字体为楷体；将小于95分的单元格填充为红色，字体为黑体；将介于95～100之间的单元格边框设置为红色。

（2）整个表套用浅色样式，样式任意。

（3）设置表头单元格样式及其他单元格样式，样式任意。

（4）保存文件。

7. 创建文件"Excel1.XLSX"，进行以下操作并保存。

（1）设置A1-L1为表格标题单元格，合并单元格，输入标题"高一学生借阅情况统计"。

（2）设置标题单元格为"楷体_GB2312、加粗、14号字、绿色"。

（3）将单元格B3:L12设置为宋体、10号字加粗。

（4）设置A列宽为10，B列到L列列宽均为7.5。

（5）给单元格区域B3:L12加上蓝色双线外边框，内部黑色单实线。

（6）保存文档并关闭程序。

5 公式与函数

Excel通过在工作表单元格中输入所需的运算公式实现对某些数据进行数学运算处理在工作表中显示运算结果的功能，并且当参加运算的单元格中的数据发生变化时，公式和函数的计算结果会立即更新。

5.1 公式使用

Excel 的公式和一般的数学公式差不多，如：A3 = A1+A2。该公式的含义为 A1 单元格的值加上 A2 单元格的值，结果存放到 A3 单元格中。

选中要存放公式计算结果的单元格如 A3，输入"="及相应的运算表达式如 A1+A2，回车即可求得计算结果。

公式是由运算符、单元格引用、工作表函数及名称等运算元素组成。公式中可以使用的运算符包括算术运算符、关系运算符、字符运算符。

5.1.1　算术运算符

算术运算符包括加（+）、减（-）、乘（*）、除（/）、百分号（%）、指数（^）等。其优先级为：百分号（%）>乘（*）、除（/）>（+）、减（-）。

例如，用公式求成绩表中第 2 行张三丰的总分值，需在 G2 单元格中输入公式"=C2+D2+E2+F2"回车后自动计算结果，值在 G2 单元格中，如图 4-21 所示。

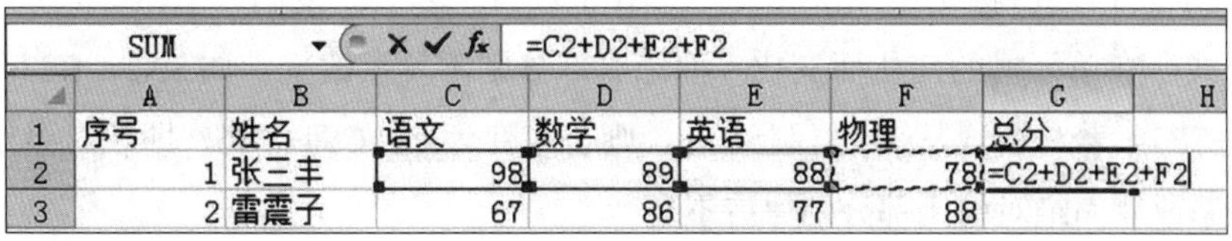

	SUM	▼	✗	✓	fx	=C2+D2+E2+F2
	A	B	C	D	E	F	G	H
1	序号	姓名	语文	数学	英语	物理	总分	
2	1	张三丰	98	89	88	78	=C2+D2+E2+F2	
3	2	雷震子	67	86	77	88		

图4-21　公式输入

5.1.2　关系运算符

关系运算符包括等于（=）、大于（>）、小于（<）、小于或等于（<=）、大于或等于（>=）、不等于（<>）6种，主要用于进行一些比较运算，其结果是逻辑型的值真（TRUE）与假（FALSE）。

例如，输入公式："=100>200"，其结果应该为：FASLE。

例如，单元格 c2=5，单元格 c3=9，若在单元格 C9 中输入公式："=C2<C3"，其结果应该为：TRUE。

5.1.3　字符运算

字符运算符为连接符（&），用于文字的连接运算，即实现两个文本串的连接。

例如，输入公式："="中国"&"人民""，注意"""为半角双引号，其结果应为："中国人民"。

5.2　单元格引用

用户可以根据需要用公式或函数对工作表中单元格的数据进行计算，即引用单元格，Excel 中引用的作用在于标识工作表上的单元格或单元格区域，并指明公式中所使用的数据的位置。一般称公式所在单元格为公式单元格，公式中引用到的单元格称为引用单元格，如公式 D4=A4+B2 中，D4 为公式单元格，A4、B2 为被引用单元格。

单元格的引用方式主要有 3 种。

5.2.1　相对引用

相对引用记录的是公式单元格与被引用单元格之间的相对位置关系，当进行公式复制时，公式单元格发生变化，被引用单元格会根据相对关系相应变化，以符合原公式的相对关系。

这种引用是通过直接给出单元格的名称实现，如 A2、B3 等。如公式 D4=A4+B2，若将公式从 D4 复制到 F8，则公式变为 F8=C8+E6。

5.2.2　绝对引用

绝对引用指的是引用单元格本身的位置，与公式所在单元格无关，因此进行公式复制时，被引用单元格不会因为公式所在单元格变化而变化。这种引用是通过在单元格的行号和列号前面加上"$"符号实现，如 $A$2、$B$3 等。例如，公式 D4=$A$4+$B$2，若将公式从 D4 复制到 F8，则公式为 F8=$A$4+$B$2，被引用的单元格没有变化。

5.2.3　混合引用

混合引用指行号或列号中为相对和绝对引用的结合，当公式复制时，相对部分的行或列号会根据公式所在单元格的变化而变化，而绝对部分则不发生改变，如 $A2、B$3。例如，公式 D4=A$4+$B2，若将公式从 D4 复制到 F8，则公式变为 F8=C$4+$B6，即相对引用部分根据对于位置关系改变而绝对引用部分则保持不变。

注意：对公式单元格移动时原则上公式不会变化，除非被引用单元格发生变化才会改变公式，而对公式的复制需要按照相对或绝对特点对公式进行改变。

5.3　函数的使用

函数是 Excel 实现强大计算功能的有力工具。这些函数其实是一些预定义的公式，它们使用称为参数的特定数值按特定的顺序或结构进行计算。Excel 提供了大量的实用函数，函数按照功能分为常用函数、财务函数、日期与时间函数等 11 类。

5.3.1　函数的格式

函数使用时需要提供两部分信息：函数名和参数表列表。

函数名表示函数的功能，一般较短，是英文单词的缩写，不区分大小写。如 SUM(求和)、AVERAGE（求平均值）等。

参数指在函数中要用到的值或单元格，可以是数字、文本、形如 TRUE 或 FALSE 的逻辑值、数组、单元格引用。根据函数的不同，有的函数没有参数，有的函数则需要输入多个参数，形成参数列表。参数列表必须用括号即"（ ）"括起来，括号内包括函数计算所需要的数据。如："=SUM（A1:B3）"指求单元格区域为 A1 到 B3 之间的 6 个单元格的值的和。

5.3.2　函数的输入

（1）插入函数按钮输入函数。选中要存放函数计算结果的单元格，单击"插入"菜单项选择"函数"命令或单击"编辑栏"上的"插入函数" *fx* 按钮，弹出如图 4-22 所示的"插入函数"对话框，选择函数类别及函数后，弹出如图 4-23 所示的函数参数对话框，输入或单击按钮切入到工作表，在工作表中选择函数所使用的单元格或区域，单击"确定"按钮完成函数输入。

注意：用户可以通过如图4-23所示的对话框下面函数说明的文字所提示函数的功能及函数的参数类型、个数等信息了解或查找所需要的函数，单击"有关该函数的帮助（H）"链接可以进入帮助页面，参考函数的详细信息。

 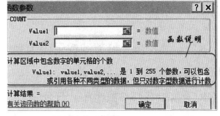

图4-22　插入函数对话框　　　图4-23　函数参数输入对话框

（2）直接输入函数。选中公式所在单元格，输入"="，再输入函数，如"SUM（E4:H4）"，按下"Enter"键后求出计算结果。

5.3.3　常用自动计算工具按钮

选中存放求和结果单元格，此单元格应该在被求和数据的下方或右侧，再单击"开始"选项卡"编辑"功能区中按钮 **Σ** ，弹出的下拉菜单中有多种运算，如"求和""平均值""计数"等常用计算选项，选择需要的选项后系统会在所选单元格自动插入相应函数并填入计算单元格或区域，如果符合需要不需改动，否则用户根据需要进一步修改后回车即可得到运算结果，如图4-24所示。

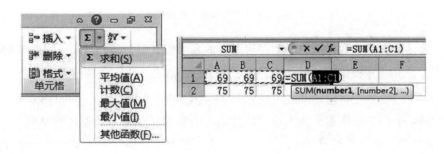

图4-24　自动求和按钮选下拉选项及插入公式

5.3.4　常用函数的使用

1）数值计算函数

用于对指定单元格（即参数）的所有数字（即"值"）求和SUM、平均值AVERAGE、最大值MAX、最小值MIN、计数COUNT等。函数使用时参数用逗号分开，不同函数参数个数要求不同，一般最多为 255 个。

2）条件运算函数

Excel 提供了一些根据条件统计或分析数据的函数，称作条件测试函数，如 IF、COUNTIF、SUMIF 等，这些函数的参数会用到逻辑类型的表达式、函数或数据。

（1）逻辑函数。用来判断真假值或进行复合检验的 Excel 函数。包括 AND、OR、NOT、TRUE、FALSE、IF。AND、OR、NOT 函数用来判断所给参数表达式的逻辑结果，返回值为逻辑"真"或"假"。

● AND 运算，所有参数的逻辑值为真时结果返回 TRUE；只要有一个参数的逻辑值为假结果即返回 FALSE。

● OR 函数指在其参数组中，任何一个参数逻辑值为 TRUE，则返回 TRUE。它与 AND 函数的区别在于，AND 函数要求所有函数逻辑值均为真，结果才为真。而 OR 函数仅需其中任何一个为真结果即为真。

● NOT 函数用于对参数值求反。当要确保一个值不等于某一特定值时，可以使用 NOT 函数。

例如，如图 4-25 所示的 AND、OR、NOT 运算公式及结果。

fx =AND(B1)>30，B1<60)

B	**C**	D
45	TRUE	

fx =OR(B1)>50，C1<80)

B	C	**D**
1	60	80	TRUE

fx =NOT(D1)

B	C	D	**E**
1	60	80	TRUE	FALSE

（a）逻辑预算函数AND　　（b）逻辑预算函数OR　　（c）逻辑预算函数NOT

图4-25　逻辑函数运算规则

（2）IF 函数。IF 函数根据对参数逻辑测试的真假值返回不同的结果，因此 IF 函数也称为条件函数。它的应用很广泛，可以使用函数 IF 对数值和公式进行条件检测。

语法为 IF（logical_test，value_if_true，value_if_false）。其中，Logical_test 表示计算结果为 TRUE 或 FALSE 的任意值或表达式。若第 1 个参数 logical_test 返回的结果为真的话，则函数运算结果为第 2 个参数 Value_if_true 的值，否则单元格结果为第 3 个参数 Value_if_false 的值。IF 函数可以嵌套 7 层，用 value_if_false 及 value_if_true 参数可以构造复杂的检测条件。

例如，如图 4-26 所示的成绩表，按照总分成绩给出每个同学的总评，即总分大于等于 220 且英语成绩 90 分以上的同学总评成绩为"优秀"，否则为"合格"。

● 选择存放计算结果的单元格 H3。

● 单击编辑栏中"插入函数"按钮，打开"插入函数"对话框，选择逻辑类函数 IF，弹出"函数参数"对话框，在对话框中输入 3 个参数的内容如图 4-27 所示，单击"确定"按钮即可实现 H3 单元格中显示"优秀"或"合格"的结果，拖动填充句柄到本列中最后一条记录即可实现全体同学总评计算的功能。

序号	A	B	C	D	E	F	G	H
1	学生总成绩表							
2	姓名	院系	班级	语文	数学	英语	总分	总评
3	华筝	会计	1	90	85	92	268	
4	高盈盈	管理	1	95	89	91	276	
5	黄安国	旅游	1	88	90	83	262	
6	林之平	会计	1	89	83	76	249	
7	岳灵珊	管理	1	80	75	83	239	
8	田甜	旅游	1	89	77	88	255	
9	曲燕飞	会计	2	79	68	84	233	
10	田光伯	管理	2	50	70	63	185	
11	克牛	旅游	2	85	75	90	252	
12	刘峰振	会计	2	75	80	89	246	
13	陆大有	管理	2	78	95	65	240	
14	礼成	旅游	2	68	56	78	204	

图4-26　学生成绩表

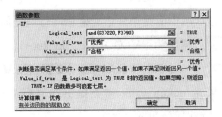

图4-27　IF函数参数输入

（3）SUMIF 函数。使用 SUMIF 函数可以对区域（区域：工作表上的两个或多个单元格。区域中的单元格可以相邻或不相邻。）中符合指定条件的值求和。

语法为 SUMIF（Range,Criteria,Sum_Range）。

● Range 用于条件计算的单元格区域。每个区域中的单元格都必须是数字或名称、数组或包含数字的引用。空值和文本值将被忽略。

● Criteria 用于确定求和单元格的条件，其形式可以为数字、表达式、单元格引用、文本或函数。例如，条件可以表示为 32、">32"" 苹果 " 或 TODAY（）。任何文本条件或任何含有逻辑或数学符号的条件都必须使用双引号即（""）括起来。如果条件为数字，则无须使用双引号。

● Sum_range 要求和的实际单元格（对未包含在 range 参数中指定的单元格求和）。如果 sum_range 参数被省略,Excel 会对在 range 参数中指定的单元格（即应用条件的单元格）求和。

例如，给定数据表中分别计算"水果""蔬菜"类别下所有食物的总销售额，结果分别放在 F5、F6 中，数据表如图 4-28 所示。

选中单元格F5通过插入函数按钮插入SUMIF函数，进入对话框输入相关参数，如图 4-29

所示。蔬菜类的总销售额读者可仿照例题求解。

序号	A	B	C	D	E	F
1	类别	食物	销售额			
2	蔬菜	西红柿	2300			
3	蔬菜	西芹	5500			
4	水果	橙子	800		类别	总销售额
5	蔬菜	青椒	400		水果	
6	蔬菜	胡萝卜	4200		蔬菜	
7	水果	苹果	1200			

图4-28　给定数据

图4-29　SUMIF函数参数输入

（4）VLOOKUP 函数。使用 VLOOKUP 函数搜索某个单元格区域的第 1 列，然后返回与该区域中满足条件单元格相同行上任何单元格中的值。

语法为：VLOOKUP（lookup_value,table_array,col_index_num,range_lookup）

● lookup_value，指明要在表格或区域的第 1 列中搜索的值。该参数可以是值或引用。如果为 lookup_value 参数提供的值小于 table_array 参数第 1 列中的最小值，则 VLOOKUP 将返回错误值 #N/A。

● table_array，包含数据的单元格区域。可以使用对区域（例如，A2：D8）或区域名称的引用。其第 1 列中的值是由 lookup_value 搜索的值。这些值可以是文本、数字或逻辑值。文本不区分大小写。为了方便实现公式复制，一般使用单元格的绝对引用形式。

● col_index_num，参数中必须返回的匹配值的列号。col_index_num 参数为 1 时，返回 table_array 第 1 列中的值；col_index_num 为 2 时，返回 table_array 第 2 列中的值，依此类推。

● range_lookup 为可选项。一个逻辑值，指定希望 VLOOKUP 查找精确匹配值还是近似匹配值：如果为 TRUE 或被省略，则返回精确匹配值或近似匹配值。要求 table_array 第 1 列中数据需预先升序排序；若该参数为 FALSE，函数将只查找精确匹配值，找不到精确匹配值，则返回错误值 #N/A。如果 table_array 的第 1 列中有两个或更多值与 lookup_value 匹配，则使用第 1 个找到的值。

例　已知员工档案信息表，请按照职务代号利用职务对照表给出每位员工的职务名称。数据信息如图 4-30 所示，函数输入如图 4-31 所示。

选中单元格 D2 为公式单元格，通过插入函数按钮选择 VLOOKUP 函数进入如图 4-31 所示的参数输入对话框，输入相关参数后确定即可得到其职务名称，向下拖动填充句柄实现所有记录值的计算。注意函数使用中第 2 个参数为单元格绝对引用保证公式复制时数据查找范围不变。

序号	A	B	C	D	E
1	编号	姓名	职务代码	职务名称	年薪（万元）
2	1	黄雅玲	XSDB		8
3	2	王俊元	XSZC		14
4	3	谢丽秋	XSDB		8
5	4	王炫皓	XSDB		8
6	5	孙林	XSJL		12
7	6	王伟	XSDB		8
8					
9			职务对照表		
10			XSDB	销售代表	
11			XSZC	销售副总裁	
12			XSJL	销售经理	

图4-30　给定数据

图4-31　VLOOKUP函数参数输入

📋 公式与函数练习

一、基本操作题

1. 在Excel中，假定一个单元格的地址为H38，则称该单元格的地址为（　　　）。

A. 混合地址　　　　B. 相对地址　　　C. 绝对地址　　　D. 三维地址

2. 如果公式中出现"＃DIV/0!"，则表示（　　　）。

A. 结果为0　　　　B. 列宽不足　　　C. 无此函数　　　D. 除数为0

3. 在单元格中输入"＝Average（3，-3）-TRUE"，则显示（　　　）。

A. 0　　　　　　　B. -1　　　　　　C. 1　　　　　　　D. 不确定的值

4. 已知单元格A1中存有数值112.68，若输入函数＝INT（A1），则该函数值为（　　　）。

A. 112.7　　　　　B. 112　　　　　　C. 113　　　　　　D. 112.68

5. 在Sheet2的C1单元格中输入公式"＝Sheet1!A1＋B1"则表示将Sheet1中A1单元格数据与（　　　）。

A. Sheet1中B1单元的数据相加，结果放在Sheet1中C1元格中

B. Sheet1中B1单元的数据相加，结果放在Sheet2中C1单元格中

C. Sheet2中B1单元的数据相加，结果放在Sheet1中C1元格中

D. Sheet2中B1单元的数据相加，结果放在Sheet2中C1单元格中

6. Excel中，以下运算符中优先级最低的是（　　　）。

A. :　　　　　　　B. &　　　　　　C. =　　　　　　　D. +

7. Excel中，若A1存有1，函数=AVERAGE（10*A1，AVERAGE（12，0））的值是（　　）。

A. 6　　　　　　B. 7　　　　　　C. 8　　　　　　D. 9

8. 在Excel中，符号&属于（　　）。

A. 算术运算符　　B. 比较运算符　　C. 文本运算符　　D. 单元格引用符

9. 在Excel中，若某单元格中品示信息"#REF!"，则（　　）。

A. 公式引用了一个无效的单元格坐标

B. 公式中的参数或操作数出现类型错误

C. 公式的结果产生溢出

D. 公式中使用了无效的名字

10. 在Excel活动元格中输入=MIN（1，3.5）>1并单击"√"按钮，单元格中显示的是（　　）。

A. 1　　　　　　B. FALSE　　　　C. TRUE　　　　D. 出错

11. 在Excel中某单无格的公式为：=IF（98>60，"优"，"差"），其计算结果为（　　）。

A. 98　　　　　　B. 60　　　　　　C. 优　　　　　　D. 差

12. 在Excel中，在一个单元格中所存入的计算公式为=3*5+2，则该单元格的值为（　　）。

A. 3*5+2　　　　B. =3*5+2　　　C. 17　　　　　　D. 21

13. Excel中，设E列单元格存放工资总额，F列用以存放实发工资，其中当工资总额>1600时，实发工资=工资—（工资总额-1600）*税率；当工资总额<=1600时，实发工资=工资总额，设税率=0.05，则F列可根据公式实现。其中，F2的公式应为（　　）。

A. =IF（"E2>1600"，E2—（E2-1600）*0.05,E2）

B. =IF（E2>1600，E2，E2-（E2-1600）*0.05，）

C. =IF（E2>1600，E2-（E2-1600）*0.05，E2）

D. =IF（"E2>1600"，E2，E2—（E2-1600）*0.05，）

14. 在Excel中，如果要在Sheet1的A1单元格内输入公式时，引用Sheet3表中的B1:C5单元格区域，其正确的引用为（　　）。

A. Sheet3!B1:C5　　　　　　　　B. Sheet3!（B1:C5）

C. Sheet3B1:C5　　　　　　　　D. B1:CS

15. 绝对引用与相对引用的切换键为（　　）。

A. F5　　　　　　B. F6　　　　　　C. F7　　　　　　D. F4

16. 在Excel中函数MAX（10, 7, 12, 20）的返回值是（　　　）。

A. 10　　　　　　B. 7　　　　　　C. 12　　　　　　D. 20

17. 在Excel中，引用单元格格A1和C3的数据，则在A1和C3间的运算符是（　　　）。

A. :　　　　　　B. ,　　　　　　C. 空格　　　　　　D. !

18. 在Excel中，设A1单元格内容为2000－10－1，A2单元格内容为2，A3单元格的内容为＝A1+A2，则A3单元格显示的数据为（　　　）。

A. 2002－10－1　　B. 2000－12－1　　C. 2000－10－3　　D. 2002－12－3

19. 如果将B3单元格中的公式"＝C3＋$D5"复制到同一工作表的D7单元格中，该单元格公式为（　　　）。

A. ＝C3+$D5　　B. ＝C7+$D9　　C. ＝E7+$D9　　D. ＝E7+$D5

20. 在Excel中，公式中表示绝对单元格引用时使用（　　　）符号。

A. *　　　　　　B. $　　　　　　C. #　　　　　　D. －

21. 在Excel单元格中输入计算公式时，应在表达式前加一前缀字符（　　　）。

A. 左圆括号"（"　　　　　　　　B. 等号"＝"

C. 美元符号"$"　　　　　　　　D. 单撇号"'"

22. 在Excel活动单元格中输入＝sum（2, 3, 4）>1并单击"√"按钮，单元格显示的是（　　　）。

A. 10　　　　　　B. 4　　　　　　C. True　　　　　　D. 出错

23. Excel单元格C7的值等于B5的值加上C6的值，在单元C7中应输入公式（　　　）。

A. ＝B5+C6　　B. ＝B5:C6　　C. B5+C6　　　D. ＝SUM（B5:C6）

24. 在单元格A1、A2、A3、B1、B2、B3有数据1, 2, 3, 4, 5, 6，在单元格C5中输入公式"＝AVERAGE（B3:A1）"，则C5单元格中的数据为（　　　）。

A. 21　　　　　　B. #NAME?　　C. 3　　　　　　D. 3.5

25. 当单元格中出现"#VALUE!"符号时，表示（　　　）。

A. 引用到无效的单元格　　　　　B. 列宽不够

C. 计算公式以零作除数　　　　　D. 无法计算的表达式

26. 可用（　　　）表示Sheet2工作表的B9单元格。

A. ＝Sheet2.B9　　　　　　　　B. ＝Sheet2$B9

C. ＝Sheet2:B9　　　　　　　　D. ＝Sheet2!B9

27. 在Excel工作表中，假设单元格A1、A2、A3的值分别为22、3月2日和ab，下列计算公式中错误的是（　　　）。

A. ＝A1+2　　　B. ＝A2+2　　　C. ＝A3+2　　　D. ＝A3&2

28. 在Excel工作表中，（　　　）是混合地址。

A. C3　　　　　B. $B$4　　　　　C. $F8　　　　　D. A1

29. 在Excel的一个工作表上的某一单元格中，若要输入计算公式2008-4-5，则正确的输入为（　　　）。

A. 2008-4-5　　B. =2008-4-5　　C. "2008-4-5"　　D. ' 2008-4-5

30. 在Excel的数据操作中，计算求和的函数是（　　　）。

A. SUM　　　　B. COUNT　　　C. AVERAGE　　　D. TOTAL

31. 在Excel中，某区域由A4，A5，A6和B4，B5，B6组成，下列不能表示该区域的是（　　　）。

A. A4：B6　　　B. A4：B4　　　C. B6：A4　　　D. A6：B4

32. 在Excel中，若在某单元格中插入函数AVERAGE（$D2：D$4），该函数中对单元格的引用属于（　　　）。

A. 相对引用　　　B. 绝对引用　　　C. 混合引用　　　D. 交叉引用

33. 在Excel中，单元格D6中有公式"=$B2＋C$6"，将D6单元的公式复制到C7单元格内，则C7单元的公式为（　　　）。

A. =B2+C6　　　B. =$B3+D$6　　　C. =$B2+C$6　　　D. =$B3+B$6

34. 当单元格D2的值为6时，函数IF（D2>8，D2/2，D2*2）的结果为（　　　）。

A. 3　　　　　B. 8　　　　　C. 12　　　　　D. 18

35. 在Excel中，如果A4单元格的值为78，那么公式"＝A4>78"的结果是（　　　）。

A. 200　　　　　B. 0　　　　　C. True　　　　　D. False

二、综合操作题

打开第4章节文件"工作表格式化练习.xlsx"，完成如下操作：

（1）在数据表学号列前增加一列，名称为序号，利用自动填充填入从1开始的序号。

（2）利用公式计算数据表中的总分列值，不许用函数。

（3）利用函数实现平均分列值的计算。

（4）在数据表最后一列后增加一列，名称为备注，根据平均分成绩给出学生等级A-90分以上，B-80~90，C-70~80，D-60~70，E-60以下。

（5）在数据表最后一行后分别统计平均成绩大于90的学生个数。

（6）在"备注"列前增加一列，名称为"名次"，通过函数RANK求出每个同学按平均分排名的名次。

6 数据管理

Excel 2010 有强大的数据清单功能，通过数据清单功能可以实现用户对数据的查找、排序、筛选和分类汇总。

6.1 数据清单

Excel 2010 的数据清单是一个若干行和列构成的连续的单元格区域，一个工作表只能建立一个数据清单。在对数据清单进行管理时，一般把数据清单看成一个数据库，是以具有相同结构方式存储的数据集合。例如，电话簿、公司的客户名录、库存账等。

6.1.1 Excel数据清单的数据要求

（1）一个工作表一般只存储一个数据库，避免将多个数据库放到一个工作表上。

（2）第 1 行必须是由字段名构成的标题行，行标题相当于数据库的字段名，字段名和第 1 条记录数据之间不要加空白行。

（3）数据库中间不加空行或空列，不能有重复行。

（4）条件区域设置远离数据库的数据区域，尤其不要放在数据域下方，以防 Excel 在原数据库的下方添加数据记录时，因为数据库区域下方无空行而不能利用记录单添加数据。

6.1.2 利用工作表建立数据清单

（1）在单元格内输入字段名信息和相关数据信息。

（2）插入和删除记录时，使用 Excel 2010 的"插入工作表行"和"删除工作表行"来实现增加记录和删除记录。

（3）增加和删除字段时，使用 Excel 2010 的"插入工作表列"和"删除工作表列"来实现增加字段和删除字段。

6.2 数据排序

Excel 2010 可以根据一个或多个条件对数据清单进行排序，条件由数据清单的字段构成。排序后的数据更方便用户完成查找、分类汇总等相关操作。

6.2.1 简单排序

简单排序是指对数据清单中的数据按照某一个字段进行升序或降序排序，一般使用数据选项卡中"排序和筛选"功能区的"升序"按钮和"降序"按钮完成。光标置于待排序的列中，点击数据选项卡中"排序和筛选"区的"升序"或"降序"按钮，实现快速排序。

注意：按某一列数据作为关键字排序时，只需单击该列中任一单元格，而不必全选该列数据。排序之后，每条记录的内容全部按照关键字的顺序而调整；而当用户全选该列数据时，本列顺序虽然可以按照要求进行排列，但其余各列的内容会保持不动，会导致出现"张冠李戴"的现象。

6.2.2 复杂排序

当对一个字段进行排序时，如果出现相同值，可以给出第 2 个排序字段；若第 2 个排序字段也相同可以继续第 3 个；等等。

光标置于待排序的表格中，单击"数据"选项卡中"排序和筛选"功能区的"排序"按钮，弹出如图 4-32 所示的对话框，选择排序的主要关键字、次要关键字、第 3 关键字等和各个关键字的升序或降序的排序方式，设置数据区域是否包括标题行，单击"选项"按钮弹出如图 4-33 所示的对话框，可以设置自定义排序方式，如按"笔画排序"等。注意：表格数据若存在标题行时，选择无标题行选项排序后，标题行将参与排序。

图4-32 复杂排序对话框

图4-33 排序选项对话框

6.2.3 特殊表格的排序

实际数据处理过程中对于如表 4-5 所示的不规则表格，若使用上述方法排序会因为表格中的合并单元格等不规则单元格而发生错误，排序出现错误，提示信息为"此操作要求合并单元格都具有相同大小"。因此，排序前需要选中待排序区域后再按照前面所述方法设置排序要求，如表 4-5 所示深色部分为选中的待排序区域，不包括标题行。注意：此时排序时关键字将不再是字段名如姓名、学号等而是字段的列名。

表4-5 不规则表格

学 号	姓 名	平时考核（包括测验、作业、读书报告等）					期末成绩		总成绩
		课堂表现	上机练习	作业 1	测试 1	测试 2	卷面成绩	折合成绩	
13061002	贾 宏	10	20	19	18	30	55.1	38	68
12061004	丁 宁	8	17	18	15	25	42.2	29	54
12061005	马施琪	10	20	20	19	30	73.3	51	81
13061007	王永红	10	20	17	18	30	67.2	47	77
13061008	王佳茹	10	20	20	20	30	72.1	50	80
13061009	王 露	10	18	20	17	28	83.2	58	86

6.3 数据筛选

当数据库表格制作好之后，可以根据指定条件从已有数据中筛选特定的记录。筛选功能是将那些符合条件的记录显示在工作表中，而将其他不满足条件的记录隐藏起来；或者将筛选出来的记录送到指定位置存放，而原数据表不动。系统提供了两种筛选方法：自动筛选和高级筛选。

6.3.1　自动筛选

自动筛选适用于筛选条件简单的情况。

选中数据区域内任意单元格，单击"数据"选项卡中"排序和筛选"功能区的"筛选"按钮后，表格的各列名称后出现自动筛选按钮 ▼，如表4-6所示，单击箭头在下拉菜单中选择筛选要求，如图4-39所示，通过对已经筛选的数据多次筛选可以实现多条件筛选。再次点击"筛选"按钮即可取消自动筛选，点击筛选列的"自动筛选"按钮，在弹出的下拉列表中勾选"全部"，点击"确定"，也可取消自动筛选。

表4-6　设置自动筛选后的数据

学号	姓名	平时考核（包括测验、作业、读书报告等）					期末成绩		总成绩
		课堂表现	上机练习	作业1	测试1	测试2	卷面成绩	折合成绩	
13061002	贾　宏	10	20	19	18	30	55.1	38	68
12061004	丁　宁	8	17	18	15	25	42.2	29	54
12061005	马施琪	10	20	20	19	30	73.3	51	81
13061007	王永红	10	20	17	18	30	67.2	47	77
13061008	王佳茹	10	20	20	20	30	72.1	50	80
13061009	王　露	10	18	20	17	28	83.2	58	86

6.3.2　自定义自动筛选

用户可以定义同一字段数据之间的"与""或"关系成复合筛选条件，实现用户自定义自动筛选。如筛选表中姓名为"贾宏"和"王露"的两条记录时可设置条件为姓名等于"贾宏"或"姓名"等于王露。单击姓名列的筛选按钮在弹出的如图4-34所示的下拉列表中选择"自定义筛选"弹出如图4-35所示的对话框，如图设置即可。

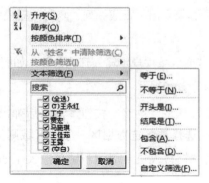
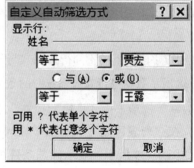

図4-34　筛选条件设置　　　図4-35　自定义自动筛选方式

6.3.3 高级筛选

"高级筛选"可以查找需要匹配计算条件或匹配较为复杂的"与""或"条件数据，突破了"自动筛选"对一列数据最多只能应用两个条件的限制，可以对一列数据应用 3 个或更多的条件。使用高级筛选，必须首先设置筛选条件区域。此区域内存储了用户的查询要求，可以将条件区域设置在同一工作表中，但必须与数据清单相距至少一个空白行或列。

如图 4-36 所示为条件区域设置规则的解析，其中的 A、B 等字段名即表中的列名，设置区域时一般通过剪贴板从表格中复制。图 4-37 为条件区域设置实例。

院系	B
管理	
会计	
筛选出 "管理"或"会计"学院的学生	
a) 同列或条件	

院系	语文
管理	>90
筛选出 "管理"学院语文成绩 >90 的学生	
b) 与条件	

数学	语文
>90	
	>90
筛选出 数学成绩 >90 或语文成绩 >90 的学生	
c) 不同列或条件	

院系	班级
会计	1
管理	2
筛选出 "会计"学院 1 班及"管理"学院 2 班的学生	
d) "与""或"复合条件	

图4-36　条件区域设置规则解析

A	B
A1	
A2	
筛选列 A 中满足条件 A1 或满足条件 A2 的记录	
a) 同列或条件	

A	B
A1	B1
筛选列 A 满足条件 A1 且列 B 满足条件 B1 的记录	
b) 与条件	

A	B
A1	
	B2
筛选列 A 满足条件 A1 或列 B 满足条件 B2 的记录	
c) 不同列或条件	

A	B
A1	B1
A2	B2
筛选列 A 满足条件 A1 且列 B 满足条件 B1 及列 A 满足条件 A2 且列 B 满足条件 B2 的记录	
d) "与""或"复合条件	

图4-37　条件区域设置实例

设置高级筛选步骤：

（1）在数据表中空白位置，要求与数据表必须空出一行或一列，复制数据表中筛选条件使用的字段名。

（2）在相应字段名下的不同行按照"与""或"条件规定输入筛选条件，如图 4-39 所示是对如图 4-38 所示数据进行高级筛选时的条件设置情况。

单击"数据"选项卡中"排序和筛选"功能区的"高级"按钮 高级 后弹出如图 4-40 所示对话框，在"列表区域"文本框中输入或选择被筛选数据区，条件区域则为筛选条件所在区域，如图 4-39 所示，表示筛选条件为"销售人员 = 墨渊和销售额大于 6000 且小于

6500"的记录，选择是否在原有区域显示筛选结果或将筛选结果复制到其他位置，单击"确定"即可。

序号	A	B	C	D
1	类型	销售人员	职务	销售额
2	农产品	司令	销售经理	¥6,544.00
3	农产品	折颜	销售代表	¥6,328.00
4	肉类	折颜	销售经理	¥450.00
5	蔬菜	凤九	销售经理	¥3,580.00
6	蔬菜	司令	销售总裁	¥4,522.00
7	饮料	墨渊	销售代表	¥5,122.00

图4-38　被筛选数据

序号	A	B	C	D
7				
9	类型	销售人员	销售额	销售额
10		墨渊		
11				
6				
7			<6500	>6000

图4-39　筛选条件设置

图4-40　高级筛选

6.4　数据分类汇总

分类汇总是实际应用中非常实用的功能，如学校统计同一年级组不同班级各科平均分，仓库管理时统计各类商品的库存情况等，它们的共同点是需要先分类，使得同类别的记录行连续排列，继而可以进行求和、计数、求平均等统计运算。

（1）对汇总字段排序，使得汇总字段值相同的记录排列在一起；例如，对图4-38数据表按照类型分类汇总时，先对数据表以"类型"升序或降序排序。

（2）单击选中数据清单任意单元格，单击"数据"选项卡中"分级显示"功能区的"分类汇总"按钮，弹出如图4-41所示对话框。

（3）在"分类字段"下拉列表框中选择需要用来分类汇总的数据列。注意须选择已排序的列，如本例中的"类型"列。

（4）在"汇总方式"下拉列表框中选中用于计算分类汇总的函数，本例中选择"求和"。

（5）在"选定汇总项"列表框中，选定与汇总计算的数值列对应的复选框。在本例中选择"销售额"。选中"汇总结果显示在数据下方"复选框时把汇总结果显示在数据列表的下面。单击"确定"按钮即可。本例结果如图4-42所示。

图4-41　分类汇总对话框

1 2 3		A	B	C	D
	1	类型	销售人员	职务	销售额
	2	农产品	司令	销售经理	¥6,544.00
	3	农产品	折颜	销售代表	¥6,328.00
	4	农产品 汇总			¥12,872.00
	5	肉类	折颜	销售经理	¥450.00
	6	肉类 汇总			¥450.00
	7	蔬菜	凤九	销售经理	¥3,580.00
	8	蔬菜	司令	销售总裁	¥4,522.00
	9	蔬菜 汇总			¥8,102.00
	10	饮料	墨渊	销售代表	¥5,122.00
	11	饮料 汇总			¥5,122.00
	12	总计			¥26,546.00

图4-42　分类汇总结果

（6）单击"数据"选项卡中"分级显示"功能区"取消组合"按钮，在下拉列表中选择"清除分级显示"即可消除数据左侧的分级；单击"分级显示"功能区右下角的对话框启动器按钮，弹出对话框，单击"创建"按钮可设置分级显示；点击图4-41对话框中的"全部删除"按钮可以删除所有分类汇总。

6.5　数据透视表与透视图

分类汇总适合于对一个字段进行分类，对一个或多个字段进行汇总，但如果用户要求按多个字段进行分类汇总，那么用分类汇总则难以实现，数据透视图和数据透视表能从数据清单中提取数据进行多重分类汇总，特别是数据透视图以图的形式显示分类汇总的结果更形象直观。

（1）选中工作表中的数据清单，单击"插入"选项卡中"表格"功能区中的"数据透视表"按钮，在下拉列表中选择"数据透视表"，弹出如图4-43所示的对话框。

（2）在"个/区域"文本框中输入或选择透视表的数据区，设置放置数据透视表的位置为"现有工作表"或"新工作表"，确定后进入透视表具体设计，如图4-44所示。

图4-43　创建数据透视表对话框

图4-44　透视表显示设计

（3）在右侧对话框中将"选择要添加到报表的字段"中用来分类的字段分别拖放到"报表筛选""列标签""行标签"区域中；将"销售额"拖到"数值"区域中，默认情况下对"销售额"字段求和。单击求和项：销售额的下拉按钮弹出如图4-45所示的下拉列表中选择"值字段设置"弹出如图4-46所示对话框可设置求和、平均值、最大值、最小值等。如图4-47所示为数据表及所生成的数据透视表。

图4-45　求和下拉列表　　图4-46　值字段设置对话框　　图4-47　数据表及透视表

6.6　使用切片器

插入切片器可以以交互的方式筛选数据，能够更快速方便地筛选数据透视表和多维数据集。

（1）单击要创建切片器的数据透视表中的任意位置。在"数据透视表工具"页框中添加了"选项"和"设计"两个选项卡。如图 4-48 所示。

（2）在"选项"选项卡的"排序和筛选"中，点击"插入切片器"。

（3）在"插入切片器"对话框中，选中数据表中的字段。如图 4-49 所示为切片器，可以为每个字段设置切片器。

（4）点击"确定"按钮，完成选定字段的切片器。一个字段对应一个切片器。

（5）在每个切片器中，单击要筛选的项目，如果要选择多个项目，按住"Ctrl"然后再按要筛选的项目。

图4-48　数据透视表工具图

图4-49　切片器

📋 数据管理练习

一、基本操作题

1. 在Excel中，（　　　　）显示清单中性别为男并且年龄大于30的记录。

A. 只能通过高级筛选实现

B. 使用高级筛选或自动筛选都可实现

C. 通过"数据"＞"分类汇总"实现

D. 通过"数据"＞"排序"实现

2. 分类汇总说法正确的是（　　　　）。

A. 分类汇总字段必须排序，否则无意义

B. 分类汇总无须排序

C. 汇总方式只有求和排序

D. 只能对某一个字段汇总

3. 数据筛选的功能是（　　　　）。

A. 只显示符合条件的数据，隐藏其他

B. 删除掉不符合条件的数据

C. 对工作表数据进行分类

D. 对工作表数据进行排序

4. 在Excel中，排序、筛选、分类汇总等操作的对象都必须是（　　　　）。

A. 任意工作表　　　　　　　　B. 数据清单

C. 工作表任意区域　　　　　　D. 含合并单元格的区域

5. 在Excel中，对数据清单进行多重排序（　　　　）。

A. 主要关键字和次要关键字都必须递增

B. 主要关键字和次要关键字都必须递减

C. 主要关键字或次要关键字都必须同为递增或递减

D. 主要关键字或次要关键字可以独立选定递增或递减

6. 在Excel的数据清单中，若根据某列数据对数据清单进行排序，可以利用工具栏上的"降序"按钮，此时应先（　　　　）。

A. 选取该列数据　　　　　　　B. 单击该列数据中任一单元格

C. 选取整个工作表数据　　　　D. 单击数据清单中任一单元格

7. 在Excel中，下列关于分类汇总的说法正确的是（　　　　）。

A. 不能删除分类汇总　　　　　B. 分类汇总可以嵌套

C. 汇总方式只有求和　　　　　D. 进行分类汇总前，必须先对数据清单进行排序

8. 有关排序的正确说法是（　　　　）。

A. 只有数字类型可以作为排序的依据

B. 只有日期类型可以作为排序的依据

C. 笔画和拼音不能作为排序的依据

D. 排序规则有升序和降序

9. 关于Excel 2010的数据筛选功能，下列说法中正确的是（　　　　）。

A. 筛选后的表格中只含有符合筛选条件的行，其他行被删除

B. 筛选后的表格中只含有符合筛选条件的行，其他行被暂时隐藏

C. 筛选条件只能是一个固定的值

D. 筛选条件不能由用户自定义，只能由系统确定

10. 在Excel当前工作表中有一个数据清单，其中有一个工资字段，如果想筛选出工资在1000元以上的记录，可以单击"数据"|"排序和筛选"|"筛选"命令，然后（　　　　）。

A. 单击"工资"字段的下拉列表，单击"1000"

B. 无法完成指定的筛选操作

C. 在"工资"字段的下拉列表框中直接输入">1000"即可

D. 单击"工资"字段下拉列表框中的"自定义"并在对话框中填入条件即可

11. 在对Excel工作表中的数据清单进行"高级筛选"时，指定条件时（　　）。

A. 条件区域必须紧接在数据清单的最后一个记录之后

B. 条件区域必须在数据清单的第1个记录之前

C. 条件直接在对话框中进行设定

D. 条件区域必须在数据清单以外

12. 使用高级筛选时需要输入筛选条件，"与"关系的条件（　　）。

A. 必须出现在同一行上

B. 不能出现在同一行上

C. 可以出现在同一行上，也可以不出现在同一行上

D. 没有具体规定

13. 在Excel 2010表格中，在对数据清单分类汇总前，必须做的操作是（　　）。

A. 排序　　　　B. 筛选　　　　C. 合并计算　　　D. 指定单元格

14. 在Excel的数据清单中，当以"姓名"字段作为关键字进行排序时，系统可以按"姓名"的（　　）为排序数据依据。

A. 拼音字母　　B. 部首偏旁　　C. 区位码　　　　D. 笔画

15. 在Excel中，关于"筛选"的不正确描述是（　　）。

A. 不同字段之间进行"或"运算必须使用高级筛选

B. 高级筛选可以将结果筛选到另外的区域

C. 自动筛选的条件只能是一个而高级筛选的条件可以是多个

D. 筛选结果可以生产图表

二、综合操作题

1. 创建工作簿，按照表4-7所示输入数据并保存，完成如下操作：

表4-7　数据

序号	A	B	C
1	某企业人力资源情况		
2	人员类型	数量	所占比例
3	市场销售	78	
4	研究开发	165	
5	工程管理	76	
6	今后服务	58	
7	总　　计		

（1）将工作表Sheet1的A1：C1单元格合并为一个单元格，内容居中。

（2）计算"数量"列的"总计"项。

（3）计算"所占比例"列的内容（所占比例=数量/总计）。

（4）将工作表命名为"人力资源情况表"。

（5）保存文件。

2. 打开第4章综合操作题中说生成工作簿，完成如下操作。

（1）数据按照总分升序排序，若总分相同按照数学升序排序。

（2）筛选出01班所有学生成绩信息。

（3）筛选出数学成绩90分到100分之间的学生成绩信息。

（4）筛选出语文大于90分且数学大于95分或英语成绩大于100分的学生信息。

（5）统计每个班级的人数。

（6）按照班级汇总学生的各科成绩，汇总项目为平均值。

（7）保存文件为"数据管理.xlsx"。

7 定制图表

Excel 2010可以根据工作表中的数据，尤其是分类汇总等统计后的数据建立二维或三维的图表，图表可以更直观地反映源数据的走势、差异。对于用户准确地分析数据、得出结论有非常重要的作用。图表显示的结果是对源数据直观的体现，当源数据的值发生变化时，对应的图标内容也会被更新。图表建立之后可以被修改、编辑或移动、拷贝到其他文件中。

7.1 创建图表

使用"插入"选项卡中的工具按钮完成创建图表的工作。"插入"选项卡下的"图表"功能区内包括常用的图标类型：柱形图、折线图、饼图、条形图、面积图、散点图及其他图形。每种图形类别下还有多个子类型。用户可以根据需要来选择不同的图表。

（1）工作表中选中图表中出现的包括标题行在内的数据区域，数据可以为行或列数据，可以为连续区域或不连续区域。

（2）单击"插入"选项卡"图表"功能区中图表类型，如"柱形图""折线图""饼图"等，在下拉列表中选择具体图表类型，如"三维簇状柱形图"，每个具体图表类型在鼠标浮动在上面时会显示其名称，用户根据需要选择即可，如图4-50所示。

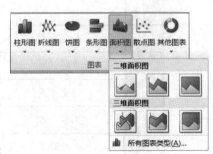

图4-50 图表类型选择

（3）新创建的图表可以独立存储于一个新的工作表中，也可在当前工作表中，默认为当前工作表内，按键F11系统自动插入名称为Chart1的工作表，新创建的图表被保存在Chart1中。

7.2　编辑图表

图表创建成功之后，选中图表时在 Excel 2010 的功能区上会增加一个选项卡"图表工具"页框。"图表工具"页框内包括"设计""布局""格式"3 个选项卡，通过这些选项卡可以对图表进行进一步编辑。

一个图表的结构包括图表区、绘图区、图表标题、数据系列、坐标轴、网格线、图例、背景墙及基底、数据标志等。

7.2.1　修改图表类型

选中待修改图表，单击"图表工具"中"设计"选项卡"类型"区中的"更改图表类型"按钮，弹出如图 4-51 所示的"更改图表类型"对话框，选择图表和图表子类型，确定后更改适合的图表类型。

注意：图表类型各有特色，制作方法也有区别，不能只选取数据范围就随意设置其图表类型，如饼形图只能表示同一数据序列中各数据所占的百分比值，所以其数据范围只需一列数据。

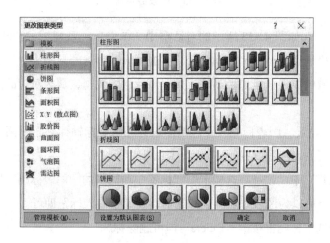

图4-51　更改图表类型对话框

7.2.2　修改图表

图表构成元素主要包括图表标题、坐标轴标题、图例、格线等，如图 4-52 所示。

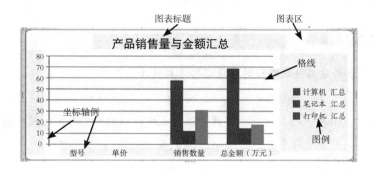

图4-52　图表的组成元素

（1）添加和删除源数据。单击图表的空白部分，单击图表工具"设计"选项卡上"数据"功能区内的"选择数据"按钮。在弹出的"选择数据源"对话框内添加和删除源数据。如图4-53所示。添加数据时，点击"添加"按钮。弹出"编辑数据系列"对话框。在"系列名称"中输入对应系列的名称所在的单元格，在"系列值"中输入值所在的单元格或单元格区域。

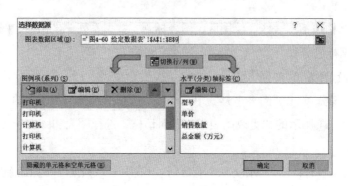

图4-53　更改数据源

删除数据源时，在如图4-53所示的对话框中"图例项（系列）"列表中选中要删除的数据系列，如"计算机汇总"，单击"删除按钮"。这种方法删除的是图表中的数据系列，不会删除工作表中数据区域的数据。但如果删除了数据区域中的数据，那么对应的图表中的对象也被删除。

（2）图表标签设置。图表标签设置包括图表标题、坐标轴标题、图例等，其设置的方法相似，这里主要介绍图表标题设置。

单击"图表工具"中"设计"选项卡中"标签"功能区的"图表标题"按钮在下拉列表中选择"在图表上方"可以为图表添加图表标题框，在其中输入标题即可。

在图表中单击选中标题框按键"Delete"即可删除标题。

（3）图表格式化。通过对图表标题、系列名称、类别名称、横纵坐标标题、数据标签等格式化处理如位置、字体、填充颜色等多方面的修改可以实现美化图表的作用。

定制图表练习

一、基本操作题

1. 数据透视表的数据区域默认的字段汇总方式是（　　　）。

A. 均值　　　　B. 乘积　　　　C. 求和　　　　D. 最大值

2. 在Excel中，图表中的（　　　）会随着工作表中数据的改变而发生相应的变化。

A. 图例　　　　　　　　　　B. 系列数据的值

C.　图表类型　　　　　　　　　　D.　图表位置

3.　图表中，如果当改变了（　　　）之后，Excel会自动更新图表。

A.　y轴上的数据　　　　　　　　B.　生成图表的数据源

C.　x轴上的数据　　　　　　　　D.　标题的内容

4.　在Excel中，利用工作表格数据建立图表时，引用的数据区域是（　　　）单元格地址区域。

A.　相对　　　　　B.　绝对　　　　　C.　混合　　　　　D.　任意

5.　Excel图表中，一般用饼图表示（　　　）。

A.　各要素构成比例　　　　　　　　B.　数据变化趋势

C.　数据的绝对值　　　　　　　　D.　以上都可以

6.　在Excel中可以创建嵌入式图表，它和创建图表的数据源不可以放置在（　　　）工作表中。

A.　不同的　　　　B.　相邻的　　　　C.　同一张　　　　D.　另一工作簿的

7.　在Excel中可以选择一定的数据区域建立图表，当该区域的数据发生变化时，则（　　　）。

A.　图表保持不变

B.　图表将自动随之改变

C.　需要用户手工刷新，才能使图表发生相应变化

D.　系统将给出错误提示

8.　在Excel 2010中，激活图表的正确方法是（　　　）。

A.　使用键盘上的箭头键　　　　　　B.　使用鼠标单击图表

C.　按"Enter"键　　　　　　　　D.　按"Tab"键

9.　在Excel 2010中，创建的图表（　　　）。

A.　只能在同一个工作表中

B.　不能在同一个工作表中

C.　既可插入同一个工作表中，也可在插入同一工作簿的不同工作表中插入新工作表
　　Chart1

D.　只有当工作表在屏幕上有足够的显示区域时，才可在同一工作表中

10.　想要添加一个数据系列到已有图表中，可用的方法是（　　　）。

A.　在嵌入图表的工作表中选定想要添加的数据，然后将其直接拖放到嵌入的图表中

B.　选择图表快捷菜单的"数据源"/"系列"/"添加"命令在其对话框中数值栏指定
　　该数据系列的地址，再按"确定"按钮

C.　切换"数据"|"选择数据"|"添加系列"

D.　选中图表，选择"图表""添加数据"命令，在其对话框的"选定区域"栏指定该数

据系列的地址，再按"确定"按钮

11. 下列关于Excel中图表的叙述错误的是（　　　）。

A. 图表是由标题、数据系列、图例、坐标轴、网络线等组成

B. 任何图表都具有数据系列，而其他成分则不一定都有

C. 图表是以数据表格为基础，在创建图表之前必须先建立相应的数据表格

D. 修饰图表时不需要分别对这些图表的组成部分进行修饰

12. 在Excel中，创建数据透视表的目的在于（　　　）。

A. 制作工作表的备份　　　　　　B. 制造包含图表的工作表

C. 制作包含数据清单的工作表　　D. 可从不同角度分析工作表中的数据

13. 在Excel中，图表中的（　　　）可随着工作表中数据的变化而变化。

A. 图表位置　　　　　　　　　　B. 系列数据的值

C. 图表类型　　　　　　　　　　D. 图例

14. 在Excel的高级筛选中，条件区域中不同行的条件是（　　　）。

A. 或的关系　　　B. 与的关系　　　C. 非的关系　　　D. 异或的关系

二、综合操作题

输入表4-8给定的数据表，对数据表完成如下功能。

表4-8　给定数据

序号	A	B	C	D	E
1	产品名称	型号	单价	销售数量	总金额（万元）
2	打印机	HP 6L	8700	14	
3	打印机	HP 6P	3400	6	
4	计算机	K6233	20000	18	
5	打印机	LQ_1000	3200	11	
6	计算机	MMX200	7800	16	
7	计算机	MMX2233	8300	24	
8	笔记本	P166MMX	2700	7	
9	笔记本	P200MMX	25000	5	

1. 用公式求出每种产品的总金额，要求总金额值单位为万元。

2. 按照产品名称对数据表进行升序排序。

3. 按照产品名称对数据表的销售数量及总金额进行汇总。

4. 对汇总后的数据创建"三维簇状柱形图"，为图表添加标题，设置标题字体为"华文隶书"。

8 Excel 2010的其他操作

8.1 工作表的拆分

一个工作表对话框可以拆分为"2个对话框"或"4个对话框",分隔条将对话框拆分为4个窗格,每个窗格浏览同一个工作表的不同部分。

选择要拆分窗口的行、列或单元格,选择"视图"窗口的"拆分"工具按钮。如要取消拆分,则再次点击"拆分"工具按钮。

8.2 超链接

8.2.1 插入超链接

选中单元格或单元格区域,在该区域内单击右键,在弹出的菜单中选择"超链接"。

打开"编辑超链接"对话框,如图4-54所示。可以连接到"现有文件或网页""本文档中的位置""新建文档""电子邮件地址"。点击"屏幕提示"按钮可以设置超链接的"提示信息"。提示信息将会在鼠标指针放置到设置了超链接的单元格或单元格区域时显示。

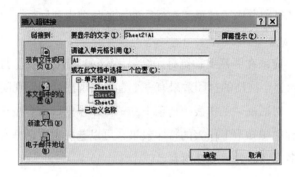

图4-54 插入超链接对话框

8.2.2 删除超链接

选中设置了超链接的单元格或单元格区域,点击鼠标右键,在弹出的菜单中选择"取消超链接"即可删除超链接。

8.3 打印工作表

8.3.1 页面设置

选择"页面布局"选项卡下的"页面设置"功能区的命令按钮,或者单击"页面设置"功能区右下角的按钮,打开"页面设置"对话框。在该对话框中可以进行页面的打印方向、缩放比例、纸张大小及打印质量的设置。

8.3.2 设置页边距

选择"页面布局"选项卡下的"页面设置"功能区的"页边距"按钮，可以选择已经定义好的页边距，也可以使用"自定义边距"选项，在弹出的"页面设置"对话框中设置征文与页面边缘的距离，在"上""下""左""右"数值框中分别输入所需的页边距值。

8.3.3 设置页眉和页脚

利用"页面设置"对话框的"页眉/页脚"标签，打开"页眉/页脚"选项卡。也可以在"页脚"和"页眉"的下拉列表中悬着内置的页眉格式和页脚格式。

如果要自定义页眉和页脚，可以单击"自定义页眉"和"自定义页脚"按钮，在打开的对话框中完成所需的设置即可。

如果要删除页眉或页脚，选定要删除的页眉或页脚的工作表，在"页眉/页脚"选项卡中，在"页眉"或"页脚"的下拉列表框中选择"无"即可。

8.3.4 设置工作表

选择"页面设置"对话框的"工作表"标签，打开"工作表"选项卡，进行工作表的设置。可以利用"打印区域"右侧的切换按钮选定打印区域，利用"打印标题"右侧的切换按钮选定行标题或列标题区域，为每页设置打印行或列标题；利用"打印"设置是否有网格线、行号、列标和批注等；利用"打印顺序"设置"先行后列"还是"先列后行"。

8.3.5 打印预览

在打印文档之前，应该在屏幕上预览打印结果。Excel 2010 提供了打印预览功能。在能够让用户对表格、图表及整个文档的打印效果有一个直观的观察。若发现问题可以立即修正。

选择"页面设置"对话框"工作表"选项下的"打印预览"命令按钮实现。

若在文档编辑过程中想知道工作表的打印效果，可以选择主对话框右下角的"页面布局"按钮，工作表会分成多个页面显示文件内容。

8.3.6 打印

完成页面设置，在打印预览后确认格式后，可以进行打印。

单击"文件/打印"命令，或"页面设置"对话框的"工作表"标签下的"打印"命令按钮完成打印。

8.3.7 单独打印图表

选中要打印的图表，选择"文件"选项卡下的"打印"命令，可以看到打印范围会自动显示为打印选取的图表。点击"版面设定"选项，可以加入文件名称、制作者、页码及日期。设定好了之后点击"打印"按钮，即可打印图表。

习题

一、单项选择题

1. 公式中，（　　）用于指定对操作数或单元格引用数据执行各种运算。

A. 运算符　　　　B. =　　　　　　C. 操作数　　　　D. 逻辑值

2. Excel中的工作簿文件扩展名为（　　）。

A. XLSX　　　　B. XLM　　　　C. XLC　　　　D. XLT

3. 在Excel输入分数时，最好以混合形式（0 ?/?）方式输入，以免与（　　）格式相混。

A. 数值　　　　B. 货币　　　　C. 日期　　　　D. 文本

4. 在Excel对某列作升序排列时，则该列上有完全相同的行将（　　）。

A. 重新排　　　B. 逆序排列　　　C. 保持原始次序　　D. 排在最后

5. 一个单元格中存储的完整信息应包括（　　）。

A. 数据、公式和批注　　　　　　B. 内容、格式和批注

C. 公式、格式和批注　　　　　　D. 数据、格式和公式

6. 在Excel工作表单元格中文字自动（　　）对齐。

A. 右　　　　　B. 中间　　　　C. 左　　　　D. 两边

7. 在Excel工作表区域B2：D4中的单元格个数共有（　　）。

A. 3　　　　　B. 6　　　　　C. 9　　　　　D. 12

8. 填充柄位于（　　）。

A. 菜单栏里　　　　　　　　　　B. 当前单元格的右下角

C. 工具栏里　　　　　　　　　　D. 状态栏中

9. 在Excel中，下列概念由大到小的次序排列正确的是（　　）。

A. 工作表、单元格、工作簿　　　B. 工作表、工作簿、单元格

C. 工作簿、单元格、工作表　　　D. 工作簿、工作表、单元格

10. 公式＝AVERAGE（C3：C6）等价于下列（　　）。

A. =C3+C4+C5+C6　　　　　　B. =（C3+C4+C5+C6）/4

C. A、B都不对　　　　　　　　D. A、B都对

11. 在Excel中，若工作表A1单元格内容为数值110，B2为80，公式为"=A1&B2"，则运算结果为（　　）。

A. 110　　　　B. 80　　　　C. 190　　　　D. 11080

12. 首次进入Excel，打开的第1个工作簿的名字默认为（　　）。

A. 文档1　　　　B. 工作簿1　　　C. Sheet1　　　　D. 未命名

13. 运算的作用是（　　）。

A. 用于指定对操作数或单元格引用数据执行各种运算

B. 对数据进行分类

C. 将数据的运算结果赋值

D. 在公式中必须出现的符号，以便操作

14. 在Excel中默认的图表类型是（　　）。

A. 柱形图　　　　B. 饼形图　　　C. 面积图　　　　D. 折线图

15. 在Excel中Sheet2!$A$4表示（　　）。

A. 对工作表Sheet2中的A4单元格绝对引用

B. 对A4单元格绝对引用

C. 对Sheet2单元格与A4单元格进行运算

D. 对Sheet2工作表与A4单元格进行运算

16. 假设当前活动单元格在B2，然后选择了冻结窗格命令，则冻结了（　　）。

A. 第2行和第2列　　　　　　B. 第1行和第2列

C. 第2行和第1列　　　　　　D. 第1行或第1列

17. 下列Excel 2010选项中，不能实现打印功能的是（　　）。

A. 选择"文件"中的"打印"命令

B. 在"打印预览"视图中单击"打印"按钮

C. 选择"页面布局"的"打印区域"命令

D. 单击Excel快速访问工具栏中的打印图标

18. 在Excel页面设置中，用户不可以改变的一项是（　　）。

A. 打印方向　　　B. 缩小比例　　　C. 字体颜色　　　D. 纸张大小

19. 在Excel 2010中，能够完成打印标题设置的操作是（　　）。

A. 执行"页面布局"选项卡的"打印区域"命令

B. 执行"文件"菜单的"打印预览"命令，在打印预览窗口中单击"页面设置"按钮后进行相应的设置

C. 执行"页面布局"｜"页面设置"命令，再单击"工作表"标签后进行适当的操作

D. 执行"视图"菜单的"页眉和页脚"命令，再设置适当的页眉

20. Excel中提供了工作表窗口拆分的功能以方便对一些较大工作表的编辑。要水平分割工作表，简便的操作是将鼠标指针（　　），然后用鼠标将其拖动到自己满意的地方。

A. 单击"视图"的"新建窗口"　　　B. 单击"视图"的"拆分"

C. 指向水平分割框   D. 指向垂直分割框

二、操作题

1. 下表为某一工作簿的工作表，请按要求完成电子表格的基本操作，如表4-9所示。

表4-9 电子表格1

序　号	A	B	C	D
1	产品名称	单价（元）	数量	销售总额
2	电冰箱	2750	35	
3	空调	2340	43	
4	手机	3210	56	
5	洗衣机	2340	79	

（1）计算销售总额，计算公式为：销售总额=单价×数量。

（2）将数据清单中的数据按照"销售总额"升序排序。

（3）以产品名称为分类X轴，以销售总额为数据轴，生成三维簇状柱形图。

（4）设置图表标题为"产品销售分析表"，图表样式为"样式5"。

2. 下图为某一工作簿的工作表，请按要求完成电子表格的基本操作，如表4-10所示。

表4-10 电子表格2

序　号	A	B	C	D	E
1	各地区近3年降雨量统计表				
2	区域	2015年	2016年	2017年	平均降雨量
3	辽宁	36	49	142	
4	河南	54	86	127	
5	河北	52	112	166	
6	山西	260	46	223	
7	吉林	43	128	303	

（1）将工作表的A1：E1单元格合并为一个单元格，内容水平居中，并将文字设置为隶书、三号。

（2）计算"平均降水量"列的内容，计算公式为：

平均降水量=（2015年降水量+2016年降水量+2017年降水量）/3。

（3）以平均降水量为分类X轴，以区域为数据轴，生成三维簇状条形图。

（4）设置图表标题为"平均降雨量统计表"，图例颜色更改为黄色。

3. 下表为某一工作簿的工作表，请按要求完成电子表格的基本操作，如表4-11所示。

表4-11 电子表格3

序号	A	B	C	D	E	F
1	学　号	姓　名	性　别	平时成绩	考试成绩	总评成绩
2		李芳馨	女	95	96	
3		赵　敏	女	86	94	
4		陈志凡	男	91	52	
5		张化为	女	90	90	
6		于海友	男	87	88	
7		朱玉卓	女	90	86	
8		张玉良	男	88	83	
9		刘继锋	男	81	82	
10		叶　楠	女	69	80	

（1）在学号列依次填入数字1-9。

（2）将工作表的A1：F1单元格区域填充黄色底纹。

（3）计算"总评成绩"，计算公式为：总评成绩=平时成绩*0.4+考试成绩*0.6。

（4）将A1：F10区域进行数据排序，主要关键字"平时成绩"降序次序，次要关键字"考试成绩"降序次序。

4. 下表为某一工作簿的工作表，请按要求完成电子表格的基本操作，如表4-12所示。

表4-12 电子表格4

序号	A	B	C
1	季 度	销售额（元）	所占比例
2	第一季度	1600	
3	第二季度	1900	
4	第三季度	3500	
5	第四季度	2400	

（1）计算所占比例列的内容（所占比例=销售额/4个季度的销售总额）。

（2）将"所占比例"列的内容，以百分比的样式显示，并且保留一位小数。

（3）将"季度"列和"所占比例"列内容，生成分离型饼图。

（4）设计图表布局为"布局1"，并将图例显示在底部。

5. 下表为某一工作簿的工作表，请按要求完成电子表格的基本操作。

（1）在总分后增加一列名称为平均分，计算每个同学的总分、平均分。

（2）在H2单元格中计算表中总人数（利用Count函数）。

（3）在H3和H4单元格内容分别计算男生人数和女生人数（利用COUNTIF函数）

（4）对A1：E10区域内的数据进行高级筛选，要求将条件区域设在A12：E15单元格区域，条件为：性别为"女"或者高数成绩大于90。

（5）将筛选结果套用表格样式"表格样式浅色2"。

（6）对A1：E10区域内的数据生成簇状柱形图，标题为"学生成绩分析"，如表4-13所示。

表4-13 电子表格5

序号	A	B	C	D	E	F	G	H
1	姓 名	性 别	高 数	英 语	计算机	总 分		
2	李芳馨	女	95	96	86			
3	赵 敏	女	86	94	88			
4	陈志凡	男	91	52	77			
5	张化为	女	90	90	92		总人数	
6	于海友	男	87	88	90		男生人数	
7	朱玉卓	女	90	86	96		女生人数	
8	张玉良	男	88	83	98			
9	刘继锋	男	81	82	100			
10	叶 楠	女	69	80	63			

6. 下表为某一工作簿的工作表，请按要求完成电子表格的基本操作，如表4-14所示。

表4-14 电子表格6

序 号	A	B	C	D	E
1	经销部门	图书类别	平均单价	数量（册）	销售额（元）
2	第三分部	计算机类		124	8680
3	第三分部	少儿类		321	9630
4	第一分部	社科类		435	21750
5	第二分部	计算机类		256	17920
6	第二分部	社科类		167	8350
7	第三分部	计算机类		157	10990
8	第一分部	计算机类		187	13090
9	第三分部	社科类		213	10650
10	第二分部	计算机类		196	13720
11	第二分部	社科类		219	10950
12	第二分部	计算机类		234	16380
13	第二分部	计算机类		206	14420
14	第二分部	社科类		211	10550

（1）计算平均单价列数据，计算公式为：平均单价=销售额/数量。

（2）将销售额列数据，使用"千位分隔样式"显示。

（3）对数据进行分类汇总，分类字段为"图书类别"、汇总方式为"求和"、汇总项为"数量"和"销售额"。

（4）将工作表Sheet1重命名为"图书销售清单"。

（5）对汇总后数据生成数据透视表，其中经销部门为行标签，图书类别为列标签，对数量及销售额求和。

7. 下表为某一工作簿的工作表，请按要求完成电子表格的基本操作，如表4-15所示。

（1）利用自动填充功能为"学号"列添加学号，依次为1，2，3，…，9。

（2）计算三门课程的最高分和最低分（利用函数MAX和MIN）。

（3）将数据清单中的A1:F10单元格区域内的数据按照"高数"降序排序。

（4）将三门课程的成绩设置数据为整数并且有效范围为0～100。

表4-15　电子表格7

序 号	A	B	C	D	E	F
1	学　号	姓　名	性　别	高　数	英　语	计算机
2		李芳馨	女	96	97.00	98
3		赵　敏	女	94	95.00	22
4		陈志凡	男	52	93.04	78
5		张化为	女	90	91.12	92
6		于海友	男	88	89.24	65
7		朱玉卓	女	86	87.40	88
8		张玉良	男	22	85.60	52
9		刘继锋	男	82	83.84	77
10		叶　楠	女	80	82.11	86
11			最高分			
12			最低分			

8. 下表为某一工作簿的工作表，请按要求完成电子表格的基本操作，如表4-16所示。

表4-16　电子表格8

序号	A	B	C	D	E
1	学　号	姓　名	性　别	考试成绩	总评成绩
2	12	李芳馨	女	96	
3	13	赵　敏	女	94	
4	14	陈志凡	男	52	
5	15	张化为	女	90	
6	16	于海友	男	88	
7	17	朱玉卓	女	86	
8	18	张玉良	男	22	
9	19	刘继锋	男	82	
10	20	叶　楠	女	80	

（1）将A1：E10单元格区域设置行高为20磅，列宽为20磅，单元格样式为"适中"。

（2）使用if函数计算"总评成绩"列信息，如果考试成绩>=60，则"总评成绩"为合格，否则"总评成绩"为不合格。

（3）对数据清单的内容排序，主要关键字"考试成绩"，升序次序。

（4）对排序后的数据进行自动筛选，条件：性别为女。

9. 在Excel 2010中按下列要求建立数据表格和图表。

（1）将如表4-17所示某种药品成分构成情况的数据建成一个数据表（存放在A1：C5的区域内），并计算出各类成分所占比例（保留小数点后面3位），其计算公式是：比例=含量（mg）/含量的总和（mg）。

（2）对建立的数据表建立分离型三维饼图，图表标题为"药品成分构成图"，并将其嵌入到工作表的A7：E17区域中，如表4-17所示。

表4-17　电子表格9

成　　分	含　　量	比　　例
碳	0.02	
氢	0.25	
镁	1.28	
氧	3.45	

10. 按照如表4-18所示创建数据表。对数据表作如下操作：

（1）把标题行进行合并居中。

（2）用函数求出总分、平均分、最大值、最小值。

（3）用总分成绩递减排序，总分相等时用学号递增排序。

（4）筛选计算机成绩大于等于70且小于80的纪录，并把结果放在Sheet2中。

（5）把Sheet1工作表命名为"学生成绩"，把Sheet 2工作表命名为"筛选结果"。

表4-18　电子表格10

学　　号	姓　　名	性　　别	数学	礼仪	计算机	英语	总分	平均分	最大值	最小值
200601	孙　志	男	72	82	81	62				
200602	张　磊	男	78	74	78	80				
200603	黄　亚	女	80	70	68	70				
200604	李　峰	男	79	71	62	76				
200605	白　梨	女	58	82	42	65				
200606	张　祥	女	78	71	70	52				

上表中的标题行为"2006级部分学生成绩表"，跨所有列合并居中。

11. 按照如表4-19所示创建数据表。对数据表作如下操作：

表4-19　电子表格11

学生成绩表					
编　　号	姓　　名	英　　语	计算机	数　　学	总成绩
001	张　　三	85	80	86	
002	李　　四	62	81	95	
003	王　　五	85	82	82	
004	赵　　六	98	83	82	
005	马　　七	78	78	75	
006	杨　　八	85	85	82	
007	刘　　九	65	78	75	
008	张　　四	75	85	82	
009	李　　十	35	95	65	
010	王　　六	75	58	75	
	平均分				
	最高分				

（1）标题行行高30，其余行高为20。

（2）标题字体楷书，字号20，字体颜色为红色，跨列居中，底纹黄色。

（3）成绩右对齐，其他各单元格内容居中。

（4）设置表格边框：外边框为双线，深蓝色；内边框为细实心框，黑色。

（5）重命名工作表：将Sheet1工作表重命名为"学生成绩表"。

（6）复制工作表：将"学生成绩表"工作表复制到Sheet2中。

（7）将姓名和总成绩建立图表并将图表命名。

（8）计算学生总成绩、平均成绩、最高成绩。

（9）按总成绩递增排序。

（10）数据筛选：筛选"数学"字段选择">90分"。

三、思考题

1. Excel表格处理与Word表格处理的区别与联系。

2. Excel活动单元格的意义，单元格填充柄的作用。

3. Excel中数学运算是通过什么实现的，函数与公式的关系。

4. 数据表的筛选作用，高级筛选与自动筛选的主要区别。

5. 单元格的相对引用、绝对引用、混合引用之间的区别。

第5章 演 示 文 稿

本章学习导读

　　演示文稿是一组用于介绍和说明某个主题或事件的媒体，也是 PowerPoint 演示文稿制作软件生成的文件形式。演示文稿中可以包含幻灯片、演讲备注和大纲等内容，PowerPoint 则是创建和演示播放这些内容的工具。PowerPoint 2010 不仅可以制作出图文并茂、表现力和感染力极强的演示文稿，还可以在计算机屏幕、幻灯片、投影仪或 Internet 上发布。

　　通过本章的学习，熟练掌握演示文稿的创建与编辑，熟练掌握动画设计与制作，能够较好地利用模板制作演示文稿，能够充分利用母版设计幻灯片，熟练掌握幻灯片的放映、打印与打包。

微信扫一扫

1 演示文稿的基本操作

1.1 演示文稿的创建、保存、打开与关闭

1.1.1 创建新演示文稿

演示文稿由 1 张或多张幻灯片组成，每张幻灯片一般包括两部分内容：幻灯片主题、若干文本条目。另外，还可以包括图片、图形、艺术字、视频、图表、表格等其他对于论述主题有帮助的内容。PowerPoint 在启动后自动创建文件名为"演示文稿 1"的空白演示文稿，文稿中有 1 张包含标题和副标题占位符的空白幻灯片，如图 5-1 所示。

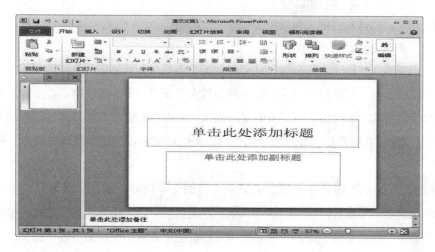

图5-1 空白演示文稿1界面

用户也可以使用"文件"菜单中的"新建"命令创建新的演示文稿，主要包括如图 5-2 所示的选项，选中其中选项后，单击窗口右侧"创建"按钮。

图5-2 新建演示文稿选项

1.1.2 保存演示文稿

单击"文件 + 保存"选项，当首次使用时弹出"另存为"对话框，输入文稿的保存路径、文件名及保存类型，实现演示文稿的直接保存，或按"Ctrl+S"快捷键保存。

1.1.3 打开、关闭演示文稿

单击"文件 + 打开"选项弹出打开对话框，设置被打开文件所在路径后，选择文件单击"打

开"按钮。

单击"文件 + 关闭"选项，可以将当前文件关闭。注意文件的关闭与 PowerPoint 软件关闭的区别。

1.2 幻灯片的视图

PowerPoint 2010"视图"选项卡主要包括演示文稿视图和母版视图两类，其中演示文稿视图包括普通视图、幻灯片浏览视图、阅读视图、备注页视图，母版视图包括幻灯片母版、讲义母版及备注母版。

状态栏视图（状态栏右侧）：普通视图、幻灯片浏览视图、阅读视图、幻灯片放映视图（从当前播放）、备注页 ▭▭ ▭▭ ▭▭ ▭▭ 。

左侧视图栏：幻灯片视图、大纲视图 幻灯片 大纲 。

1.2.1 普通视图

普通视图是默认视图，它最适合设计幻灯片的总体结构，即组织和创建演示幻灯片以及编辑单张幻灯片的内容。左侧窗格包括幻灯片视图和大纲视图，下方备注窗口、主窗口编辑区。左侧窗格显示幻灯片的缩略图，方便查看整体效果，可以在此窗格对幻灯片进行移动（顺序调整）、复制、删除。右侧窗格：显示单张幻灯片，对幻灯片进行编辑（拖动分隔条，可调整窗格大小）。

（1）幻灯片大纲视图。这种视图只显示文稿的文本内容，不显示图形和色彩。为组织材料、编写大纲提供了良好的条件。这种属于在左侧窗格中以大纲形式显示幻灯片中的标题文本，易于把握整个演示文稿的设计主题。左侧窗格也便于查看、编辑幻灯片中的文字内容，在左侧窗格中输入或编辑文字时，右侧窗格能看到变化，右侧窗格与普通视图大致相同，会自动显示备注。

（2）幻灯片视图。显示文稿中全部幻灯片的缩小图像。着重显示每张幻灯片的中文字排列和颜色搭配效果。

（3）备注页视图。这种视图主要用于为幻灯片添加备注内容，如演讲者备注信息、解释说明信息等。备注窗格使得用户可以添加与观众共享的备注和信息。单击备注页可以打开备注窗口，分成上下两个分区，上面是幻灯片，下面是文本框用于记录演讲者所需的提示信息。

1.2.2 幻灯片浏览视图

这种视图显示多张幻灯片的缩略图，能够看到整个演示文稿的外观。可以比较容易地在幻灯片之间增加、删除和移动幻灯片以及选择动画切换，但不能对幻灯片进行内容编辑。此视图下，右下角可以看到隐藏幻灯片的标识；左下角看到动画标识，单击可以预览动画，可以预览多张幻灯片上的动画。同时，可以非常方便地通过拖动幻灯片改变幻灯片顺序。

1.2.3　幻灯片放映视图

用于查看幻灯片播放效果，从当前幻灯片播放。

1.2.4　阅读视图

这种视图是以窗口形式对演示文稿中的切换效果和动画效果进行放映，在放映过程中可以单击鼠标切换放映幻灯片（在下方也有浏览工具，方便操作）。上面是标题栏，下面是状态栏，需注意与幻灯片放映视图的区别。

1.3　幻灯片的基本操作

1.3.1　插入幻灯片

（1）新建幻灯片，右击"大纲／幻灯片浏览"窗格的空白位置，在弹出的快捷菜单中选择"新建幻灯片"，在演示文稿尾端插入新幻灯片。

（2）插入主题幻灯片，单击"开始"菜单"幻灯片"组中"新建幻灯片"按钮，选择"Office主题"中的选项后可插入相应主题的幻灯片，注意幻灯片主题的文字顺序的不同对主题的影响。后期可以通过修改版式改变幻灯片主题。

（3）重用幻灯片，单击"开始"菜单"幻灯片"组中"新建幻灯片"按钮，选择"重用幻灯片 ..."选项弹出对话框如图 5-3 所示，可以单击选择其中要复制到当前演示文稿的幻灯片，实现将其他演示文稿中幻灯片的复制，复制过来的幻灯片保留原格式。

图5-3　重用幻灯片

1.3.2　删除幻灯片

在"大纲／幻灯片浏览"窗格中选中要删除的幻灯片，按键"Delete"或右击在快捷菜单中选择"删除幻灯片"。

1.3.3　移动、复制幻灯片

（1）移动幻灯片，选中幻灯片后拖曳到目标位置，或单击窗口最右下角的"幻灯片浏览"按钮 ▦ 切换到幻灯片浏览视图中，选中要移动的幻灯片，拖曳到目标位置，单击按钮 ▯ 回到普通视图。

（2）复制幻灯片，右击要复制的幻灯片在快捷菜单中选择"复制幻灯片"，即在当前幻灯片之后添加所复制的幻灯片。注意：如果选中多张幻灯片则可以实现多张幻灯片的连续复制。

1.3.4　幻灯片隐藏

"大纲／幻灯片浏览"窗格中选中要隐藏的幻灯片后右击在弹出的快捷菜单中选择"隐藏幻灯片"后，该张幻灯片则不会被放映。

2 演示文稿的编辑

2.1 插入文本

文本是构成演示文稿的基本元素，用来表达演示文稿的主题和主要内容，用户一般指普通视图或大纲视图中编辑文本内容并设置文本格式。

2.1.1 使用占位符输入文本

占位符是包含文字和图形等对象的容器，其本身是构成幻灯片内容的基本对象，在文本占位符中可以输入幻灯片的标题、副标题和文本。用户可以调整占位符的大小和位置，但在默认情况下，系统会随着输入调整文本大小以适应占位符大小。

占位符中幻灯片上表现为虚框状态，虚框内部常见有"单击此处添加标题"之类的提示，点击鼠标之后，提示语会自动消失。占位符是在演示文稿母版中插入的，在具体幻灯片中用户不能插入占位符。用户在创建母版时，通过占位符可以较好地规划幻灯片结构。PPT 的占位符共有 5 种类型：分别是标题占位符、文本占位符、数字占位符、日期占位符和页脚占位符，可在幻灯片中对占位符进行设置，还可在母版中进行如格式、显示和隐藏等设置。

2.1.2 使用文本框输入文本

若在当前幻灯片占位符以外的位置插入文本时，通过单击"插入"菜单选择"文本框"选择"横排文本框"或"竖排文本框"，可在幻灯片适当位置插入文本框，输入文本，在开始菜单中可以对文本框文本进行字体、段落等的设置。右击文本框在快捷菜单中选择"设置形状格式"选项弹出如图 5-4 所示对话框，可以进行文本框的大小、边框、填充、阴影、三维效果的设置。

2.2 插入图片、艺术字

图5-4 文本框设置形状格式

图片对象是最普遍应用的幻灯片组件，在演示文稿中插入一些与主题相关的图片可以使演示文稿更生动直观，提高其吸引力。

2.2.1 插入图片

选中要插入图片的幻灯片，执行"插入＋图片"命令，在弹出的对话框中选择要插入的图片文件，单击"插入"按钮。图片插入后，单击图片时会出现"图片工具"菜单，用户可以精确调整图片位置和大小，也可以旋转图片、裁剪图片、添加图片边框及压缩图片等，如图 5-5 所示。

图5-5　图片工具

2.2.2　插入剪贴画

剪贴画是 Microsoft 剪辑库中包含的图片，种类丰富，同时根据剪贴画的内容设置了相应的类别和关键字，如人物、植物、动物、建筑物、保健、背景、标志、科学等图形类别。

用户可以执行"插入 + 剪贴画"命令，打开"剪贴画"面板，在"搜索文字"文本框中输入搜索信息，在"搜索范围"下拉列表中选择搜索的范围，再单击"搜索"按钮可显示所查找到的图片，单击图片即可插入。直接单击"搜索"按钮可以显示所有类别的图片。与图片相同可以通过"图片工具"菜单进行相关设置，如图 5-6 所示。

2.2.3　插入艺术字

在要添加艺术字的幻灯片中执行"插入 + 艺术字"命令，打开艺术字样式列表，单击选中样式，输入艺术字内容，单击艺术字后出现"绘图工具 – 格式"菜单选项，如图 5-6 所示。单击"艺术字样式"组右下角对话框启动器，单击后打开"设置文本效果格式"对话框，如图 5-7 所示。

图5-6　绘图工具菜单

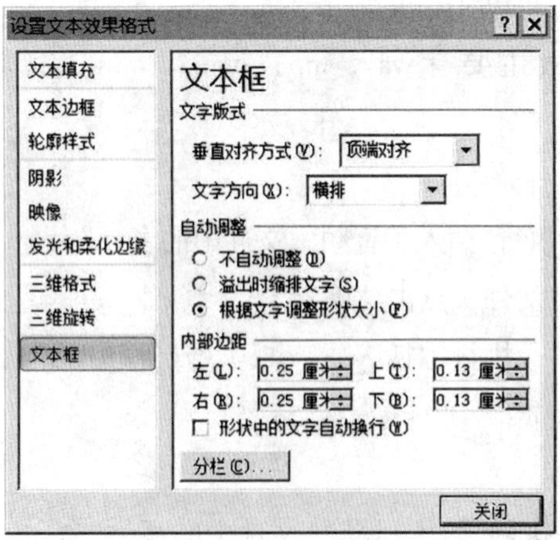

图5-7　设置文本效果格式对话框

2.3 插入表格和图形

2.3.1 插入表格

选择要插入表格的幻灯片，执行"插入＋表格"命令，弹出下拉列表。在表格预览框中拖动鼠标创建表格。插入到幻灯片中的表格可以进行同文本框相似的相关操作，如选中、移动、调整大小和删除表格，为表格添加底纹等操作，与字处理软件 Word 表格操作相似，读者可参阅本书第 3 章相关内容。

2.3.2 插入图表

选择要插入图表的幻灯片，执行"插入＋图表"命令，打开"插入图表对话框"。选择需要的图表类型后确定系统自动使用 Excel 2010 打开一个工作表，用户将数据输入工作表后，系统则根据工作表创建图表，用户可以如 Excel 软件一样地设置图表的类型、布局等。

2.4 插入声音、视频

虽然声音和视频可以给观众在听觉和视觉方面带来更大的冲击力，但不是每个演示文稿中都要使用声音和视频，制作者应适宜地使用这些元素来为演示的主题服务。但是，对于自动循环播放的演示文稿，在没有演讲者的情况下，通过可以为幻灯片添加演讲者旁白来代替演讲者的口述。一些具有娱乐性质的演示文稿，可添加适当的背景音乐，调节现场气氛。在一些特殊的幻灯片中，有时须添加一些音效来配合幻灯片中的内容。一些商务类演示文稿，有时须在开始时展示公司或组织的一个片头宣传动画，这是视频应用的一种情况。

在确定了要使用声音或视频后，还须注意以下一些事项：

（1）在幻灯片中使用的声音或视频文件须要放置在与演示文稿相同的文件夹中。

（2）在演示文稿中并不能使用所有类型的多媒体文件，只能使用与 PowerPoint 相兼容的文件类型。若确实要使用，用户须事先通过其他软件对其格式进行转换。

（3）在 PowerPoint 的剪辑管理器和 Microsoft Office Online 网站中也提供了许多小而简单的声音或视频文件，用户也可以在这里进行选择。

可供使用的声音格式主要有 wav，mp3，wma，midi，视频格式主要有 avi，mpeg，rmvb，rm，swf。

2.4.1 插入声音

（1）插入声音文件，执行"插入＋音频＋文件中的音频"命令，在打开的"插入音频文件"对话框中选择要插入的声音文件，点击"确定"。

（2）插入剪贴画音频，执行"插入＋音频＋剪贴画音频"命令，在打开的"剪贴画"窗格中选择要插入的声音剪辑。

2.4.2 插入视频

（1）插入视频文件，执行"插入＋视频＋文件中的视频"命令，在打开的"插入视频文件"对话框中选择要插入的视频文件，再点击"确定"。

（2）插入来自网站的视频，执行"插入＋视频＋来自网站的视频"命令，在打开的"从网站插入视频文件"对话框中输入网址，单击"插入"按钮。

（3）插入剪贴画视频，执行"插入＋视频＋剪贴画视频"命令，在打开的"剪贴画"窗格中选择要插入的视频剪辑。

插入声音对象后，会在幻灯片中出现一个小喇叭图标，若插入的是视频文件则幻灯片上会出现影片的片头图像，单击声音图标出现"音频工具"菜单项，单击视频图像出现"视频工具"菜单项，其中包括格式与播放两个选项卡，播放选项卡内容如图5-8所示，可以设置播放方式、剪裁音频或视频、调整音量等。

图5-8 播放声音方式设置

2.5 插入页眉和页脚

在幻灯片中可以插入页眉和页脚，一般页眉和页脚显示的信息主要有幻灯片编号、时间和日期、演示文稿标题以及演示者姓名等信息。既可以在幻灯片中插入页眉和页脚，也可以在讲义和备注页中加入页眉和页脚。

选择幻灯片，单击"插入"菜单"文本"选项组中的"页眉和页脚"按钮，在打开的对话框中输入相应内容并设置应用范围（应用－当前幻灯片，全部应用－演示文稿所有幻灯片）。

2.6 插入动作按钮

在 PowerPoint 2010 中插入"动作按钮"可以执行一些操作，例如，通过动作按钮可以跳转到相应的幻灯片中，如第1张幻灯片，最后1张幻灯片等。

2.6.1 插入动作按钮

选中幻灯片后，执行"插入＋插图选项组＋形状"下拉列表中选择"动作按钮"组内的按钮，在幻灯片中按钮位置拖动鼠标绘制按钮，在弹出的"动作设置"对话框中根据需要设置动作内容，如超链接的位置到下1张幻灯片等，如图5-9所示。

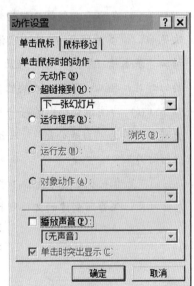

图5-9 动作设置对话框

（1）除了自定义动作按钮以外，其他动作按钮都已经设置了超级链接。用户可以直接使用，也可以对动作按钮已经设置的超级链接进行修改。

（2）如果用户有特定的图片作为动作按钮，也可以通过插入图片的方式将图片插入到幻灯片中并置于选中状态，然后单击"动作"按钮进行同样的设置。

2.6.2　格式化动作按钮

为了让动作按钮看起来更美观，可以对动作按钮进行格式化，选中要格式化的动作按钮，单击"绘图工具＋格式"选项卡，在"形状样式"选项组中选择一种形状，还可以选择"形状填充""形状轮廓"和"形状效果"等选项对动作按钮进行美化设置。

📋 演示文稿编辑练习

（1）采用主题下的"暗香扑面"主题新建空白演示文稿，以"学号＋姓名"为文件名存储，如某同学学号13，姓名张三，则文件名为"13张三"。

（2）第1张幻灯片为"标题幻灯片"版式，标题为"自我介绍"，文字分散对齐，字体为华文彩云、60磅、加粗；副标题为本人姓名，文字居中对齐，字体为黑体、32磅、加粗。

（3）第2张幻灯片采用"标题，文本与内容"版式，标题为"基本情况"；文本处是一些个人信息如姓名、年龄、性别、民族、星座、身高、体重、最喜欢的明星等；剪贴画选择自己所喜欢的图片或照片。

（4）第3张幻灯片采用"标题和表格"版式，标题为"学习经历"；表格是一个4行3列的表格，表格内容是学习时间、地点与阶段，并将第1行文字加粗、所有内容居中对齐。

（5）在演示文稿第2张幻灯片前插入1张幻灯片，采用"空白"版式，插入艺术字"初次见面，请多关照"，字体为宋体、36磅、加粗，采用"艺术字"库中第3行第5列的样式；增加"基本情况"和"学习经历"2个"自定义"动作按钮，用鼠标单击时分别超链接到相应的幻灯片；插入一个节奏欢快的声音文件，当幻灯片放映时自动播放音乐。

（6）为演示文稿中的每一页添加日期、页脚和幻灯片编号。其中，日期设置为可以自动更新，页脚为"自我介绍"，三者的字号大小均为24磅。加了日期、页脚和幻灯片编号的第1张幻灯片。

（7）为演示文稿的最后1页设置背景为"白色大理石"的纹理填充效果。

（8）保存所创建的文件到移动存储设备中，文件名为"学号＋姓名.pptx"。

3　演示文稿外观设计

3.1　幻灯片版式

幻灯片版式指版面样式，即在幻灯片中根据设计内容、目的要求，把文字字体、图形图片、线条等视觉元素按照设计创意要求进行排列组合。PowerPoint 2010 中提供了多种 Office 主题版式供用户选择，用户也可以在母版设计中增加设计新的版式并命名之。

用户选择需要更改版式的 1 张或多张幻灯片后，执行"开始＋幻灯片＋版式"命令，在所打开的下拉列表中选择要使用的版式，注意版式名称中文字的顺序如"标题和内容""内容与标题"两种版式是完全不同的，如图 5-10 所示。

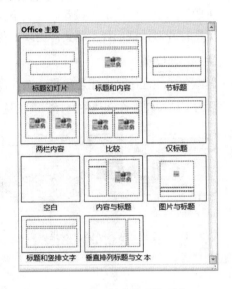

图5-10　版式的下拉列表

3.2　幻灯片主题

主题是一套统一的设计元素和配色方案，即为演示文稿设置的一套完整的格式集合。其中，包括主题颜色（配色方案的集合）、主题问题（标题文字和正文文字的格式集合）和相关主题效果（如线条或填充效果的格式集合）。用户通过主题的选择可以很容易地创建专业水准、设计精美的演示文稿。PowerPoint 提供了多种设计主题，用户可以直接使用这些主题创建自己的演示文稿。

3.2.1　新建幻灯片时使用主题

新建幻灯片使用主题时，执行"文件＋新建"命令，选择"主题"标签，在打开的页面中选择需要的主题，单击"创建"按钮可以依据该主题创建幻灯片。如图 5-11 所示。

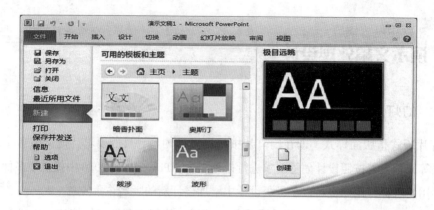

图5-11   选择主题页面

3.2.2   更改当前幻灯片主题

在"设计"菜单项中的"主题"选项区中单击 ▾ 按钮，在其下拉列表中选择需要的主题，也可以通过下拉选项中的"浏览"打开对话框选择主题文件更改主题。

3.2.3   更改当前幻灯片主题设置

PowerPoint 预设了多种主题颜色、主题字体、主题效果，在"设计"菜单项中的"主题"选项区中单击颜色、字体、效果的下拉按钮，在选项中选择需要的选项即可，如图5-12所示。

图5-12   主题颜色、字体、效果设置

3.3   幻灯片背景

幻灯片背景可以是颜色、纹理和填充效果，还可以是图片文件。

3.3.1   设置背景颜色

执行"设计 + 背景样式"命令，在弹出的下拉列表中根据相应主题给定一些固定颜色，用户选择需要的颜色即可为所选中的 1 张或多张幻灯片设置背景颜色。

3.3.2   设置填充效果

用户需要设置预设方案以外的颜色、纹理、图案时可通过幻灯片填充效果设置实现。先选中要改变背景的幻灯片，可以是单张也可以是多张，再单击"设计"菜单"背景"选项组右下角的对话框启动器按钮 ▣ 打开如图 5-13 所示的"设置背景格式对话框"，可以通过选择"纯色填充"设置用户需要的特殊颜色；选择"渐变填充"则可以使用系统提供的预设颜色方案如"红日西斜"等，用户也可对预设颜色进行修改；选择"图片或纹理填充"可以使用系统预设的纹理图案，也可以通过自"文件""剪贴板""剪贴画"中插入纹理图案，图案可以为平铺或拉伸方式填充到幻灯片中；选择"图案填充"则可以使用系统预设的图案如"窄横线"等不同前景背景的点线组合实现幻灯片的填充，当然，若选择的是文本框、艺术字等也可以实现其背景的不同填充方案设计。

图5-13 设置背景格式对话框

3.4 幻灯片模板与母版

母版是一种特殊的幻灯片，在母版中可以定义所有幻灯片格式。这些格式包括每张幻灯片的标题及正文文字的位置和大小、项目符号的样式、背景图案、幻灯片编号等。PowerPoint 母版可以分为三类：幻灯片母版、讲义母版、备注母版。单击"视图"菜单选项卡中"母版视图"组中需要显示的母版类型即可进行相应的母版设置。

3.4.1 讲义母版

讲义母版用于多张幻灯片打印在一张纸上时排版，使用讲义母版还可以在打印过程中添加日期、页码、页脚和页眉等。

3.4.2 备注母版

放映幻灯片时不需要将展示给观众的内容（如话外音、专家与领导指示、与同事同行的交流启发）写在备注里。备注：母版现在很少人使用。

3.4.3 幻灯片母版

幻灯片母版是存储有关应用设计模板信息的幻灯片，包括字形、占位符大小或位置、背景设计和配色方案。即用户自己设定的在每一页幻灯片上显示的固定内容，如页码、作者、单位、徽标、固定词组等。可以说母版加模板是共性与个性起舞。演示文稿设计中，除了每张幻灯片的制作外，最核心、最重要的就是母版的设计，它决定了演示文稿的一致风格和统一内容，甚至还是创建演示文稿模板和自定义主题的前提，有利于统一演示文稿的外观。

每个演示文稿至少有一套幻灯片母版，其中包括主母版及不同版式的母版，如标题幻灯片、标题和内容、节标题等。用户可以根据需要自行在母版中插入文本、图像、表格对象，并设置母版中对象的各种效果，这些插入的对象和添加的效果将显示在使用该母版的所有幻灯片中。

（1）插入幻灯片母版。一个演示文稿中可以有多套母版。在幻灯片母版视图状态下单击"插入幻灯片母版"将增加一套包括各种关键版式的幻灯片母版。

（2）插入版式。在已有的母版中增加新的版式时，在幻灯片母版视图下单击"插入版式"即增加1张新的空白版式，用户可以在该张幻灯片上添入各种元素控件如占位符、页眉页脚、时间、徽标等，当演示文稿中插入新幻灯片时将看到该新建版式。

（3）幻灯片母版版式重命名。在幻灯片母版视图下选中需重命名的版式，单击"重命名"按钮，弹出对话框输入新版式名称。若选择了主母版则可以将系统预设的母版主题更名如"Office 主题"改为自己独有的主题名称。

幻灯片模板即已定义的幻灯片格式，其中所包含的文本框、图片、动画等结构和工具构成了已完成文件的样式和页面布局等元素，充分使用模板对平时文档的规范性有着重大的改进作用。即将设计好的演示文稿格式存储为系统模板文件，以后用户新建演示文稿使用该模板时，只需直接在设定好的位置输入内容，其他不需要更改设计，特别适用于多人实现同一演示文稿的不同幻灯片设计。

执行"文件 + 另存为"在弹出的对话框中输入模板名称，并选择"保存类型"为"PowerPoint 模板（*.pptx）"。新建演示文稿时在"我的模板"中可以使用所建模板。

4 动画设计与互动效果幻灯片制作

4.1 动画设计

4.1.1 动画种类

在 PowerPoint 2010 中用户可以为各种控件如文本框、图片、图形、表格、动作按钮等设置动画，在演示文稿放映时增加表达效果，提高演示文稿的观赏性、趣味性。

用户可以对对象进行 4 种动画设置：进入、强调、退出和动作路径。"进入"是指对象"从无到有"的方式，即对象在幻灯片中出现的方式；"强调"是指对象显示后再出现的动画效果；"退出"是指对象在幻灯片中消失的动作；"动作路径"是指对象沿着已有的或者自己绘制的路径运动。

4.1.2 添加动画

选中要添加动画的对象，执行"动画 + 高级动画 + 添加动画"命令，在弹出的下拉列表中选择动画种类下的动画效果，如图 5-14 所示，若在所列动画列表中找不到需要的动画则单击列表下端的"更多进入效果 ..."、"更多强调效果 ..."等选项，弹出对话框中选择需要的效果，如图 5-15 所示为"添加进入效果"对话框。

4.1.3 添加动画效果

对选定对象添加了动画效果后，用户可以对该动画进行"效果选项"设置，即对动画出现的方向、序列等进行调整。选中对象及其动画，单击效果选项按钮在下拉列表中选择需要的选项，如图 5-16 所示。

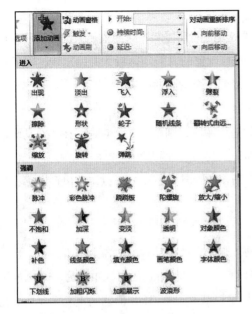

图 5-14 添加动画　　　　　　图 5-15 添加进入效果对话框

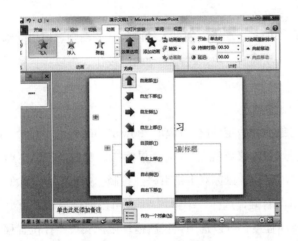

图 5-16 动画效果选项

4.1.4 动画开始时间设置

选定对象及其动画后在"动画+计时"选项组的"开始"下拉列表中时间选择默认为"单击时",单击下拉选项框,则会出现"与上一动画同时"和"上一动画之后"。即如果选择"与上一动画同时",那么此动画会和本张幻灯片中的前一个动画同时出现(包含过渡效果在内),选择后者则表示上一动画结束后再立即出现。如果有多个动画,建议选择后两种开始方式,这样对于幻灯片的总体时间容易把握些。

4.1.5 动画速度及延迟时间设置

动画速度即动画出现的快慢，由动画"持续时间"控制，时间值越大动画动作速度越慢。调整"延迟时间"，可以让动画在"延迟时间"设置的时间到达后才开始出现，对于动画之间的衔接特别重要，便于演示文稿观看者看清楚前一个动画的内容。

4.1.6 调整动画顺序

如果需要调整一张幻灯片里多个动画的播放顺序，则单击一个对象，在"对动画进行重新排序"下面选择"向前移动"或"向后移动"。更为直接的办法是单击"动画窗格"，在右边框旁边出现"动画窗格"对话框。拖动每个动画，改变其上下位置可以调整出现顺序，也可以单击右键将动画删除。

4.1.7 设置相同动画

如果希望在多个对象上使用同一个动画，则先在已有动画的对象上单击左键，再选择"动画刷"，此时鼠标指针旁边会多一个小刷子图标。用这种格式的鼠标单击另一个对象（文字图片均可），则两个对象的动画完全相同，这样可以节约很多时间。但动画重复太多会显得单调，需要有一定的变化。

4.1.8 添加多个动画

同一个对象，可以添加多个动画，如进入动画、强调动画、退出动画和路径动画。用户可以先设置好一个对象进入动画后，单击"添加动画"按钮，可以再选择强调动画、退出动画或路径动画等组合设置。

4.1.9 添加路径动画

路径动画可以让对象沿着一定的路径运动，PowerPoint 提供了几十种路径。如果没有符合自己需要的，可以选择"自定义路径"，此时，鼠标指针变成一支铅笔形状，可以用"这支铅笔"绘制自己想要的动画路径，鼠标双击结束路径绘制。如果想要让绘制的路径更加完善，可以在路径的任一点上单击右键，选择"编辑顶点"，可以通过拖动线条上的每个顶点或线段上的任一点调节曲线的弯曲程度，可以选中路径后拖动鼠标实现路径位置移动，可以像对图片操作一样拖动绿色句柄改变路径起止位置，甚至可以旋转路径，也可以按"Delete"键删除所选路径。

4.1.10 使用触发器控制动画播放

"自定义动画"按照时间轴依次播放各个对象的动画效果，但有时需要使一个对象随机动态播放时，则需要利用触发器控制对象随机播放。

在"动画窗格"中选中要随机播放的动画效果条目，单击下拉列表按钮弹出菜单中的"计时（T）…"选项，弹出对话框中单击"触发器"按钮，在"单击下列对象时启动效果"文本选项框中选择触发随机播放动画的对象控件，如图 5-17 所示。

图5-17　触发器设置

4.2　幻灯片切换效果设置

幻灯片间的切换效果是指幻灯片的整体动画效果，不是针对幻灯片中的某个对象。切换效果决定了在放映时新幻灯片的进入方式，即在放映时从幻灯片 A 到幻灯片 B，幻灯片 B 应该怎样显示。

选中幻灯片，在"切换"选项卡的"切换到此幻灯片"区域中选择一种切换模式，如果要选择更多切换模式，则单击右侧的下拉按钮，在弹出的菜单中选择合适的切换模式，在"持续时间"框中设置幻灯片切换效果的速度，在"声音"列表框里选择幻灯片切换时播放的声音，"换片方式"选项中可以设置"人工切换"或"自动切换"，若选中"设置自动换片时间"选项则放映时可以自动换片，用户可以设置换片时间值，最后需要设置切换效果的应用范围是当前幻灯片还是所有幻灯片。

5　演示文稿的放映

5.1　幻灯片放映

5.1.1　放映幻灯片

演示文稿编辑完毕后，要在电脑中以全屏幕方式显示幻灯片中的内容，这就是幻灯片的放映。幻灯片中插入的动画、超链接和多媒体制作等功能，只能在"幻灯片放映"模式下有效。

选择"幻灯片放映"菜单项，在"开始放映幻灯片"选项组中单击放映方式，如图 5-18 所示。或单击窗口右下方的 早 按钮，就可以从当前幻灯片开始进行放映；或使用快捷键 F5 可以从头开始放映幻灯片，"Shift+F5"可以从当前幻灯片开始放映。

图5-18　放映幻灯片

5.1.2 幻灯片放映方式设置

执行"幻灯片放映＋设置幻灯片放映"命令，打开如图5-19所示的对话框进行不同选项的设置。

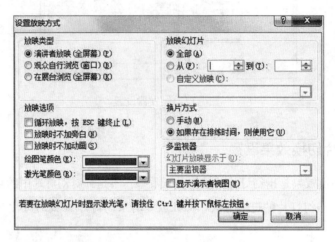

图5-19 设置幻灯片放映方式

1）幻灯片放映类型

根据幻灯片使用场所的不同，用户可以设置不同的放映方式，系统提供了演讲者放映、在站台浏览、观众仔细浏览3种方式。

（1）演讲者放映方式。该放映方式是系统提供的默认放映类型，放映时幻灯片全屏显示，演讲者对演示文稿的播放具有完全的控制权，在放映过程中演讲者可以随时将演示文稿暂停、对内容添加标记等，具有较强的灵活性。

（2）在站台浏览放映方式。自动全屏放映，当播放完最后1张幻灯片时会自动从第1张幻灯片重新开始播放。使用这种放映方式需要设置每张幻灯片的放映时间，否则可能会长时间停留在某张幻灯片上，若要退出放映只需按"Esc"键。适用于企业对各类产品的展示宣传。

（3）观众自行浏览放映方式。指在标准窗口中显示幻灯片，放映时窗口会显示菜单栏和Web工具栏。适用于在局域网或Internet中浏览演示文稿。

2）幻灯片放映范围

指播放哪些幻灯片，可以是全部也可以是连续或不连续的多张幻灯片。

3）幻灯片放映选项

设置是否循环放映演示文稿，放映时是否加旁白或动画，还可以设置放映时绘图笔和激光笔的颜色等。

4）幻灯片换片方式

可设置演示文稿的换片方式——手动或使用设置的排练时间自动放映。

5）多监视器放映幻灯片

将演示文稿通过投影仪放映时，有时希望投影仪只显示幻灯片放映视图，而笔记本电脑上显示演示者视图，即笔记本电脑上除有放映视图外还提供一些放映 PowerPoint 的工具窗格，以便于避开观众而向演示者提供更多的帮助和操作，如图 5-20 所示。此时计算机必须连接两个以上监视器才可以做这种放映方式的设置。

图5-20 投影仪放映视图和笔记本视图

5.1.3 自定义幻灯片放映

自定义放映幻灯片是放映者根据需要自己设置的幻灯片放映顺序及内容，执行"幻灯片放映＋自定义幻灯片放映"命令，在弹出的对话框中单击"新建"按钮，在弹出的"定义自定义放映"对话框中选择要播放的幻灯片和播放顺序确定，如图 5-21 所示。

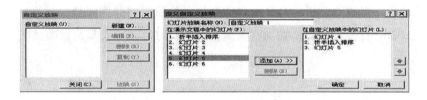

图5-21 自定义幻灯片放映

5.2 控制幻灯片放映

在幻灯片播放中，用户有时候需要快速定位到某张幻灯片页面上或需要快进或快退到某张幻灯片页面上，为幻灯片添加墨迹注释等方式控制幻灯片的放映。

5.2.1 定位幻灯片

在幻灯片放映时单击鼠标右键，在弹出的快捷菜单中选择"下一张"命令快速切换到下一张幻灯片，选择"上一张"命令切换到上一张幻灯片，选择"定位至幻灯片"，则可在子菜单中选择所有幻灯片中的任意一张幻灯片。选择"结束放映"则终止幻灯片的放映，按"Esc"键也可以退出放映状态返回到编辑状态。

5.2.2 放映过程中添加标记

在放映过程中，为了将某个事物描述得更明白，可以通过鼠标勾画等突出强调，右击幻灯片在弹出的快捷菜单中选择"指针选项"命令,在弹出子菜单中可以选择"笔"或者"荧光笔"在幻灯片中进行勾画、批注等,还可以通过"墨迹颜色"命令来设置笔的颜色,如图 5-22 所示。

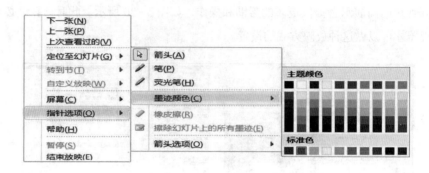

图5-22　指针选择

5.2.3　排练计时

排练计时就是事先计算好每张幻灯片的放映时间,在正式放映时便可让其自行放映,演讲者只进行演讲而不用再控制幻灯片的切换等操作。

选择"幻灯片放映"菜单项,选择"设置"选项组中的"排练计时"按钮。此时会放映第 1 张幻灯片并开始计时,演讲者可以根据自己的演讲时间来确定每张幻灯片放映的时间,并记录时间,当放映完毕后会弹出对话框显示放映时间并询问是否保留。排练计时结束后,PowerPoint 将会自动切换到浏览视图,每张幻灯片下方会显示放映该张幻灯片所需要的时间。

6　演示文稿的打包与打印

6.1　演示文稿打包

PowerPoint 的"打包"功能可以将演示文稿文件以及演示所需的所有其他文件捆绑在一起,并将它们复制到一个文件夹中或直接复制到 CD 中。如果将文件复制到文件夹中,用户可以在需要时再将文件夹刻录到CD上。用户还可以将文件复制到演示计算机能访问的网络服务器上。当用户选择快速地将演示文稿与任何支持文件一起复制到磁盘或网络位置时,默认情况下会添加 Microsoft Office PowerPoint Viewer。这样,即使其他计算机上没有安装 PowerPoint,也可以使用 PowerPoint Viewer 运行打包的演示文稿。

打开需要打包的演示文稿,单击"文件"菜单项,选择"保存并发送"命令,选择"将演示文稿打包成 CD"选项后再单击"打包成 CD"按钮,弹出如图 5-23 所示对话框后根据需要选择直接"直接复制到 CD"或"复制到文件夹 ..."。若选择复制到文件夹则需在弹出的对话框中选择文件夹位置及文件夹名称，如图5-24所示；而选择复制到CD要求计算机必须装配有刻录机，否则会出错。

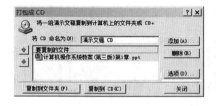 

图5-23 演示文稿打包对话框   图5-24 复制到文件夹对话框

6.2 演示文稿打印

创建好的演示文稿除了可以在计算机上做电子演示外，还可以打印出来直接印刷成教材或资料；或将幻灯片打印在投影胶片上通过投影机放映。PowerPoint生成演示文稿时，辅助生成的是大纲文稿、注释文稿等，也可以根据需要在幻灯片放映前打印发给观看者，演示的效果会更好。

6.2.1 页面设置

打印之前须设计幻灯片的大小和打印方向，执行"设计+页面设置"命令，在弹出如图5-25所示的对话框中进行相关设置。

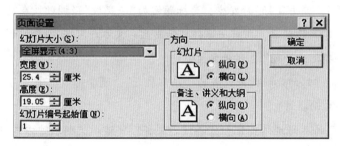

图5-25 页面设置对话框

6.2.2 设置打印选项

页面设置后就可以将演示文稿、讲义等进行打印设置、打印范围、打印份数、打印内容等进行设置或修改。

打开演示文稿，执行"文件+打印"命令后，出现如图5-26所示的页面，输入相关设置选项后单击"打印"按钮实现打印。

打印范围可以是"打印全部幻灯片""打印当前幻灯片""自定义范围""打印所选幻灯片"。在幻灯片文本框中可以输入打印幻灯片的顺序及一张纸中打印的幻灯片数量和排列方式。纸张可以是横向或纵向。

图5-26 打印选项设置页面

演示文稿打包与打印练习

（1）打开演示文稿文件"学号＋姓名.pptx"。

（2）将演示文稿第3张幻灯片中的标题采用"劈裂"进入、动画效果为"左右向中央收缩"，声音为"硬币"，"单击鼠标"时发生，为标题增加"跷跷板"强调效果在前一事件之后发生；图片采用"玩具风车"的动画，在前一事件之后发生；文本内容采用"展开"的动画效果逐项显示，在"从上一项之后开始"2秒后发生。

（3）将全部幻灯片的切换效果设置为"扇形展开"，速度为"中速"，声音为"风铃"，换片方式为每隔5秒自动换片。

（4）根据自己的喜好继续美化和完善演示文稿。将演示文稿放映方式分别设置为"演讲者放映""观众自行浏览""在展台放映""循环放映，按"Esc"键终止，观察放映效果。

（5）将所设计的演示文稿另存为"自我介绍模板.pptx"后，再以此模板创建一个演示文稿。

（6）将演示文稿打包到文件夹并存储到移动设备中留存。

习题

一、单项选择题

1. PowerPoint 2010是（　　　）家族中的一员。

A. Linux　　　　B. Windows　　　C. Office　　　　D. Word

2. PowerPoint 2010中新建文件的默认名称是（　　　）。

A. DOCl　　　　B. SHEETl　　　C. 演示文稿1　　　D. BOOKl

3. PowerPoint 2010的主要功能是（　　　）。

A. 电子演示文稿处理　　　　　B. 声音处理

C. 图像处　　　　　　　　　　D. 文字处理

4. 下列视图中不属于PowerPoint 2010视图的是（　　　）。

A. 幻灯片视图　　B. 页面视图　　C. 大纲视图　　D. 备注页视图

5. 在PowerPoint 2010中，要同时选择第1张、第2张、第5张3张幻灯片，应该在（　　　）视图下操作。

A. 普通　　　　B. 大纲　　　　C. 幻灯片浏览　　D. 备注

6. 在PowerPoint 2010中，"设计"选项卡可自定义演示文稿的（　　　）。

A. 新文件，打开文件　　　　　B. 表，形状与图标

C. 背景，主题设计和颜色　　　D. 动画设计与页面设计

7. 要对幻灯片进行保存、打开、新建、打印等操作时，应在（　　　）选项卡中操作。

A. 文件　　　　B. 开始　　　　C. 设计　　　　D. 审阅

8. 在PowerPoint 2010中，"动画"选项卡可以对幻灯片上的（　　　）。

A. 对象应用，更改与删除动画　　B. 表，形状与图标

C. 背景，主题设计和颜色　　　　D. 动画设计与页面设计

9. 在PowerPoint 2010中，"视图"选项卡可以查看幻灯片（　　　）。

A. 母版，备注母版，幻灯片浏览　　B. 页号

C. 顺序　　　　　　　　　　　　　D. 编号

10. 要在幻灯片中插入表格、图片、艺术字、视频、音频等元素时，应在（　　　）选项卡中操作。

A. 文件　　　　B. 开始　　　　C. 插入　　　　D. 设计

二、基本操作题

1. 请完成以下操作：

（1）将第1张幻灯片标题设置为"对象为中心缩放"。

（2）将第2张幻灯片的切换方式设置为"垂直百叶窗"效果，并伴有"风铃"声音。

（3）将第3张幻灯片版式更改为"垂直排列标题与文本"。

（4）将所有幻灯片应用主题"风舞九天"。

2. 请完成以下操作：

（1）在第1张幻灯片中输入标题文字"我的家乡"，并设置为32号字、加粗、黑体。

（2）插入1张空白版式幻灯片作为第3张幻灯片，在第3张幻灯片中插入D盘根下的影片文件"movie.avi"。

（3）将所有幻灯片的切换方式设置为"百叶窗"。

（4）设置所有幻灯片的背景为"样式3"。

3. 请完成以下操作：

（1）将第1张幻灯片中的文字设置为隶书、红色、居中。

（2）将第2张幻灯片中的图片设置动画效果为"自左擦"。

（3）将第3张幻灯片的切换方式设置为横向模盘式，自动换片时间为5秒。

（4）设置第1张幻灯片的背景为渐变填充"红日西斜"，方向为线性向上。

4. 请完成以下操作：

（1）将第1张幻灯片中插入第2行第2列样式的艺术字、内容为"网络淘淘淘"，字体为"隶书"，字型为"加粗"。

（2）将第2张幻灯片中文字"淘出新天地"设置为超链接，点击该链接，可以跳转到"淘宝首页"。

（3）将所有幻灯片的切换方式设置为"自左侧推进"。

（4）将第3张幻灯片主题设置为"暗香扑面"。

5. 请完成以下操作：

（1）将第1张幻灯片的副标题中插入当前系统日期，并设置文字字号为54、阴影效果。

（2）在第2张幻灯片中插入名字为j"0183168.wmf"的剪贴画。

（3）删除第3张幻灯片。

（4）将所有幻灯片设置放映方式为"循环放映"，按"Esc"键终止。

6. 请完成以下操作：

（1）在第1张幻灯片中插入横排文本框，内容为"白天不懂夜的黑"，文本框的边框颜色为黑色，填充颜色为黄色。

（2）将第2张幻灯片中的文字设置项目符号"√"。

（3）将第3张幻灯片中的图片进入效果设置为"飞入"，退出效果设置为"飞出"。

（4）将所有幻灯片的主题设置为"波形"，颜色更改为"活力"。

7. 请完成以下操作：

（1）将第1张幻灯片中的文字设置为华文隶书、红色，分散对齐，并设置文字动画强调效果为"陀螺旋"。

（2）在第2张幻灯片中添加"结束"动作按钮，并链接到最后1张幻灯片。

（3）将第3张幻灯片的"背景"设置为"隐藏背景图形"。

（4）将全部幻灯片放映方式设置为"观众自行浏览（窗口）"。

8. 请完成以下操作：

（1）将所有幻灯片的标题文字设置文字为黑体、自定义颜色为红色（RGB值分别为：255，50，5），进入动画设置为单击时"出现"。

（2）在所有幻灯片中设置页脚文字为"计算机基础"。

（3）将第3张幻灯片的"背景"填充为"羊皮纸纹理"。

（4）在第4张幻灯片中插入批注，并输入文字"制作人：王晓"。

三、综合操作题

为计算机数据结构课程的希尔排序部分设计课件，动画演示对整数序列{70，83，100，65，10，32，7，65，9}，按增量序列{3，2，1}进行希尔排序的过程。

（1）新建演示文稿文件命名为"希尔排序课件.pptx"，主题为"流畅"。

（2）标题页包含演示主题、制作单位（自行设定）和日期（××××年×月×日），标题要求用艺术字实现，填充预设纹理。

（3）幻灯片不少于5页，且版式不少于3种，幻灯片背景设置不少于3种。

（4）演示文稿中除文字外要有2张以上的图片，并有2个以上的超链接进行幻灯片之间的跳转。

（5）利用触发器设计实现排序算法的显示。

（6）按照增量3、增量2、增量1分别实现希尔排序算法的动态演示。如图5-27所示，其中，增量3、增量2、增量1为文本框，也是3次排序动态演示的触发器。

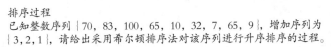

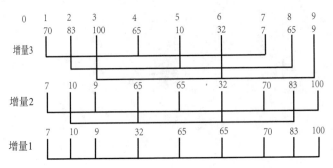

图5-27 希尔顿排序过程

（7）幻灯片切换效果需要3种以上。

（8）演示文稿播放的全程需要有背景音乐，音乐自行设定。

（9）设置演示文稿的放映方式。

（10）保存演示文稿并打包收存。

四、思考题

（1）如何充分利用演示文稿制作中的图片、声音、动画等提高演讲内容的趣味性。

（2）设计时幻灯片文字字体、字号大小对观众的影响。

（3）如何设计幻灯片才能做到逻辑清晰。如顺序播放、逻辑主线简明、格式一致、思想要点图表化等。

（4）幻灯片制作中的动静结合体现在哪些设计中？如控制长度、加快速度、明确目的、聚焦内容等。

（5）幻灯片母版的作用是什么？如何对幻灯片母版进行编辑？

第6章　计算机网络及Internet

本章学习导读

　　计算机网络是指将地理位置不同的具有独立功能的多台计算机及其外部设备通过通信线路连接起来，在网络操作系统、网络管理软件及网络通信协议的管理和协调下，实现资源共享和信息传递的计算机系统。

　　通过本章的学习，了解计算机网络的定义及功能；了解网络的组成、分类；掌握Internet的接入设置；熟练使用Internet提供的各种服务。

微信扫一扫

1　计算机网络基础

1.1　网络定义及功能

1.1.1　网络定义

计算机网络比较通用的定义是：利用通信线路将地理上分散的、具有独立功能的计算机系统和通信设备按不同的形式连接起来，以功能完善的网络软件及协议实现资源共享和信息传递的系统。

1.1.2　网络的功能

1）资源共享

资源共享是实现网络上计算机之间软硬件资源及数据资源的共享。

（1）硬件资源：包括通信线路、计算机、大容量存储设备、计算机外部设备等。

（2）软件资源：包括各种应用软件、工具软件、系统开发所用的软件、语言处理程序、数据库管理系统等。

（3）数据资源：包括数据库文件、数据库、办公文档资料、企业生产报表等。

2）网络通信

通信通道可以传输各种类型的信息，包括数据信息和图形、图像、声音、视频流等各种多媒体信息。

3）分布处理

把需要处理的任务分散到各个计算机上运行，而不是集中在一台计算机上，可以大大提高工作效率和降低成本。

4）集中管理

对地理位置分散的组织和部门，可通过计算机网络来实现集中管理，如数据库检索、订票系统、军事指挥系统等。

5）均衡负荷

当网络中某台计算机的任务负荷太重时，通过网络和应用程序的控制和管理，将作业分散到网络中的其他计算机中，由多台计算机共同完成。

1.2　网络构成

1.2.1　逻辑组成

计算机网络按照逻辑结构看由"通信子网"和"资源子网"两部分组成。

资源子网由主计算机系统、终端、外设、各种软件资源与信息资源组成。资源子网负责全网的数据处理业务，向网络用户提供各种网络资源与网络服务。

通信子网由接口信息处理机、通信线路与其他通信设备组成，完成网络数据传输、转发等通信处理任务。

（1）主计算机。主计算机简称为主机（host），它可以是大型机、中型机、小型机、工作站或PC。主机要为本地用户访问网络其他主机资源提供服务，同时要为远程用户共享本地资源提供服务，需安装网络操作系统即服务器操作系统。

（2）接口信息处理机。接口信息处理机在网络拓扑结构中被称为网络结点。一方面，它将资源子网主机连入网内；另一方面，它又作为通信子网中的结点，将源主机数据准确发送到目的主机。

（3）通信线路。计算机网络采用了多种通信线路，如双绞线、光缆、微波与卫星等。

随着PC和局域网的广泛应用，使用大型机、中型机的终端用户越来越少，现代网络结构已经发生很大变化。其常见结构是：大量的微型计算机通过局域网连入广域网，而局域网与广域网、广域网与广域网的互联是通过路由器实现的。

1.2.2 系统组成

（1）网络硬件。拓扑结构（决定网络当中服务器和工作站之间通信的连接方式）、网络服务器、网络工作站（一台入网的计算机）、传输介质（网络通信用的信号通道）和网络设备。

（2）网络软件。网络软件包括网络操作系统、通信软件、通信协议等。目前的网络操作系统有Unix、Netware、Windows NT。①Unix：多用户操作系统，是可以管理微型机、小型机和大、中型机的网络操作系统。②Netware：美国NOVELL公司的网络操作系统。③Windows NT：微软公司网络操作系统（微型机和工作站）。

1.3 网络分类

网络可以按照其大小及覆盖范围分为以下四类：

1.3.1 个人区域网（PAN）

用无线电或红外线代替传统的有线电缆，实现个人信息终端的智能化互联，组建个人化的信息网络。PAN定位在家庭与小型办公室的应用场合，其主要应用范围包括话音通信网关、数据通信网关、信息电器互联与信息自动交换等。PAN的实现技术主要有Bluetooth、IrDA、HomeRF与UWB（ultra-wideband radio）4种。

1.3.2 局域网（LAN）

局域网是指在某一区域内由多台计算机互联成的计算机组。一般是方圆几千米以内。局域网可以实现文件管理、应用软件共享、打印机共享、选项组内的日程安排、电子邮件和传真通信服务等功能。局域网是封闭型的，可以由办公室内的两台计算机组成，也可以由一个公司内的上千台计算机组成。局域网具有误码率低、传输速度高、可靠性高的优点，但其覆盖范围小。局域网一般属于一个单位所有,易于建立、维护与扩展。如图6-1所示。

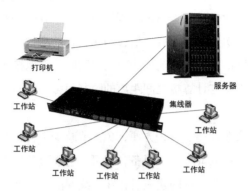

图6-1 局域网

目前,常用的局域网主要为有线局域网和无线局域网。

1)有线局域网

有线网络指采用同轴电缆、双绞线和光纤来连接的计算机网络。电话和有线电视其实就是有线网络。在无线网络出现之前,局域网只有有线网络一种,而现在有线网络在家庭、学校、商业网络中的应用减少了很多。

有线网络的优点是快速、安全、易于建构。缺点是线路限制了网络的可移动性,并且安装受限因素较多,如建筑物打孔穿线等。目前,台式机更倾向于使用有线网络,而笔记本使用无线网络才更符合其便携特性。

网络出现之初有很多类型的网络,目前局域网技术应用最广泛的是以太网,绝大多数的家庭、学校、商业机构的有线网络都是用的以太网技术,该标准是由 IEEE802.3 定义,标准中规定了包括物理层的连线、电信号和介质访问层协议的内容。

当以太网中的一台主机要传输数据时,它将按如下步骤进行:

(1)监听信道上是否有信号在传输。如果有表明信道处于忙碌状态就继续监听,直到信道空闲为止;如果没有监听到任何信号就传输数据。

(2)传输的时候继续监听,如发现冲突则执行退避算法,随机等待一段时间后,重新执行步骤1(当冲突发生时,涉及冲突的计算机返回到监听信道状态)。

注意:每台计算机一次只允许发送一个包、一个拥塞序列,以警告所有的节点。

(3)若未发现冲突则发送成功,所有计算机在试图再一次发送数据之前,必须在最近一次发送后等待 9.6 微秒(以 10 Mbps 运行)。

以太网的优点是网络易于理解、安装、管理、维护;作为非专利技术,其设备价格便宜;有较好的灵活性,网络规模可大可小;兼容目前最流行的无线网络规范 Wi-Fi,因此,能很方便地将有线网络和无线网络设备融合在一个网络中。

2）无线局域网

无线局域网（wireless local area network，WLAN）是利用无线通信技术，在一定的局部范围内建立的网络，是计算机网络与无线通信技术相结合的产物。它以无线传输媒体作为传输介质，提供传统有线局域网的功能，并能使用户实现随时、随地接入网络。之所以称其为局域网。是因为受到无线连接设备与计算机之间距离的限制而影响传输范围，必须在区域范围之内才可以组网。

无线局域网的优点是安装便捷、维护方便，免去或减少了网络布线的工作量，一般只要安装一个或多个接入点（access point，AP）设备，就可以建立覆盖整个建筑物或区域的局域网。使用灵活、移动简单，一旦无线局域网建成后，在无线网的信号覆盖范围内任何一个位置都可以接入网络。使用无线局域网不仅可以减少与布线相关的一些费用，还可以为用户提供灵活性更高、移动性更强的信息获取方法。易于扩展、大小自如，有多种配置方式，能够根据需要灵活选择，能胜任从只有几个用户的小型局域网到上千用户的大型网络。

无线局域网可采用点对点无线网络 Ad-Hoc 组网模式，一般的无线网卡在室内环境下传输距离通常为 40 m 左右，当超过此有效传输距离就不能实现彼此之间的通信。因此，该种模式比较适合一些小规模甚至临时性的无线局域网互联需求。

1.3.3　城域网（MAN）

城市地区网络常简称为城域网。城域网是介于广域网与局域网之间的一种高速网络。城域网设计的目标是要满足几十千米范围内的大量企业、机关、公司的多个局域网互联的需求，以实现大量用户之间的数据、语音、图形与视频等多种信息的传输功能。从技术上看，现在很多城域网采用的是以太网技术，由于城域网与局域网使用相同的体系结构，也可以并入局域网。可以是专用的也可以是公用的。如图 6-2 所示。

1.3.4　广域网（WAN）

广域网也称为远程网。它所覆盖的地理范围从几十千米到几千千米。广域网覆盖一个国家、地区，或横跨几个洲，形成国际性的远程网络。网络上的计算机称为主机（host）。如图 6-3 所示。

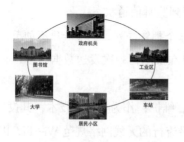

图6-2　城域网

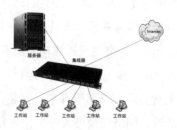

图6-3　广域网

1.4 网络拓扑结构

指网络中的通信线路、各个结点、计算机之间的几何排列，它用以表示网络的整体结构外貌。同时，也反映了各个模块之间的结构关系。也就是网络中各个结点的相互连接形式。

按照传输技术（信道的类型）分类，可以分为广播式网络点对接网络。

1.4.1 广播式网络

多个网络结点共享一个公共的通信信道，主要有总线型、网状、无线通信和卫星通信。

1.4.2 点对点网络

其拓扑结构是每条物理线路连接一对结点。主要有星型、环状、树状和网状结构。

以下是对6种脱拓扑结构的介绍：

（1）总线型。总线型采用单根传输线路作为公共传输信息。可以双向传输。优点是结构简单、布线容易、可靠性高、易于扩充、结点的故障不会殃及系统，是局域网常用的拓扑结构。缺点是出现故障后诊断困难，结点不易过多。最著名的总线型网络是以太网。

（2）星型。星型是以中央结点为中心，把若干外围结点连接起来的辐射式互连结构。这种连接方式以双绞线或同轴电缆作为连接线路。优点是结构简单、容易实现、便于管理，现在常以交换机作为中央结点，便于维护和管理。缺点是中心结点是全网络的可靠性瓶颈，中心结点出现故障会导致网络瘫痪。

（3）环状网。各个结点通过通信线路组成的闭合线路，环中只能沿一个方向单传输。信息在每台设备上延迟的时间是固定的，特别适合实时控制和局域网系统。优点是结构简单、控制简便、结构对称性好、传输速率高。缺点是任意结点出现故障都会造成网络瘫痪。

（4）树型网。树型网是一种层次结构，结点按照层次连接，信息交换主要在上、下结点进行，相邻结点或同层结点一般不会进行数据交换。优点是连接简单、维护方便，适用于汇集信息的应用要求。缺点是资源共享能力差、可靠性低，如果中心结点出现故障，会影响整个网络。

（5）网状。各结点与通信线路互连成各种形状，每个结点至少要与其他两个结点连接，连接是任意的，无规律。优点是可靠性高、比较容易扩展。缺点是管理上复杂。

（6）环状结构（广播式）。环状结构常见于局域网，由一个闭合回路构成，各个结点经接口设备连接到环上，任何一个结点发送的信息均沿环传送到接收结点。

1.5 网络体系结构

网络体系结构是指通信系统的整体设计，它为网络硬件、软件、协议、存取控制和拓扑提供标准。它广泛采用的是国际标准化组织（ISO）在 1979 年提出的开放系统互连（OSI-open system interconnection）的参考模型。

1974 年，美国 IBM 公司按照分层的方法制定了系统网络体系结构 SNA（system network architecture）。SNA 已成为世界上较广泛使用的一种网络体系结构。

一开始，各个公司都有自己的网络体系结构，随着社会的发展，不同网络体系结构的用户迫切要求能互相交换信息。为了使不同体系结构的计算机网络都能互联，国际标准化组织 ISO 于 1977 年成立专门机构研究这个问题。1978 年，ISO 提出了"异种机联网标准"的框架结构，这就是著名的开放系统互联基本参考模型 OSI/RM（open systems interconnection reference modle），简称为 OSI。

OSI 得到了国际上的承认，成为其他各种计算机网络体系结构依照的标准，大大地推动了计算机网络的发展。20 世纪 70 年代末到 80 年代初，出现了利用人造通信卫星进行中继的国际通信网络。网络互联技术不断成熟和完善，局域网和网络互联开始商品化。

OSI 参考模型用物理层、数据链路层、网络层、传输层、对话层、表示层和应用层 7 个层次描述网络的结构，其层次情况如表 6-1 所示。它的规范对所有的厂商是开放的，具有指导国际网络结构和开放系统走向的作用。它直接影响总线、接口和网络的性能。常见的网络体系结构有 FDDI、以太网、令牌环网和快速以太网等。从网络互连的角度看，网络体系结构的关键要素是协议和拓扑。

表6-1 OSI参考模型的7层结构

7	应用层
6	表示层
5	会话层
4	传输层
3	网络层
2	数据链路层
1	物理层

1.5.1 网络协议（软件）

计算机之间相互通信必须共同遵守的规则或约定，称为协议或网络协议。

协议三要素包括语法、语义和同步。

语法：数据与控制信息的结构或格式。

语义：用来说明通信双方应当怎么做。

同步：详细说明事件如何实现。

1.5.2　ISO制订OSI模型

（1）物理层：提供物理链路、网卡、网线。

（2）数据链路层：提供数据的流控制。对数据封装、打包，制作数据包。

（3）网络层：路由选择、网络互连等功能。数据包增加IP地址路由器工作在网络层。

（4）传输层：提供可靠的、透明的数据传送。

（5）会话层：提供同时会话模式。

（6）表示层：完成数据转换、格式化和文本压缩。

（7）应用层：用户服务、文件传送协议（FTP）和SMTP、Pop3。

1.6　网络设备

网络设备及部件是连接到网络中的物理实体，包括网络软件与网络硬件两部分。其中，网络软件指服务器软件如Windows NT、Netware、Unix等网络操作系统及网络协议等。网络硬件的基本设备有：计算机（无论其为个人电脑或服务器）、集线器、交换机、网桥、路由器、网关、网络接口卡（NIC）、无线接入点（WAP）、打印机和调制解调器、光纤收发器、光缆等。在物理上通常是指网络连接设备和传输介质。

1.6.1　通信设备

网卡（network interface card，NIC）也叫网络适配器，是连接计算机与网络的硬件设备，决定用户使用传输介质的类型。网卡插在计算机或服务器扩展槽中，通过网络线（如双绞线、同轴电缆或光纤）与网络交换数据、共享资源。

1.6.2　传输介质

网络传输介质是指在网络中传输信息的载体，常用的传输介质分为有线传输介质和无线传输介质两大类。不同的传输介质，其特性也各不相同，它们不同的特性对网络中数据通信质量和通信速度有较大影响。

1）有线传输介质

有线传输介质是指在两个通信设备之间实现的物理连接部分，它能将信号从一方传输到另一方，有线传输介质主要有双绞线、同轴电缆和光纤。双绞线和同轴电缆传输电信号，光纤传输光信号。

（1）双绞线。由两条互相绝缘的铜线组成，其典型直径为1 mm。这两条铜线拧在一起，就可以减少邻近线对电气的干扰。双绞线既能用于传输模拟信号，也能用于传输数字信号，其带宽决定于铜线的直径和传输距离。由于其性能较好且价格便宜，双绞线得到广泛应用，双绞线可以分为非屏蔽双绞线和屏蔽双绞线两种，屏蔽双绞线性能优于非屏蔽双绞线。双绞线共有6类，其传输速率为4 ～ 1000 Mbit/s，传输距离一般为100 m内。

（2）同轴电缆。它比双绞线的屏蔽性要更好，因此，在更高速度上可以传输得更远，但抗干扰能力差。它以硬铜线为芯（导体），外包一层绝缘材料（绝缘层），这层绝缘材料再用密织的网状导体环绕构成屏蔽，其外又覆盖一层保护性材料（护套）。同轴电缆的这种结构使它具有更高的带宽和极好的噪声抑制特性。1 千米的同轴电缆可以达到 1 ~ 2 Gbit/s 的数据传输速率。

（3）光纤。它是由纯石英玻璃制成的。纤芯外面包围着一层折射率比芯纤低的包层，包层外是一塑料护套。光纤通常被扎成束，外面有外壳保护。光纤的传输速率可达 100 Gbit/s。具有抗干扰能力强、传输速度快、距离远的优点。

2）无线传输介质

信息被加载在电磁波上进行传输，从而利用无线电波在自由空间的传播实现多种无线通信。无线传输的优点在于安装、移动以及变更都较容易，不会受到环境的限制。但信号在传输过程中容易受到干扰和被窃取，且初期的安装费用较高。目前，我们熟悉的 Wifi、WLAN、蓝牙、微波、i-liaoning 都属于无线传输。

无线传输的介质有：无线电波、红外线、微波、卫星和激光。在局域网中，通常只使用无线电波和红外线作为传输介质。无线传输介质通常用于广域互联网的广域链路的连接。

1.6.3 中继器

中继器是局域网互联的最简单设备，它工作在 OSI 体系结构的物理层，它接收并识别网络信号，然后再生信号并将其发送到网络的其他分支上。要保证中继器能够正确工作，首先要保证每一个分支中的数据包和逻辑链路协议是相同的。例如，在 802.3 以太局域网和 802.5 令牌环局域网之间，中继器是无法使它们通信的。

1.6.4 集线器（HUB）

集线器是局域网中使用的连接设备，它具有多个端口，可连接多台计算机。在局域网中常以集线器为中心，将所有分散的工作站与服务器连接在一起，形成星型结构的局域网系统。集线器的优点除了能够互连多个终端以外，其优点是当其中一个节点的线路发生故障时不会影响其他节点。集线器共享带宽的设备，可以实现多台电脑同时使用一个进线接口来上网或组成局域网。

集线器通常都提供 3 种类型的端口，即 RJ-45 端口、BNC 端口和 AUI 端口，以适用于连接不同类型电缆构建的网络。一些高档集线器还提供有光纤端口和其他类型的端口。RJ-45 接口适用于由双绞线构建的网络，这种端口是最常见的，一般来说以太网集线器都会提供这种端口。我们平常所讲的多少口集线器，就是指具有多少个 RJ-45 端口。BNC 端口是用于与细同轴电缆连接的接口。

1.6.5　调制解调器（modem）

调制解调器是一种计算机硬件，它能把计算机的数字信号翻译成可通过普通电话线传送的模拟信号，而这些模拟信号又可被线路另一端的另一个调制解调器接收，并译成计算机可懂的语言。这一简单过程完成了两台计算机间的通信。完成数字信号与模拟信号之间的转换。调制即将数字信号转换为模拟信号，而解调是将模拟信号转换成数字信号，是家庭拨号上网必须的设备之一。

1.6.6　网桥

网桥也叫桥接器，功能是链接两个同种网络，是连接两个局域网的一种存储/转发设备，它能将一个大的 LAN 分割为多个网段，或将两个以上的 LAN 互联为一个逻辑 LAN，使 LAN 上的所有用户都可访问服务器。工作在 OSI 的数据链路层，交换机是特殊的网桥。

1.6.7　路由器

路由器在 OSI 体系结构中的网络层工作，它可以在多个网络上交换和路由数据包。路由器通过在相对独立的网络中交换具体协议的信息来实现这个目标。比起网桥，路由器不但能过滤和分隔网络信息流、连接网络分支，还能访问数据包中更多的信息，并且用来提高数据包的传输效率。路由器比网桥慢，主要用于广域网或广域网与局域网的互连。路由表包括含有网络地址、连接信息、路径信息和发送开销等。

1.6.8　网关

工作在 OSI 4~7 层，能保护内部网络，能互连异类网络，网关从一个环境中读取数据，剥去数据的老协议，然后用目标网络的协议进行重新包装。网关把信息重新包装的目的是适应目标环境的要求。网关的一个较为常见的用途是在局域网的微机和小型机或大型机之间作翻译，典型应用是网络专用服务器。

1.6.9　防火墙

在网络设备中，是软件和硬件的结合体，主要是指硬件防火墙。硬件防火墙是指把防火墙程序做到芯片里面，由硬件执行这些功能，能减小 CPU 的负担，使路由更稳定。

硬件防火墙是保障内部网络安全的一道重要屏障。它的安全和稳定，直接关系到整个内部网络的安全。因此，设定网络访问规则、记录访问日志等日常例行检查对于保证硬件防火墙的安全是非常重要的。

2　Internet

互联网（internet），即广域网、局域网及单机按照一定的通信协议组成的国际计算机网络。指将两台计算机或者是两台以上的计算机终端、客户端、服务端通过计算机信息技术的手段互相联系起来的结果，人们可以与远在千里之外的朋友相互发送邮件、共同完成一项工作、共同娱乐。

因特网（internet）是互联网的一种，是网络与网络之间所串连成的庞大网络，这些网络是基于 TCP/IP 协议相连，形成逻辑上的单一巨大国际网络。这种将计算机网络互相连接在一起的方法可称作"网络互联"，在此基础上发展出覆盖全世界的全球性互联网络称为"互联网"，即"互相连接在一起的网络"。需要注意的是使用 TCP/IP 协议的网络并不一定是因特网，一个局域网也可以使用 TCP/IP 协议。判断计算机是否接入的是因特网，首先看该电脑是否安装了 TCP/IP 协议，其次看是否拥有一个公网地址（所谓公网地址，就是所有私网地址以外的地址）。

万维网（亦作"Web""WWW""W3"，英文全称为"world wide web"），是一个由许多互相链接的超文本组成的系统，通过互联网访问。在这个系统中，每个有用的事物，称为一样"资源"；并且由一个全局"统一资源标识符"（URI）标识；这些资源通过超文本传输协议（hypertext transfer protocol）传送给用户，而后者通过点击链接来获得资源。

互联网、因特网、万维网三者的关系是：互联网包含因特网，因特网包含万维网。

2.1　Internet发展

Internet 诞生于 20 世纪 60 年代，1969 年美国国防部高级研究计划局为实现国防部与各地军事基地之间的数据传输通信，建立了当时世界上最早的网络之——ARPANET。采用 ARPANET 的主干网，最初被称为 internetwork，随着 ARPANET 的发展，为了与其他互联网络相区别，人们取 internetwork 的 internet，将第 1 个字母大写，Internet 由此应运而生。1983 年正式命名为 Internet。

20 世纪 80 年代以来，世界各国家和地区纷纷加入 Internet，Internet 成为一个全球性的网络，目前已经覆盖了全球大部分地区。20 世纪 90 年代初，Internet 进入了全盛的发展时期，发展最快的是欧美地区，其次是亚太地区，我国起步较晚，但发展迅速。

20 世纪 80 年代末期，Internet 进入中国。1989 年，北京中关村地区科研网 NCFC（The National Computing and Networking Facility of China）开始建设。1991 年 6 月，中国科学院高能物理研究所建成了我国首条与 Internet 联网的专线。随后，北京大学、清华大学和中科院网络中心等相继接入 Internet。

1994 年，中国正式接入 Internet，建立了我国最高域名 CN 服务器，NCFC 连入了 Internet。

20 世纪 90 年代我国先后建成四大互联网络：ChinaNET（中国公用计算机互联网）、ChinaGBN（中国金桥信息网）、CERNET（中国教育和科研计算机网）、CSTNET（中国科技网）。

目前，手机上网比例正逐步超越传统 PC 上网比例，移动互联网带动整体互联网发展，尤其 4G 的普及将开放移动互联网的更多应用场景。

2.2　TCP/IP协议

Internet 上多个网络共同遵守的网络协议是 TCP/IP 协议，TCP/IP 是一组协议。TCP/IP 是 "transmission control protocol/ internet protocol" 的简写，中文译名为 "传输控制协议" 和 "因特网互联协议" 或 "网际协议"，它是 Internet 最基本的协议，是 Internet 的基础。

2.2.1　TCP/IP体系结构

TCP/IP 体系结构分为应用层、传输层、网际层、网络接口层 4 层。

1）应用层：SMTP 邮件传输、FTP 文件传输、Telnet 远程登录等

2）传输层：传输控制协议，主要有 TCP 协议和 UDP 协议

（1）TCP 传输控制协议。提供的是面向连接、可靠的字节流服务。当客户和服务器彼此交换数据前，必须先在双方之间建立一个 TCP 连接，之后才能传输数据。TCP 提供超时重发、丢弃重复数据、检验数据、流量控制等功能，保证数据能从一端传到另一端。

（2）UDP 用户数据包协议，是一个简单的面向数据包的运输层协议。UDP 不提供可靠性，它只是把应用程序传给 IP 层的数据包发送出去，但是并不能保证它们能到达目的地。由于 UDP 在传输数据包前不用在客户和服务器之间建立一个连接，且没有超时重发等机制，故而传输速度很快。

TCP/IP 协议中对低于 1024 的端口都有确切的定义，他们对应着 Internet 上一些常见的服务。这些常见的服务可以分为使用 TCP 端口（面向连接）和使用 UDP 端口（面向无连接）两种。

一些要求比较高的服务一般使用 TCP 协议，如 FTP、Telnet、SMTP、HTTP、POP3 等，而 UDP 是面向无连接的，使用这个协议的常见服务有 DNS、SNMP 等。2003 年以前 QQ 是只使用 UDP 协议的，其服务器使用 8000 端口，侦听是否有信息传来，客户端使用 4000 端口，向外发送信息，即 QQ 程序既接受服务又提供服务，在以后的 QQ 版本中开始支持使用 TCP 协议。

3）互联网络层：负责数据封包，让每一个数据块都能到达目的主机 IP 协议

4）网络接口层：对实际的网媒体的管理，定义如何使用实际网络

2.2.2　IP地址

TCP/IP 定义了主机如何连入因特网，以及数据如何在它们之间传输的标准。

TCP/IP 协议的基本传输单位是数据包，数据在传输时分成若干段，每个数据段称为一个数据包。在发送端，TCP 负责把数据分成一定大小的若干数据包，并给每个数据包标上序号及

一些说明信息，保证接收端收到数据后，在还原数据时，按数据包序号把数据还原成原来的格式。IP 负责给每个数据包填写发送主机和接收主机的地址，这样数据包就可以在物理网上传送了。

TCP 协议负责数据传输的可靠性，IP 协议负责把数据传输到正确的目的地。

在 Internet 上连接的所有计算机，从大型机到微型计算机都是以独立的身份出现，称为主机。为了实现各主机间的通信，每台主机都必须有一个唯一的网络地址，就像每个人都有唯一的身份证号一样，这样才不至于在传输数据时出现混乱，这个地址叫作 IP 地址，即 TCP/IP 协议表示的地址。

IP 地址的获取方式包括自动获取 IP 地址和手动配置静态 IP 地址。

（1）自动获取 IP 地址。IP 地址是用 32 位二进制数表示的，为了便于记忆，将它们分为 4 组，每组 8 位，由小数点分开，用 4 个字节来表示，用点分开的每个字节的十进制整数数值范围是 0~255，如某计算机的 IP 地址可表示为 10101100.00010000.11111110.00000001，也可表示为 172.16.254.1，这种书写方法叫作点数表示法。如图 6-4 所示。

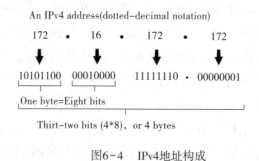

图6-4　IPv4地址构成

IP 地址是层次地址，由网络号和主机号组成，网络号表示主机所连接的网络，主机号标识了网络上特定的主机。

由于网络中 IP 地址很多，所以又将它们按照第 1 段的取值范围划分为五类：0 ～ 127 为 A 类；128 ～ 191 为 B 类；192 ～ 223 为 C 类；D 类和 E 类留作特殊用途。IP 地址的前 4 位用来决定地址所属的类型，地址分类组成如表 6-2 所示。

无论是网络号还是主机号不能全为"0"，IP 地址范围如表 6-3 所示。

表6-2 IP地址分类组成

类　别	1	2	3	4	5	6	7	8	9～16	17～24	25～32
A 类	0	网络号								主机号	
B 类	1	0	网络号								主机号
C 类	1	1	0	网络号							主机号
D 类	1	1	1	0	组播地址						
E 类	1	1	1	1	保留地址						

表6-3 IP地址范围

类　　型	IP 地址范围	保留 IP	私用 IP
A 类	1.0.0.1—126.255.255.254		
B 类	128.0.0.1—191.255.255.254	127.X.X.X	10.0.0.0—10.255.255.255
C 类	192.0.0.1—223.255.255.254	169.254.X.X	172.16.0.0—172.31.255.255
D 类	224.0.0.1—239.255.255.254		192.168.0.0—192.168.255.255
E 类	240.0.0.1—255.255.255.254		

有一些 IP 地址是保留地址，用作测试用，如 127.X.X.X。也有一些私用 IP 地址是不能在 Internet 上使用的，私用 IP 是为那些不连接到 Internet 网络使用的。

由于 IP 地址是层次地址，在通信时需要将网络号和主机号分开，使用子网掩码可以知道 IP 地址中哪些是网络号，哪些是主机号。子网掩码是一个 32 位二进制数地址，用于屏蔽 IP 地址的一部分以区别网络号和主机号。

A 类 IP 地址默认子网掩码 255.0.0.0 二进制为 11111111.00000000.00000000.00000000；B 类 IP 地址默认子网掩码 255.255.0.0 二进制为 11111111.11111111.00000000.00000000；C 类 IP 地址默认子网掩码 255.255.255.0 二进制为 11111111.11111111.11111111.00000000。

通过子网掩码可以计算出一个 IP 地址的网络号和主机号。

首先把 IP 地址转换为二进制数，然后把 IP 地址和子网掩码的每位数进行 AND 运算就可以了，AND 方法是：0 AND 1 = 0；0 AND 0 = 0；1 AND 1 = 1。

例如，IP 地址 192.168.0.1，通过下面计算得到其网络号和主机号。

IP11000000.10101000.00000000.00000001

子网掩码 11111111.11111111.11111111.00000000

AND 结果 11000000.10101000.00000000.00000000

转换为十进制为 192.168.0.0，即网络号。

再将子网掩码取反，也就是 00000000.00000000.00000000.11111111，与 IP 地址进行 AND 运算，得到结果 00000000.00000000.00000000.00000001，转换为 10 进制为 0.0.0.1，这里 0.0.0.1 是主机号。

IP 地址网络号相同的计算机属于同一网段，能够直接进行通信，如果不在同一网段，需要设置默认网关才能进行通信。

IP 地址是由特定网络管理组织分配的，管理方式为层次型。最高一级 IP 地址由 InterNIC（国际网络信息中心）负责分配。其职责是分配 A 类 IP 地址、授权分配 B 类 IP 地址的组织并有权刷新 IP 地址。分配 B 类 IP 地址的国际组织有 3 个：ENIC 负责欧洲地区的分配工作，InterNIC 负责北美地区，设在日本东京大学的 APNIC 负责亚太地区。我国的 Internet 地址由 APNIC 分配（B 类地址），由相应政府部门或网管机构向 APNIC 申请。国内的 Internet 地址则由地区网络中心向中国互联网络信息中心（CNNIC）申请分配。

（2）域名系统。域名（domain name）是由一串用点分隔的名字组成的 Internet 上某一台主机或一组主机的名称，用于在数据传输时标识主机的位置。有了 IP 地址为什么还使用域名作为主机的名称呢？主要是 IP 地址的二进制数字难于记忆，为了方便，人们用域名来替代 IP 地址。

域名系统采用分层结构。每个域名是由几个域组成的，域与域之间用 "." 分开，最末的域称为顶级域，其他的域称为子域，每个域都有一个有明确意义的名字，分别叫作顶级域名和子域名。

从 www.bhu.edu.cn 这个域名来看，它是由几个不同的部分组成的，这几个部分彼此之间具有层次关系。其中，最后的 .cn 是域名的第 1 层，.edu 是第 2 层，.bhu 是真正的域名，处在第 3 层，当然还可以有第 4 层，域名从后到前的层次结构类似于一个倒立的树形结构。其中，第 1 层的 .cn 叫作地理顶级域名。

目前，互联网上的域名体系中共有三类顶级域名：一是地理顶级域名，共有 243 个国家和地区的代码。例如，CN 代表中国，.JP 代表日本，.UK 代表英国，等等，部分国家和地区的域名如表 6-3 所示。另一类是类别顶级域名，共有 7 个：.COM（公司）、.NET（网络机构）、.ORG（组织机构）、.EDU（美国教育）、.GOV（美国政府部门）、.ARPA（美国军方）、.INT（国际组织）。由于互联网最初是在美国发展起来的，所以最初的域名体系也主要供美国使用，所以 .GOV、.EDU、.ARPA 虽然都是顶级域名，但却是美国使用的，只有 .COM、.NET、.ORG 成了供全球使用的顶级域名。相对于地理顶级域名来说，这些顶级域名都是根据不同的类别来区分的，所以称之为类别顶级域名。随着互联网的不断发展，新的顶级域名也根据实际需要不断被扩充到现有的域名体系中来。新增加的顶级域名是 .BIZ（商业）、.COOP（合作公司）、

.INFO（信息行业）、.AERO（航空业）、.PRO（专业人士）、.MUSEUM（博物馆行业）、.NAME（个人）。

在这些顶级域名下，还可以再根据需要定义次一级的域名，如在我国的顶级域名 .CN 下又设立了 .COM、.NET、.ORG、.GOV、.EDU 以及我国各个行政区划分的字母代表，如 .BJ 代表北京，.SH 代表上海，等等，如表 6-4 所示。

表6-4　部分国家和地区的域名

代　码	国家 / 地区	代　码	国家 / 地区	代　码	国家 / 地区	代　码	国家 / 地区
CN	中国	AU	中国澳大利亚	MO	中国澳门	MY	马来西亚
CA	加拿大	HK	中国香港	TW	中国台湾	KP	韩国
IT	意大利	JP	日本	UK	英国	US	美国

（3）域名解析。域名解析就是域名到 IP 地址或 IP 地址到域名的转换过程，在域名服务器中存放了域名与 IP 地址的对照表，由域名服务器完成域名解析工作。从功能上说，域名系统基本上相当于一个电话簿，已知一个姓名就可以查到一个电话号码，与电话簿的区别是域名服务器可以自动完成查找过程。

Internet 主机间进行通信时必须采用 IP 地址进行寻址，所以当使用域名时必须把域名转换成 IP 地址。当用户输入主机的域名时，首先把域名传输到域名服务器上，由域名服务器把域名翻译成相应的 IP 地址。同一个 IP 地址可以有若干个不同的域名，但每个域名只能有一个 IP 地址与之对应。

DNS 是域名系统（domain name system）的缩写，它主要由域名服务器组成。域名服务器是指保存有该网络中所有主机的域名和对应的 IP 地址，并具有将域名转换为 IP 地址功能的服务器。如要访问www.bhu.edu.cn，必须通过DNS将www.bhu.edu.cn的IP地址210.47.176.3得到，才能进行通信。

2.3　Internet接入

用户可以利用公用电话网或其他接入手段连接到其业务节点，并通过该节点接入因特网。

因特网接入服务业务主要有两种应用：一种是为因特网信息服务业务（ICP）经营者等利用因特网从事信息内容提供、网上交易、在线应用等提供接入因特网的服务；另一种是为普通上网用户等需要上网获得相关服务的用户提供接入因特网的服务。

因特网接入服务方式主要有 ADSL 接入、Wi-Fi 接入两种。

2.3.1　ADSL接入

（1）ADSL 的工作方式。ADSL（非对称数字用户环路）是一种利用双绞线高速传输数据的技术。它利用分频技术把普通电话线路所传输的低频信号和高频信号分离，3400 Hz 以下频率电话使用，3400 Hz 以上频率供上网使用，即在同一根线上分别传送数据和语音信号，数据信号并不通过电话交换机设备。上行（从用户到网络）低速传输可达 640 kbps ～ 1 Mbps，下行（从网络到用户）高速传输可达 1 ～ 8 Mbps，有效传输距离为 3 ～ 5 千米。上网的同时不影响电话的正常使用，ADSL 有效地利用了电话线，只需要在用户端配置一个 ADSL Modem 和一个话音分路器就可接入宽带网。

Modem（调制解调器）是使数字数据能在模拟信号传输线上传输的转换接口。因为电话线使用模拟信号，而计算机使用数字数据，必须进行转换才能进行传输。

（2）ADSL 的接入方式。从客户端设备和数量来看，ADSL 的接入可以分为单用户 ADSL Modem 直接连接、多用户 ADSL Modem 连接两种。

单用户 ADSL Modem 直接连接：连接时用电话线将 ADSL 话音分路器一端接于电话机上，另一端接于 ADSL Modem，ADS LModem 提供了一个网络接口，用网线将 ADSL Modem 和计算机网卡连接即可。如图 6-5 所示。

多用户 ADSL Modem 连接：若有多台计算机要接入，需先用交换机或宽带路由器组成局域网，再将 ADSL Modem 与交换机或宽带路由器相连，ADSL 话音分路器的连接与单用户的连接相同。这样多台计算机便可同时接入 Internet。如图 6-6 所示。

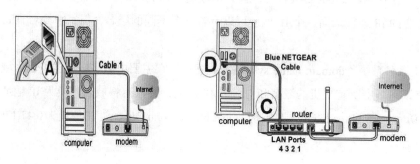

图6-5　单用户ADSL直接连接示意　　　图6-6　多用户ADSL连接示意

（3）ADSL 接入操作。首先需通过 ISP（互联网服务提供商，即向广大用户综合提供互联网接入业务、信息业务和增值业务的电信运营商。）获得 Internet 服务用户名及密码，中国三大基础运营商为中国电信、中国移动、中国联通。

设置拨号连接，Win 7 系统中控制面板单击"网络和 Internet" → "网络和共享中心"，如图 6-7 所示，选择"设置新的连接或网络"打开如图 6-8 所示对话框，选择"连接到 Internet"打开对话框如图 6-9 所示，选择"宽带（PPPoE）（R）"打开如图 6-10 所示对话框，按照提示输入 ISP 供应商所给信息建立自己的连接。

　　宽带上网，需要进入宽带连接界面，在任务栏右下角找到网络标识，然后点击宽带连接，连接就能正常上网了。

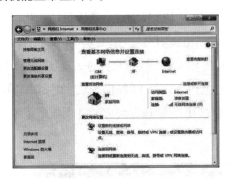 

图6-7　打开网络和共享中心　　　　图6-8　设置连接或网络

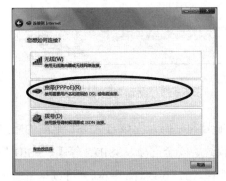 

图6-9　设置拨号连接　　　　图6-10　输入ISP供应商

2.3.2　Wi-Fi

1）Wi-Fi 认识

　　Wi-Fi 是一种允许电子设备连接到一个无线局域网（WLAN）的技术，通常使用 2.4GUHF 或 5GSHFISM 射频频段。连接到无线局域网通常是有密码保护的，但也可是开放的，这样就允许任何在 WLAN 范围内的设备可以连接上。Wi-Fi 是一个无线网络通信技术的品牌，由 Wi-Fi 联盟所持有。

　　以 Wi-Fi 方式上网需要无线路由器，那么在这个无线路由器的电波覆盖的有效范围都可以采用 Wi-Fi 连接方式进行联网，如果无线路由器连接了一条 ADSL 线路或者别的上网线路，则又被称为热点。几乎所有智能手机、平板电脑和笔记本电脑都支持 Wi-Fi 上网，是当今使用最广的一种无线网络传输技术。实际上就是把有线网络信号转换成无线信号，使用无线路由器供支持其技术的相关电脑、手机、平板电脑等接收。

2）无线路由器的设置

（1）首先将无线路由器电源接通，然后插上网线，ADSL 进线插在 wan 口（一般是蓝色口），跟电脑连接的网线连接到 LAN 口。

（2）计算机浏览器中地址栏输入 192.168.1.1 或者 192.168.0.1，进入后输入相应的账号及密码，一般初始值两项都为 admin（具体查看无线路由说明书）。如图 6-11 所示为身份验证对话框。登录后选择"设置向导"项按照提示单击"下一步"按钮直到进入如图 6-12 所示的上网方式设置对话框，共有 3 个选项，如果是拨号上网则选择 PPPoE。动态 IP 一般电脑直接插上网络就可以用的，上层有 DHCP 服务器的。静态 IP 一般是专线或者是小区带宽等，其上层是没有 DHCP 服务器的。

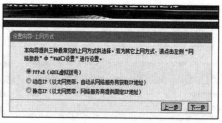

图6-11　身份验证　　　　　　　图6-12　设置上网方式

（3）选择 PPPoE 拨号上网就要输入上网账号和密码，应该与 ADSL 上网的账户密码相同，如图 6-13 所示对话框，可以看到信道、模式、安全选项、SSID，等等，SSID 是自己网络的名称，模式大多用 11bgn，无线安全选项选择 wpa-psk/wpa2-psk，可以尽量避免轻易被破解而蹭网，如图 6-14 所示，最后设置成功。

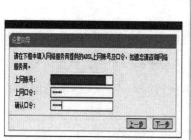
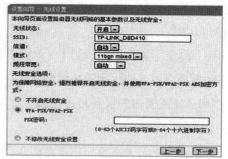

图6-13　账号密码设置　　　　　　图6-14　无线设置

3）DHCP

DHCP（dynamic host configuration protocol，动态主机设置协议）是一个局域网的网络协议，能够自动分配 IP 地址给网络中的计算机，当网络中计算机数量较多时，网络管理员会使用 DHCP 对所有计算机 IP 地址进行管理，如图 6-15 所示。

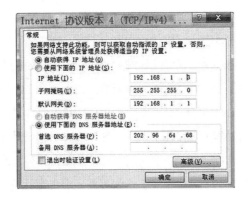

图6-15　自动获取IP地址

4）WPA-PSKP

WPA 是 Wi-Fi rotected access（Wi-Fi 保护接入）的简称，它采用数据加密的方式保护无线网络的安全，使用 WPA 或 WPA2 标准加强网络安全，最简单的方法就是使用预共享密钥（Pre-SharedKey，PSK），防止非法用户窃听或侵入无线网络。AES 是 advanced encryption standard（高级加密标准）的简称，是 Wi-Fi 授权的高效加密标准。

2.4　Internet服务

2.4.1　WWW服务与浏览器

WWW（world wide web）通常翻译成万维网，简称为 Web 或 3W，是欧洲粒子物理研究中心的 Tim Berners Lee 在 1989 年发明的。

WWW 服务器通过 HTML（超文本标记语言）把信息组织成为图文并茂的超文本，简称网页，用户使用浏览器通过 Internet 访问 WWW 服务器上的页面。

WWW 应用现在已是 Internet 最重要的组成部分。

1）WWW 的体系结构

WWW 以客户机/服务器（C/S）方式工作，客户在计算机上使用浏览器向 WWW 服务器发出请求，服务器响应客户请求，向客户回送所请求的网页，在客户浏览器窗口上显示网页的内容。

WWW 体系结构主要由服务器、客户端、通信协议三部分构成。

（1）WWW 服务器。用户要访问 WWW 页面或其他资源，必须事先有一个服务器来提供 WWW 页面和这些资源，这种服务器就是 WWW 服务器，也称为网站。

（2）客户端。用户一般是通过浏览器访问 WWW 资源的，它是运行在客户端的一种软件。

（3）通信协议。客户端和服务器之间采用 HTTP（hypertext transfer protocol，超文本传输协议）协议进行通信。

2）基本的 WWW 技术

服务器与浏览器需要进行通信，可以使用 HTTP 技术完成这个过程。

Internet 上有成千上万的服务器，每台服务器上有大量的各类信息，WWW 使用 URL 技术来标识服务器位置及服务器信息，客户端才能确定所要访问服务器的地址并获得请求的信息。

（1）HTTP（hypertext transfer protocol）。在 WWW 基本技术中，其核心是 HTTP（超文本传输协议），HTTP 采用的是客户机 / 服务器（C/S）结构，它设计了一套相当简单的规则，定义了客户机和服务器之间进行"对话"的请求 – 应答规则。客户端的请求程序与运行在服务器端的接收程序建立连接，客户端发送请求给服务器，服务器用应答信息回复该请求，应答信息中包含客户端所希望得到的信息。HTTP 并没有定义网络如何建立连接、管理和信息如何在网络上发送，这些由底层协议 TCP/IP 来完成，HTTP 是建立在 TCP/IP 之上的。

（2）URL（uniform resource locator）。URL 译为"统一资源定位符"，即通过定义资源位置的抽象标识来定位网络资源。HTTPURL 方案用于表示可通过 HTTP 协议访问 Internet 资源。

HTTPURL 简化格式：http://<host>/<path>。

其中，<host> 是标准格式的域名或 IP 地址，<path> 是要访问的页面文件路径，是可选的，如果 <path> 不存在，则 <host> 后的斜杠不应省略。例如，http://www.bhu.edu.cn/index.asp，http 是协议，www.bhu.edu.cn 是域名，index.html 是要访问的页面文件名。

3）WWW 浏览器

浏览器是显示 WWW 服务器页面文件的一种软件。常见的浏览器包括微软的 IE（internet explorer）、Mozilla 的 Firefox，浏览器是经常使用的客户端程序。

4）搜索引擎

Internet 拥有大量的 WWW 服务器，用户需要借助于 Internet 的搜索引擎在众多的网站中快速、有效地查找到所需的信息。

搜索引擎是 Internet 的一个 WWW 服务器，它的主要任务是在 Internet 中主动搜索其他 WWW 服务器中的信息并对其自动索引，将索引内容存储在可供查询的大型数据库中。常用搜索引擎有百度、Google。

2.4.2　FTP文件传输

文件传输服务是 Internet 使用标准传输协议（FTP）提供的服务，又称为 FTP 服务。

FTP 服务器是指提供 FTP 的计算机，负责管理一个大的文件仓库，FTP 客户机是指用户的本地计算机，可以通过 FTP 服务对 FTP 服务器上文件进行上传和下载。

一般 FTP 服务器都提供匿名登录，用户名为"Anonymous"，口令为自己的 E-mail 地址。匿名 FTP 对任何用户都是敞开的，但登录后用户的权限很低，一般只能从服务器下传文件，而不能上传或修改文件。

浏览器不仅支持 WWW 方式访问，而且还支持 FTP 方式访问，通过它就可以直接登录到 FTP 服务器并下载文件。

2.4.3　电子邮件

电子邮件（electronicmail，E-mail）又称电子信箱，它是一种用电子手段提供信息交换的通信方式。通过电子邮件，用户可以用非常低廉的价格，以非常快的方式，与世界上任何一个角落的网络用户联系，电子邮件可以是文字、图像、声音等各种方式。

使用电子邮件必须建立电子邮件服务器，负责发送、接收、转发与管理电子邮件。电子邮件是基于计算机网络的通信系统，在接收和发送时必须遵循一些基本协议。

简单邮件传输协议（simple mail transfer protocol，SMTP）：负责邮件服务器之间的传送，它包括定义电子邮件信息格式和传输邮件标准。

邮局协议（post office protocol，POP）：将邮件服务器电子邮箱中的邮件直接传送到本地计算机上。

交互式邮件存取协议（internet mail access protocol，IMAP）：可以在远程服务器上管理邮件。

（1）申请免费电子邮箱。提供免费电子邮箱的网站很多，如新浪、搜狐、网易、谷歌等，用户可根据需要自主选择。

如在地址栏中输入"http://mail.163.com/"，进入 163 网易电子邮局。单击"注册"按钮，在"注册网易免费邮箱"页面中填写邮件地址等相关信息。或单击"立即注册"按钮，直接进入 163 网易免费邮，在这个过程中可以通过手机将账号设置密码保护。

（2）写信。登录 163 网易免费电子邮箱，单击"写信"，进入邮箱写信页面。如图 6-16 所示。

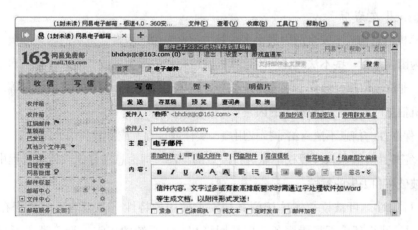

图6-16　网易邮箱写信页面

收件人：收件人可以通过通讯录的方式添加，当收到信件时自动将发信人的地址添加到通讯录，也可以用户编辑，当发给多人时地址以分号隔开，可以进行群发，这一项必须填写。

抄送：添加抄送可以将信件抄送给其他人，可以省略。

密送：添加密送可以将信件密送给其他人，但收件人不知道，可以省略。

主题：主题是对方收到信时见到的标题，主题在收发电子邮件过程中非常重要，不能省略，最好通过主题让收信人大概知道信件的内容。

内容：信件的内容。

附件：当内容较多时或内容不是文本格式的，建议使用附件，在邮件中添加附件可以随意添加 50 M 以下的附件，网易邮箱的超大附件可以使用 2G。

（3）回复。打开收到的信件，单击"回复"，填写的内容与写信一样。如果没有时间回复大量的信件，可在"邮箱设置"里"邮件收发"项中的"自动回复"中设置自动回复。

3 计算机网络安全

计算机网络安全不仅包括组网的硬件、管理控制网络的软件，也包括共享的资源、快捷的网络服务，所以定义网络安全应考虑涵盖计算机网络所涉及的全部内容。

计算机网络安全是指利用网络管理控制和技术措施，保证在一个网络环境里，数据的保密性、完整性及可使用性受到保护。计算机网络安全包括两个方面，即物理安全和逻辑安全。物理安全指系统设备及相关设施受到物理保护，免于破坏、丢失等。逻辑安全包括信息的完整性、保密性和可用性。

3.1 计算机网络不安全因素

3.1.1 潜在威胁

对计算机信息构成不安全的因素很多，其中包括人为的因素、自然的因素和偶发的因素。其中，人为因素是指一些不法之徒利用计算机网络存在的漏洞，或者潜入计算机房盗用计算机系统资源，非法获取重要数据、篡改系统数据、破坏硬件设备、编制计算机病毒等。人为因素是对计算机信息网络安全威胁最大的因素。

（1）保密性。信息不泄露给非授权用户、实体或过程，或供其利用的特性。

（2）完整性。数据未经授权不能进行改变的特性。即信息在存储或传输过程中保持不被修改、不被破坏和丢失的特性。

（3）可用性。可被授权实体访问并按需求使用的特性。即当需要时能否存取所需的信息。例如，网络环境下拒绝服务、破坏网络和有关系统的正常运行等都属于对可用性的攻击。

（4）可控性。对信息的传播及内容具有控制能力。

（5）可审查性。出现安全问题时提供依据与手段。

3.1.2 计算机网络的脆弱性

互联网是对全世界都开放的网络，任何单位或个人都可以在网上方便地传输和获取各种信息，互联网这种具有开放性、共享性、国际性的特点就对计算机网络安全提出了挑战。互联网的不安全性主要有以下几项：

（1）网络的开放性。网络的技术是全开放的，使得网络所面临的攻击来自多方面。或是来自物理传输线路的攻击，或是来自对网络通信协议的攻击，以及对计算机软件、硬件的漏洞实施攻击。

（2）网络的国际性。意味着对网络的攻击不仅是来自于本地网络的用户，还可以是互联网上其他国家的黑客，所以，网络的安全面临着国际化的挑战。

（3）网络的自由性。大多数的网络对用户的使用没有技术上的约束，用户可以自由地上网、发布和获取各类信息。

3.1.3 网络系统的脆弱性

（1）操作系统的脆弱性。网络操作系统体系结构本身就是不安全的，具体表现为：

● 动态连接。为了系统集成和系统扩充的需要，操作系统采用动态连接结构，系统的服务和 I/O 操作都可以补丁方式进行升级和动态连接。这种方式虽然为厂商和用户提供了方便，但同时也为黑客提供了入侵的方便（漏洞），这种动态连接也是计算机病毒产生的温床。

● 创建进程。操作系统可以创建进程，而且这些进程可在远程节点上被创建与激活，更加严重的是被创建的进程又可以继续创建其他进程。这样，若黑客在远程将"间谍"程序以补丁方式附在合法用户特别是超级用户上，就能摆脱系统进程与作业监视程序的检测。

● 空口令和 RPC（remote procedure call）。操作系统为维护方便而预留的无口令入口和提供的远程过程调用（RPC）服务都是黑客进入系统的通道。

● 超级用户。操作系统的另一个安全漏洞就是存在超级用户，如果入侵者得到了超级用户口令，整个系统将完全受控于入侵者。

（2）计算机系统本身的脆弱性。计算机系统的硬件和软件故障可影响系统的正常运行，严重时系统会停止工作。系统的硬件故障通常有硬件故障、电源故障、芯片主板故障、驱动器故障等；系统的软件故障通常有操作系统故障、应用软件故障和驱动程序故障等。

（3）电磁泄漏。计算机网络中的网络端口、传输线路和各种处理机都有可能因屏蔽不严或未屏蔽而造成电磁信息辐射，从而造成有用信息甚至机密信息泄漏。

（4）数据的可访问性。进入系统的用户可方便地复制系统数据而不留任何痕迹；网络用户在一定的条件下，可以访问系统中的所有数据，并可将其复制、删除或破坏掉。

（5）通信系统和通信协议的弱点。网络系统的通信线路面对各种威胁显得非常脆弱，非法用户可对线路进行物理破坏、搭线窃听、通过未保护的外部线路访问系统内部信息等。

通信协议 TCP/IP 及 FTP、E-mail、NFS、WWW 等应用协议都存在安全漏洞，如 FTP 的匿名服务浪费系统资源；E-mail 中潜伏着电子炸弹、病毒等威胁互联网安全；WWW 中使用的通用网关接口（computer graphic image，CGI）程序、Java Applet 程序和 SSI 等都可能成为黑客的工具；黑客可采用 Sock、TCP 预测或远程访问直接扫描等攻击防火墙。

（6）数据库系统的脆弱性。由于数据库管理系统对数据库的管理是建立在分级管理的概念上，因此，DBMS 的安全必须与操作系统的安全配套，这无疑是一个先天的不足之处。

黑客通过探访工具可强行登录或越权使用数据库数据，可能会带来巨大损失；数据加密往往与 DBMS 的功能发生冲突或影响数据库的运行效率。

由于服务器/浏览器（B/S）结构中的应用程序直接对数据库进行操作，所以，使用 B/S 结构的网络应用程序的某些缺陷可能威胁数据库的安全。

（7）网络存储介质的脆弱。各种存储器中存储大量的信息，这些存储介质很容易被盗窃或损坏，造成信息的丢失；存储器中的信息也很容易被复制而不留痕迹。

此外，网络系统的脆弱性还表现为保密的困难性、介质的剩磁效应和信息的聚生性等。

3.1.4　网络系统的威胁

网络系统面临的威胁主要来自外部的人为影响和自然环境的影响，它们包括对网络设备的威胁和对网络中信息的威胁。这些威胁的主要表现有：非法授权访问、假冒合法用户、病毒破坏、线路窃听、黑客入侵、干扰系统正常运行、修改或删除数据等。这些威胁大致可分为无意威胁和故意威胁两大类。

1）无意威胁

无意威胁是在无预谋的情况下破坏系统的安全性、可靠性或信息的完整性。无意威胁主要是由一些偶然因素引起，如软件、硬件的机能失常、人为误操作、电源故障和自然灾害等。

人为的失误现象有：人为误操作、管理不善而造成系统信息丢失，设备被盗，发生火灾、水灾，安全设置不当而留下安全漏洞，用户口令不慎暴露，信息资源共享设置不当而被非法用户访问等。

自然灾害威胁如地震、风暴、泥石流、洪水、闪电雷击、虫鼠害及高温、各种污染等构成的威胁。

2）故意威胁

故意威胁实际上就是"人为攻击"。由于网络本身存在脆弱性，因此，总有某些人或某些组织想方设法利用网络系统达到某种目的，如从事工业、商业或军事情报搜集工作的"间谍"，对相应领域的网络信息是最感兴趣的，他们对网络系统的安全构成了主要威胁。

被动攻击和主动攻击有以下 4 种具体类型：

（1）窃取。攻击者未经授权浏览了信息资源。这是对信息保密性的威胁，例如，通过搭线捕获线路上传输的数据等。

（2）中断。攻击者中断正常的信息传输，使接收方收不到信息，正常的信息变得无用或无法利用，这是对信息可用性的威胁，例如，破坏存储介质、切断通信线路、侵犯文件管理系统等。

（3）篡改。攻击者未经授权而访问了信息资源，并篡改了信息。这是对信息完整性的威胁，例如，修改文件中的数据、改变程序功能、修改传输的报文内容等。

（4）伪造。攻击者在系统中加入了伪造的内容。这也是对数据完整性的威胁，如向网络用户发送虚假信息，在文件中插入伪造的记录等。

3.1.5 网络安全防范

（1）利用虚拟网络技术，防止基于网络监听的入侵手段。

（2）利用防火墙技术保护网络免遭黑客袭击。

（3）利用病毒防护技术可以防毒、查毒和杀毒。

（4）利用入侵检测技术提供实时的入侵检测并采取相应的防护手段。

（5）安全扫描技术为发现网络安全漏洞提供了强大的支持。

（6）采用认证和数字签名技术。认证技术用以解决网络通信过程中通信双方的身份认可，数字签名技术用于通信过程中的不可抵赖要求的实现。

（7）采用 VPN 技术。我们将利用公共网络实现的私用网络称为虚拟私用网 VPN。

（8）利用应用系统的安全技术以保证电子邮件和操作系统等应用平台的安全。

3.1.6 操作系统存在的安全问题

操作系统软件自身的不安全性，系统开发设计的不周而留下的破绽，都给网络安全留下隐患。

（1）操作系统结构体系的缺陷。操作系统本身有内存管理、CPU 管理、外设的管理，每个管理都涉及一些模块或程序，如果在这些程序里面存在问题，比如，内存管理的问题，外部网络的一个连接过来，刚好连接一个有缺陷的模块，可能计算机系统会因此崩溃。所以，有些黑客往往是针对操作系统的不完善进行攻击，使计算机系统特别是服务器系统立刻瘫痪。

（2）操作系统支持在网络上传送文件、加载或安装程序，包括可执行文件，这些功能也会带来不安全因素。

（3）操作系统不安全的一个原因在于它可以创建进程，支持进程的远程创建和激活，支持被创建的进程继承创建的权利，这些机制提供了在远端服务器上安装"间谍"软件的条件。

（4）操作系统有些守护进程，它是系统的一些进程，总是在等待某些事件的出现，但是有些进程是一些病毒，一碰到特定的情况，比如，碰到7月1日，它就会把用户的硬盘格式化，这些进程就是很危险的守护进程，平时它可能不起作用，可是在某些条件发生，比如，7月1日，它才发生作用，如果操作系统有些守护进程被人破坏掉就会出现这种不安全的情况。

（5）操作系统会提供一些远程调用功能，所谓远程调用就是一台计算机可以调用远程一个大型服务器里面的一些程序，可以提交程序给远程的服务器执行，如 telnet。远程调用要经过很多的环节，中间的通信环节可能会出现被人监控等安全问题。

（6）操作系统的后门和漏洞。后门程序是指那些绕过安全控制而获取对程序或系统访问权的程序方法。

（7）尽管操作系统的漏洞可以通过版本的不断升级来克服，但是系统的某一个安全漏洞就会使得系统的所有安全控制毫无价值。

3.1.7 数据库存储的内容存在的安全问题

数据库管理系统大量的信息存储在各种各样的数据库里面，包括我们上网看到的所有信息，数据库主要考虑的是信息方便存储、利用和管理，但在安全方面考虑得比较少。例如，授权用户超出了访问权限进行数据的更改活动；非法用户绕过安全内核窃取信息。对于数据库的安全而言，就是要保证数据的安全可靠和正确有效，即确保数据的安全性、完整性。数据的安全性是防止数据库被破坏和非法存取；数据库的完整性是防止数据库中存在不符合语义的数据。

3.1.8 防火墙的脆弱性

防火墙指的是一个由软件和硬件设备组合而成、在内部网和外部网之间、专用网与公共网之间的界面上构造的保护屏障，它是一种计算机硬件和软件的结合，使 Internet 与 Intranet 之间建立起一个安全网关（security gateway），从而保护内部网免受非法用户的侵入。

但防火墙只能提供网络的安全性，不能保证网络的绝对安全，它也难以防范网络内部的攻击和病毒的侵犯。并不能指望防火墙靠自身就能够给予计算机安全。防火墙保护你免受一类攻击的威胁，但是却不能防止从 LAN 内部攻击，若是内部的人和外部的人联合起来，即使防火墙再强，也是没有优势的。它甚至不能保护你免受所有那些它能检测到的攻击。随着技术的发展，还有一些破解的方法也使得防火墙造成一定隐患。这就是防火墙的局限性。

3.1.9　其他方面的因素

计算机系统硬件和通信设施极易遭受自然环境的影响，如各种自然灾害（地震、泥石流、水灾、风暴、建筑物破坏等）对计算机网络构成威胁。还有一些偶发性因素，如电源故障、设备的机能失常、软件开发过程中留下的某些漏洞等，也对计算机网络构成严重威胁。此外，管理不好、规章制度不健全、安全管理水平较低、操作失误、渎职行为等都会对计算机信息安全造成威胁。

3.2　相关对策

3.2.1　技术层面对策

对于技术方面，计算机网络安全技术主要有实时扫描技术、实时监测技术、防火墙、完整性检验保护技术、病毒情况分析报告技术和系统安全管理技术。综合起来，技术层面可以采取以下对策：

（1）建立安全管理制度。提高包括系统管理员和用户在内的人员的技术素质和职业道德修养。对重要部门和信息，严格做好开机查毒、及时备份数据，这是一种简单有效的方法。

（2）网络访问控制。访问控制是网络安全防范和保护的主要策略。它的主要任务是保证网络资源不被非法使用和访问。它是保证网络安全最重要的核心策略之一。访问控制涉及的技术比较广，包括入网访问控制、网络权限控制、目录级控制以及属性控制等多种手段。

（3）数据库的备份与恢复。数据库的备份与恢复是数据库管理员维护数据安全性和完整性的重要操作。备份是恢复数据库最容易和最能防止意外的保证方法。恢复是在意外发生后利用备份来恢复数据的操作。有 3 种主要备份策略：只备份数据库、备份数据库和事务日志、增量备份。

（4）应用密码技术。应用密码技术是信息安全核心技术，密码手段为信息安全提供了可靠保证。基于密码的数字签名和身份认证是当前保证信息完整性的最主要方法之一，密码技术主要包括古典密码体制、单钥密码体制、公钥密码体制、数字签名以及密钥管理。

（5）切断传播途径。对被感染的硬盘和计算机进行彻底杀毒处理，不使用来历不明的 U盘和程序，不随意下载网络可疑信息。

（6）提高网络反病毒技术能力。通过安装病毒防火墙进行实时过滤。对网络服务器中的文件进行频繁扫描和监测，在工作站上采用防病毒卡，加强网络目录和文件访问权限的设置。在网络中，限制只能由服务器才允许执行的文件。

（7）研发并完善高安全的操作系统。研发具有高安全的操作系统，不给病毒得以滋生的温床才能更安全。

3.2.2 管理层面对策

计算机网络的安全管理，不仅要看所采用的安全技术和防范措施，而且要看它所采取的管理措施和执行计算机安全保护法律、法规的力度。只有将两者紧密结合，才能使计算机网络安全确实有效。

计算机网络的安全管理，包括对计算机用户的安全教育、建立相应的安全管理机构、不断完善和加强计算机的管理功能、加强计算机及网络的立法和执法力度等方面。加强计算机安全管理，加强用户的法律、法规和道德观念，提高计算机用户的安全意识，对防止计算机犯罪、抵制黑客攻击和防止计算机病毒干扰，是十分重要的措施。

3.2.3 物理安全层面对策

要保证计算机网络系统的安全、可靠，必须保证系统实体有个安全的物理环境条件。这个安全的环境是指机房及其设施，主要包括以下内容：

（1）计算机系统的环境条件。计算机系统的安全环境条件，包括温度、湿度、空气洁净度、腐蚀度、虫害、振动和冲击、电气干扰等方面，都要有具体的要求和严格的标准。

（2）机房场地环境的选择。计算机系统选择一个合适的安装场所十分重要。它直接影响系统的安全性和可靠性。选择计算机房场地，要注意其外部环境的安全性、地质的可靠性、场地的抗电磁干扰性，避开强振动源和强噪声源，并避免设在建筑物高层和用水设备的下层或隔壁。还要注意出入口的管理。

（3）机房的安全防护。机房的安全防护是针对环境的物理灾害和防止未授权的个人或团体破坏、篡改或盗窃网络设施、重要数据而采取的安全措施和对策。为做到区域安全，首先，应考虑物理访问控制来识别访问用户的身份，并对其合法性进行验证；其次，对来访者必须限定其活动范围；再次，要在计算机系统中心设备外设多层安全防护圈，以防止非法暴力入侵；最后，设备所在的建筑物应具有抵御各种自然灾害的设施。

计算机网络安全是一项复杂的系统工程，涉及技术、设备、管理和制度等多方面的因素，安全解决方案的制订需要从整体上进行把握。网络安全解决方案是综合各种计算机网络信息系统安全技术，将安全操作系统技术、防火墙技术、病毒防护技术、入侵检测技术、安全扫描技术等综合起来，形成一套完整的、协调一致的网络安全防护体系。我们必须做到管理和技术并重，安全技术必须结合安全措施，并加强计算机立法和执法的力度，建立备份和恢复机制，制定相应的安全标准。此外，由于计算机病毒、计算机犯罪等技术是不分国界的，因此，必须进行充分的国际合作，来共同对付日益猖獗的计算机犯罪和计算机病毒等问题。

3.3 数字证书

3.3.1 数字证书的性质

数字证书的作用主要体现在因特网（Internet）电子商务系统，必须保证具有十分可靠的安全保密技术。也就是说，必须保证网络安全的四大要素，即信息传输的保密性、交易者身份的确定性、发送信息的不可否认性、数据交换的完整性。

（1）信息保密性。交易中的商务信息均有保密的要求。如信用卡的账号和用户名被人知悉就可能被盗用，订货和付款的信息被竞争对手获悉就可能丧失商机。而CA中心颁发的数字安全证书保证了电子商务信息传播中信息的保密性。

（2）身份确定性。网上交易的双方很可能素昧平生，相隔千里。要使交易成功首先要能确认对方身份，商家要考虑客户端的可信度，而客户也会担心网上的商店是一家黑店。因此，能方便而可靠地确认对方身份是交易的前提。对于为顾客或用户开展服务的银行、信用卡公司和销售商店，为了做到安全、保密、可靠地开展服务活动，都要进行身份认证的工作。而CA中心颁发的电子签名可保证网上交易双方的身份，银行和信用卡公司可以通过CA认证确认身份，放心地开展网上业务。

（3）不可否认性。由于商情的千变万化，交易一旦达成是不能被否认的。否则，必然会损害一方的利益。例如，订购黄金，订货时金价较低，但收到订单后，金价上涨了，如收单方否认收到订单的实际时间，甚至否认收到订单的事实，则订货方就会蒙受损失。因此，CA中心颁发的数字安全证书确保了电子交易通信过程的各个环节的不可否认性，使交易双方的利益不受到损害。

（4）完整性（不可篡改性）。交易的文件是不可被修改的，如上例所举的订购黄金。供货单位在收到订单后，发现金价大幅上涨了，如其能改动文件内容，将订购数1吨改为1克，则可大幅受益，那么订货单位可能就会因此而蒙受损失。因此，CA中心颁发的数字安全证书也确保了电子交易文件的不可修改性，以保证交易的严肃性和公正性。

数字证书是一种权威性的电子文档，它提供了一种在Internet上验证身份的方式。其作用类似于司机的驾驶执照或日常生活中的身份证。它是由一个权威机构——CA证书授权（certificate authority）中心发行的，人们可以在互联网交往中用它来识别对方的身份。即以数字证书为核心的加密技术可以对网络上传输的信息进行加密和解密、数字签名和签名验证，确保网上传递信息的机密性、完整性，以及交易实体身份的真实性和签名信息的不可否认性。当然，在数字证书认证的过程中，数字证书认证中心（CA）作为权威的、公正的、可信赖的第三方，其作用是至关重要的。数字证书也必须具有唯一性和可靠性。

3.3.2　数字证书的原理

数字证书采用公钥密码体制，即利用一对互相匹配的密钥进行加密、解密。每个用户拥有一把仅为本人所掌握的私有密钥（私钥），用它进行解密和签名；同时，拥有一把公共密钥（公钥）并可以对外公开，用于加密和验证签名。当发送一份保密文件时，发送方使用接收方的公钥对数据加密，而接收方则使用自己的私钥解密，这样，信息就可以安全无误地到达目的地了，即使被第三方截获，由于没有相应的私钥，也无法进行解密。通过数字的手段保证加密过程是一个不可逆的过程，即只有用私有密钥才能解密。在公开密钥密码体制中，常用的一种是 RSA 体制。

用户也可以采用自己的私钥对信息加以处理，由于密钥仅为本人所有，这样就产生了别人无法生成的文件，也就形成了数字签名。采用数字签名，能够确认以下两点：

（1）保证信息是由签名者自己签名发送的，签名者不能否认或难以否认。

（2）保证信息自签发后到收到为止未曾做过任何修改，签发的文件是真实文件。

3.3.3　数字证书的作用

数字证书可用于发送安全电子邮件、访问安全站点、网上证券、网上招标采购、网上签约、网上办公、网上缴费、网上税务等网上安全电子事务处理和安全电子交易活动。数字证书的格式一般采用 X.509 国际标准。

公钥认证，实际上是使用一对加密字符串，一个称为公钥（publickey），任何人都可以看到其内容，用于加密；另一个称为密钥（privatekey），只有拥有者才能看到，用于解密。通过公钥加密过的密文使用密钥可以轻松解密，但根据公钥来猜测密钥却十分困难。ssh 的公钥认证就是使用了这一特性。服务器和客户端都各自拥有自己的公钥和密钥。

计算机网络安全习题

一、单项选择题

1. 网络攻击的发展趋势是（   ）。

A. 黑客技术与网络病毒日益融合   B. 攻击工具日益先进

C. 病毒攻击   D. 黑客攻击

2. HTTP默认端口号为（   ）。

A. 21   B. 80   C. 8080   D. 23

3. 网络监听是（   ）。

A. 远程观察一个用户的计算机   B. 监视网络的状态、传输的数据流

C. 监视PC系统的运行情况   D. 监视一个网站的发展方向

4. 计算机网络的安全是指（   ）。

A. 网络中设备设置环境的安全   B. 网络中信息的安全

C. 网络中使用者的安全   D. 网络中财产的安全

5. （   ）是网络通信中标志通信各方身份信息的一系列数据，提供一种在Internet上验证身份的方式。

A. 数字认证   B. 数字证书   C. 电子证书   D. 电子认证

6. 数字签名功能不包括（   ）。

A. 防止发送方的抵赖行为   B. 接收方身份确认

C. 发送方身份确认   D. 保证数据的完整性

7. 防火墙能够（   ）。

A. 防范通过它的恶意连接   B. 防范恶意的知情者

C. 防备新的网络安全问题   D. 完全防止传送已被病毒感染的软件和文件

8. 数据完整性指的是（   ）。

A. 保护网络中各系统之间交换的数据，防止因数据被截获而造成泄密

B. 提供连接实体身份的鉴别

C. 防止非法实体对用户的主动攻击，保证数据接受方收到的信息与发送方发送的信息完全一致

D. 确保数据是由合法实体发出的

9. 黑客利用IP地址进行攻击的方法有（   ）。

A. IP欺骗   B. 解密   C. 窃取口令   D. 发送病毒

10. 防止用户被冒名所欺骗的方法是（   ）。

A. 对信息源发方进行身份验证

B. 进行数据加密

C. 对访问网络的流量进行过滤和保护

D. 采用防火墙

11. CA指的是（   ）。

A. 证书授权   B. 加密认证   C. 虚拟专用网   D. 安全套接层

12. 以下哪一项不属于计算机病毒的防治策略（   ）。

A. 防毒能力   B. 查毒能力   C. 解毒能力   D. 禁毒能力

13. 加密技术不能实现（   ）。

A. 数据信息的完整性   B. 基于密码技术的身份认证

C. 机密文件加密   D. 基于IP头信息的包过滤

14. 以下关于数字签名说法正确的是（   ）。

A. 数字签名是在所传输的数据后附加上一段和传输数据毫无关系的数字信息

B. 数字签名能够解决数据的加密传输，即安全传输问题

C. 数字签名一般采用对称加密机制

D. 数字签名能够解决篡改、伪造等安全性问题

15. 以下关于CA认证中心说法正确的是（   ）。

A. CA认证是使用对称密钥机制的认证方法

B. CA认证中心只负责签名，不负责证书的产生

C. CA认证中心负责证书的颁发和管理，并依靠证书证明一个用户的身份

D. CA认证中心不用保持中立，可以随便找一个用户来作为CA认证中心

16. 关于CA和数字证书的关系，以下说法不正确的是（   ）。

A. 数字证书是保证双方之间的通信安全的电子信任关系，他由CA签发

B. 数字证书一般依靠CA中心的对称密钥机制来实现

C. 在电子交易中，数字证书可以用于表明参与方的身份

D. 数字证书能以一种不能被假冒的方式证明证书持有人身份

17. 下面关于个人防火墙的特点的说法中，错误的是（   ）。

A. 个人防火墙可以抵挡外部攻击

B. 个人防火墙能够隐蔽个人计算机的IP地址等信息

C. 个人防火墙既可以对单机提供保护，也可以对网络提供保护

D. 个人防火墙占用一定的系统资源

18. 下面关于防火墙的说法中，正确的是（   ）。

A. 防火墙不会降低计算机网络系统的性能

B. 防火墙可以解决来自内部网络的攻击

C. 防火墙可以阻止感染病毒文件的传送

D. 防火墙对绕过防火墙的访问和攻击无能为力

19. 下列说法中，属于防火墙代理技术缺点的是（　　　）。

A. 代理不易于配置　　　　　　　B. 处理速度较慢

C. 代理不能生成各项记录　　　　D. 代理不能过滤数据内容

20. 计算机网络安全的目标不包括（　　　）。

A. 保密性　　　　　　　　　　　B. 不可否认性

C. 免疫性　　　　　　　　　　　D. 完整性

21. 下列关于网络防火墙的说法错误的是（　　　）。

A. 网络防火墙不能解决来自内部网络的攻击和安全问题

B. 网络防火墙能防止受病毒感染的文件的传输

C. 网络防火墙不能防止策略配置不当或错误配置引起的安全威胁

D. 网络防火墙不能防止本身安全漏洞的威胁

22. 关于计算机病毒，下列说法错误的是（　　　）。

A. 计算机病毒是一个程序

B. 计算机病毒具有传染性

C. 计算机病毒的运行不消耗CPU资源

D. 病毒并不一定都具有破坏力

23. 病毒的运行特征和过程是（　　　）。

A. 入侵、运行、驻留、传播、激活、破坏

B. 传播、运行、驻留、激活、破坏、自毁

C. 入侵、运行、传播、扫描、窃取、破坏

D. 复制、运行、撤退、检查、记录、破坏

24. 以下方法中，不适用于检测计算机病毒的是（　　　）。

A. 特征代码法　　B. 校验和法　　C. 加密　　　　　D. 软件模拟法

25. 下面属于网络防火墙功能的是（　　　）。

A. 过滤进、出网络的数据　　　　B. 保护内部和外部网络

C. 保护操作系统　　　　　　　　D. 阻止来自于内部网络的各种危害

26. 包过滤防火墙工作在（　　　）。

A. 网络层　　　B. 传输层　　　C. 会话层　　　D. 应用层

27. 关于数字签名与手写签名，下列说法中错误的是（　　　）。

A. 手写签名和数字签名都可以被模仿

B. 手写签名可以被模仿，而数字签名在不知道密钥的情况下无法被模仿

C. 手写签名对不同内容是不变的

D. 数字签名对不同的消息是不同的

28. 防火墙对进出网络的数据进行过滤，主要考虑的是（　　）。

A. 内部网络的安全性　　　　　B. 外部网络的安全性

C. Internet的安全性　　　　　D. 内部网络和外部网络的安全性

29. 安全操作常识不包括（　　）。

A. 不要扫描来历不明的二维码　　B. 不要复制保存不明的作者的图片

C. 不要下载安装不明底细的软件　D. 不要打开来历不明的电子邮件的附件

30. 电子签名是依附于电子文书的，经组合加密的电子形式的签名，表明签名人认可该文书中的内容，具有法律效力。电子签名的作用不包括（　　）。

A. 防止签名人抵赖法律责任　　B. 防止签名人入侵信息系统

C. 防止他人伪造该电子文书　　D. 防止他人冒用该电子文书

31. 信息系统中，防止非法使用者盗取、破坏信息的安全措施要求：进不来、拿不走、改不了、看不懂。以下（　　）技术不属于安全措施。

A. 加密　　　B. 压缩　　　C. 身份识别　　　D. 访问控制

32. 以下选项中，（　　）违背了公民信息道德，其他3项行为则违反了国家有关的法律法规。

A. 在互联网上煽动民族仇恨

B. 在互联网上宣扬和传播色情

C. 将本单位在工作中获得的公民个人信息出售给他人

D. 为猎奇取乐，偷窥他人计算机内的隐私信息

33. （　　）不属于知识产权保护之列。

A. 专利　　　　B. 商标　　　C. 著作和论文　　D. 定理和公式

34. （　　）不是数字签名的功能。

A. 防止发送方的抵赖行为　　　B. 接受方身份确认

C. 发送方身份确认　　　　　　D. 保证数据的完整性

35. 以下关于信息安全的叙述中，不正确的是（　　）。

A. 随着移动互联网和智能终端设备的迅速普及，信息安全隐患日益严峻

B. 预防系统突发事件，保证数据安全，已成为企业信息化的关键问题

C. 人们常说，信息安全措施是七分技术三分管理

D. 保护信息安全应贯穿于信息的整个生命周期

二、填空题

1. 保证计算机网络的安全，就是要保护网络信息在存储和传输过程中的_____、_____、_____、_____和不可抵赖性。

2. 信息安全的大致内容包括三部分：_____、网络安全和_____。

3. 网络攻击的步骤是：隐藏IP、_____、控制或破坏目标系统、_____和在网络中隐身。

4. 防火墙一般部署在_____和_____之间。

5. 分布式入侵检测对信息的处理方法可以分为：分布式信息收集、集中式处理、分布式信息收集、_____。

6. 按照寄生方式的不同，可以将计算机病毒分为_____和复合性病毒。

7. 恶意代码的关键技术主要有：生存技术和_____。

习题

一、单项选择题

1. 计算机网络是指（   ）。

A. 用网线将多台计算机连接

B. 配有计算机网络软件的计算机

C. 用通信线路将多台计算机及外设连接，并配以相应的网络软件所构成的系统

D. 配有网络软件的多台计算机和外部设备

2. 计算机网络由（   ）。

A. 局域网和广域网组成　　　　　B. 计算机、外部设备和网线组成

C. 交换网和广播网组成　　　　　D. 通信子网和资源子网组成

3. 计算机网络设备包括（   ）。

A. 计算机和外部设备　　　　　　B. 局域网和广域网

C. 交换网和广播网　　　　　　　D. 通信子网和资源子网

4. 计算机之间的通信（   ）。

A. 是通过网线实现的　　　　　　B. 是通过网络协议实现的

C. 是通过局域网实现的　　　　　D. 是通过交换网实现的

5. 按照网络覆盖的范围，计算机网络可分为（   ）。

A. 交换网和广播网　　　　　　　B. 服务器和客户机

C. 通信子网和资源子网　　　　　D. 局域网和广域网

6. 计算机网络协议是指（　　　）。

A. 计算机通信线路

B. 多台计算机之间的连接

C. 计算机之间进行通信所遵循的约定或规则

D. 计算机之间交换信息

7. 计算机网络协议通常由（　　　）。

A. 计算机和通信线路组成

B. 服务器、客户机、网线组成

C. 语义部分、语法部分和同步部分组成

D. 传输顺序、信息格式和信息内容组成

8. 局域网的硬件包括（　　　）。

A. 计算机网络协议、计算机、网线

B. 服务器、工作站、网线、网卡、集线器HUB

C. 网络软件和网络硬件

D. 星型、总线形、环型和树型网络

9. 目前流行的网络拓扑结构有（　　　）。

A. 交换网、广播网、局域网和广域网

B. 服务器、客户机、网线和集线器

C. 星型、总线形、环型和树型

D. 主机、计算机、传输介质和连接设备

10. 局域网的拓扑结构是指（　　　）。

A. 网络中计算机之间的连线

B. 网络中节点互相连接的方法和型式

C. 网络中节点互相连接电缆的类型

D. 网络中计算机的档次和连接方式

11. 星型拓扑结构是指（　　　）。

A. 由中央节点和通过点到点的链路到中央节点的各节点组成

B. 由网络中的计算机及其之间的连线组成

C. 指网络中点对点的连接型式

D. 每个节点只接入一个设备，当连接点出现故障时会影响整个网络

12. 关于总线型拓扑结构，叙述错误的是（　　　）。

A. 在总线型拓扑结构中，所有接点都共享一条公用的数据传输链路

B. 总线型拓扑结构采用单根传输线作为传输介质

C. 在总线型拓扑结构中，某一接点出现故障不会影响整个网络

D. 总线型拓扑结构易于布线，不易于维护。

13. 有关TCP/IP协议错误的说法是（　　　）。

A. TCP/IP是指传输控制/网络互联协议

B. TCP/IP是针对Internet网络而开发的体系结构和协议标准

C. TCP/IP协议的基本传输单位是数据包（datagram）

D. TCP/IP协议目的是解决同种网络的通信问题

14. 关于IP地址的叙述，不正确的是（　　　）。

A. IP地址是指接入Internet网络的计算机地址

B. 在Internet网上的两台计算机可以用同一个IP地址

C. 每个IP地址占用4个字节（32位）

D. 每个IP地址由网络标识（Netid）和主机标识（Hostid）组成

15. 有关域名的叙述，不正确的是（　　　）。

A. 域名与IP地址一一对应

B. 当用户访问Internet网上某台计算机时，只能使用域名，不能使用IP地址

C. 域名地址的一般格式：计算机名、组织机构名、最高层域名

D. 域名是由字符和圆点组成的

16. 关于客户机/服务器模式错误的是（　　　）。

A. 客户机/服务器是由服务器和若干客户机组成

B. Internet网络采用客户机/服务器模式C/S

C. Internet网络不采用客户机/服务器模式

D. 用户在客户机提出数据请求和服务请求，服务器接收用户请求并处理请求，把处理结果回送到客户机

17. 关于电子邮件的说法，正确的是（　　　）。

A. 利用电子邮件系统只能进行发送邮件

B. 利用电子邮件系统只能进行接收邮件

C. 电子信箱应开设一个账户，不必有信箱地址

D. 电子邮件是一种利用电子手段提供信息交换的通信方式

18. 关于WWW的叙述，错误的是（　　　）。

A. WWW称为全球信息网

B. WWW将分散在世界各地Web服务器中的信息，用超文本方式链接在一起，供Internet网上的用户查询

C. WWW是将Internet网上的计算机用通信线路连接起来

D.　WWW称为万维网

19.　关于HTML语言的叙述，不正确的是（　　　　）。

A.　可以使用HTML语言编写一个网页

B.　HTML程序只能用专用软件编写，不能用一般的文本编辑软件编写

C.　用HTML语言编写的网页可以在Internet网上发布

D.　HTML称为超文本标识语言

20.　下列哪一个不是网络能实现的功能（　　　　）。

A.　数据通信　　　　B.　资源共享　　　　C.　负荷均衡　　　　D.　控制其他工作站

21.　计算机网络的主要目的是（　　　）。

A.　使用计算机更方便

B.　学习计算机网络知识

C.　测试计算机技术与通信技术结合的效果

D.　共享联网计算机资源

22.　ISO/OSI模型的第3层是（　　　　）。

A.　物理层　　　　B.　网络层　　　　C.　数据链路层　　　D.　传输层

23.　（　　　）多用于同类局域之间的互联。

A.　中继器　　　　B.　网桥　　　　C.　路由器　　　　D.　网关

24.　调制解调器（modem）的功能是实现（　　　　）。

A.　模拟信号与数字信号的转换　　　　B.　模拟信号放大

C.　数字信号编码　　　　D.　数字信号的整型

25.　Internet上各种网络和各种不同类型的计算机相互通信的基础是（　　　）协议。

A.　TCP/IP　　　　B.　SPX/IPX　　　　C.　CSM/CD　　　　D.　X.25

26.　电子邮件是世界上使用最广泛的Internet服务，下面（　　　）是一个电子邮件地址。

A.　sjq@127.110.110.21　　　　B.　http：//127.110.110.46

C.　ftp://ftp.nctu.edu.cn/　　　　D.　Ping198.105.232.2

27.　下面IP地址中，正确的是（　　　）。

A.　202.9.1.12　　　　B.　CX.9.23.01

C.　202.122.202.345.34　　　　D.　202.156.33.D

28.　http://www.njtu.edu.cn/是Internet上一台计算机的（　　　　）。

A.　域名　　　　B.　IP地址　　　　C.　非法地址　　　　D.　协议名称

29.　万维网引进了超文本的概念，超文本指的是（　　　　）。

A.　包含多种文本的文本　　　　B.　包括图像的文本

C.　包含多种颜色的文本　　　　D.　包含链接的文本

30. 拨号接入Internet需各种条件，以下各项中不是必须的是（　　　）。

A. IE 5.0浏览器　　　　　　　　　　B. 电话线

C. ISP 提供的电话线　　　　　　　　D. 调制解调器

二、思考题

（1）简述计算机网络的定义。你从该定义中对计算机网络有了怎样的了解？

（2）计算机网络的发展可以划分为几个阶段？每个阶段各有什么特点？

（3）资源子网与通信子网在功能上有哪些差异？

（4）画出A类、B类、C类IP地址的格式。

（5）简述域名系统及其优点。

（6）计算机网络中的共享资源是指什么？

（7）计算机网络中，网络协议作用是什么？

（8）写出网址http：/tech.163.com/special/0000915AV/people.html的各部分组成。

（9）局域网与广域网的区别？

（10）Internet目前提供的主要功能有哪些？

三、操作题

1. 互联网络接入设置练习：

实现单台计算机使用Adsl Modem连接到Internet，实现多台计算机通过有线或无线方式连接到无线宽带路由器，共享ADSL Modem接入Internet。

（1）安装ADSL Modem。

（2）在Windows XP中建立ADSL虚拟拨号连接。

（3）通过建立的ADSL虚拟拨号连接到Internet。

（4）安装无线宽带路由器。

（5）设置无线宽带路由器上网方式、上网账号、上网口令、无线安全选项和DHCP参数。

（6）设置计算机IP地址。

2. Internet服务练习：

1）使用搜索引擎快速搜索查询所需的信息。

（1）在浏览器地址栏中输入搜索引擎地址，搜索引擎自选，可以是百度或谷歌等。

（2）输入"搜索引擎"单个关键字进行搜索。

（3）输入"搜索引擎历史"多个相关联关键字进行搜索。

（4）输入"搜索引擎历史–文化–中国历史–世界历史"多个关联关键字进行搜索。

（5）输入"计算机filetype:txt"进行特定类型文件搜索。

（6）输入"北京OR地图"查看查询结果。

（7）在上述操作中认真体验搜索查询过程。

（8）将百度网站添加到收藏夹中。

（9）搜索苹果手机介绍，并将第1个结果网页保存到我的文档中。

（10）搜索苹果手机图片，并将图片保存到我的文档中。

（11）搜索苹果手机介绍，将第1个结果网页中的文字信息保存到记事本中。

（12）设置浏览器的主页为百度。

2）两个或多个同学之间使用网易免费电子邮箱互发一封带有附件的电子邮件。

（1）在网易上注册，申请免费电子邮箱。

（2）进入电子邮箱，向同学发送电子邮件，以"问候"为主题，内容自行输入。

（3）准备一张图片，以附件形式随同电子邮件发送。

（4）收到同学电子邮件后进行回复。

3）用已有的QQ邮箱，给地址为abc123@sohu.com的邮箱发一封邮件，主题为"查询"，内容为"同学你好！祝贺你考出理想的成绩"。

第7章 软件技术基础

本章学习导读

本章主要介绍算法的基本概念、算法分析及典型算法；程序设计的方法；软件工程的基础知识。通过本章的学习使读者能够理解程序与算法的区别与联系；了解传统程序设计方法与工具；了解目前前沿的程序设计方法；了解软件的概念、软件的生命周期、软件的版权等。

微信扫一扫

1　算法

1.1　算法概念

只有提前思考完成工作的方法和步骤才能较好地解决问题，如在数学中通常需要按照一定的规则解决某一类问题，有明确的步骤；如菜谱则是做菜的步骤，歌谱则是一首歌曲演绎的步骤，电器说明书是电器使用中各功能的操作步骤。如需要用计算机来完成人类的工作也是需要将解决问题的方法和步骤传达到机器中的。

在计算机科学中算法的定义为解题方案的准确而完整的描述，是一系列解决问题的清晰指令，而且步骤是有限的，算法代表着用系统的方法描述解决问题的策略机制。

（1）有穷性。一个算法必须总是（对任何合法的输入值）在执行有穷步之后结束，且每一步都可在有穷的时间内完成。这也是算法与程序的最主要区别，程序可以无限地循环下去，如操作系统的监控程序，在机器启动后就一直在监测着操作者的鼠标动作和输入的命令。

（2）确定性。算法中的每一条指令都必须有明确的含义，不应使读者产生二义性。并且，在任何条件下，算法只有唯一的一条执行路径，即对于相同的输入只能得到相同的输出。

（3）可行性。一个算法是可以被执行的，即算法中的每个操作都可以通过已经实现的基本运算执行有限次来完成。

（4）有输入。根据实际问题需要，一个算法在执行时可能要接收外部数据，也可能无须外部输入。所以，一个算法应有零个或多个输入，这取决于算法本身要实现的功能。

（5）有输出。一个算法在执行完成后，一定要有一个或多个结果或结论。这就要求算法一定要有输出，这些输出是与输入有着某些联系的量。

1.2　算法描述

算法描述指的是用某种方式阐述问题的解决方案，可以用多种方法来描述算法，如自然语言、程序框图、计算机语言程序、伪代码、类计算机语言等。

（1）自然语言。自然语言是最简单的方法，即把算法的各个步骤依次用熟悉的自然语言表达出来。这种方法容易理解，但是不够严谨，会产生不确定性，同时也不能被计算机直接识别和执行。

（2）程序框图。程序框图包括程序流程图和N-S图等算法描述工具。这种方法形象、直观。

（3）伪代码。伪代码是介于自然语言和计算机程序语言之间的一种算法描述，此法简洁、易懂、修改容易但不够直观，出现错误时很难排查。

（4）计算机语言。计算机语言是用某种计算机语言作为工具描述出解决问题的步骤，此法能够直接在计算机上运行，但不够简洁、直观。

1.3 算法评价

（1）正确性。这是算法设计的最基本要求，算法应该严格地按照特定的规格说明去设计，要能够解决给定的问题。

（2）可读性。在设计实现一个项目时，往往不是一个人去独立完成，算法的可读性保证了组员之间的沟通。为了达到可读性的要求，在设计算法时，一般要使用有一定意义的标识符给变量、函数等起名，达到"见名知意"。再者，可以在算法的开头或指令的后面加注释，解释算法和指令的功能。

（3）健壮性。当输入不合法数据时，算法能做出相应的反应或进行适当的处理，避免带着非法数据执行，导致莫名其妙的结果。

（4）高效率。依据算法编制的程序运行速度较快。

（5）低存储。依据算法编制的程序运行时所需内存空间较小。

1.4 算法性能分析

算法分析的两个主要方面是算法的时间复杂度和空间复杂度，其目的主要是考查算法的时间和空间效率，以求改进算法或对解决同一问题的不同算法进行比较。

（1）时间复杂性。在计算算法的执行时间时，使用基本语句的执行次数作为算法的时间度量单位，它是关于问题规模 n 的一个函数 $f(n)$，当问题规模 n 趋近于无穷大时的时间量级就称为算法的渐近时间复杂性，简称时间复杂性或称时间复杂度。记作：$T(n)=O(f(n))$，即 $T(n)$ 是 $f(n)$ 的同阶无穷大。

（2）空间复杂性。空间复杂性也是关于问题规模 n 的一个函数，当问题规模 n 趋近于无穷大时的空间量级就称为算法的渐进空间复杂性，简称"空间复杂性"。记作 $S(n)=O(f(n))$。一般程序所占空间变化不大，所以主要考虑算法的辅助空间需求。

2 程序设计基础

语言是一种人们交流思想、传达信息的工具。中国人使用汉语，英国人、美国人等使用英语，等等。这类语言是在人类历史长期发展过程中渐渐形成的，称自然语言（natural language）。除了自然语言外，还有许多专业性的语言。例如，图纸是工程语言，五线谱是音乐语言，等等。

人们要使用计算机，就必须把要解决的问题告诉计算机，计算机则按照人们的命令进行计算和操作。如何把解决问题的意图告诉计算机，即如何把解题的信息传达给计算机，这就得通过一种特定的"语言"来实现。

当一个算法用某种程序设计语言来描述时，得到的就是程序，即程序是用某种程序设计语言对算法的具体实现。用计算机语言为计算机编写程序解决某种问题，称为程序设计。

2.1　程序设计语言的发展过程

自20世纪60年代以来，世界上公布的程序设计语言已有上千种之多，但是，只有很小一部分得到了广泛的应用。从发展历程来看，程序设计语言可以分为4代。

2.1.1　第1代机器语言

机器语言是由二进制0、1代码指令构成，不同的CPU具有不同的指令系统。机器语言程序难编写、难修改、难维护，需要用户直接对存储空间进行分配，编程效率极低。这种语言已经被渐渐淘汰了。

2.1.2　第2代汇编语言

汇编语言指令是机器指令的符号化，与机器指令存在着直接的对应关系，所以汇编语言同样存在着难学难用、容易出错、维护困难等缺点。但是，汇编语言也有自己的优点：可直接访问系统接口，汇编程序翻译成的机器语言程序的效率高。从软件工程角度来看，只有在高级语言不能满足设计要求，或不具备支持某种特定功能的技术性能（如特殊的输入输出）时，汇编语言才被使用。

2.1.3　第3代高级语言

高级语言是面向用户的、基本上独立于计算机种类和结构的语言。其最大的优点是：形式上接近于算术语言和自然语言，概念上接近于人们通常使用的概念。高级语言的一个命令可以代替几条、几十条甚至几百条汇编语言的指令。因此，高级语言易学易用、通用性强、应用广泛。高级语言种类繁多，可以从应用特点和对客观系统的描述两个方面对其进行进一步分类。

2.1.4　第4代非过程化语言

4GL是非过程化语言，编码时只需说明"做什么"，不需描述算法细节。

2.2　面向过程程序设计

面向过程程序设计是针对处理过程、独立于计算机进行程序设计的语言。设计程序时不必关心计算机的类型和内部结构，只需对解题及实现算法的过程进行设计。

2.2.1　面向过程的结构化编程思想

面向过程程序设计也叫命令式编程，它是基于经典的"冯·诺依曼"计算机模型的。在这种模型里，程序和变量一起存储，程序包含一系列指令，并把这些指令以函数的方式组织起来。通常程序员使用流程图组织这些行为，并描述从一个行为到另一个行为的控制流。这种编程方法的主要原则有：自顶向下、逐步求精、模块化。程序主要的控制结构由 3 种流程语句表现，分别是顺序、选择、循环。常用语言有 C、Pascal、Basic 等。

通俗地说，面向过程倾向于我们做一件事的流程，先做什么，然后做什么，最后做什么。更接近于机器的实际计算过程。

例如，求一个长方形的周长和面积。

以面向过程的程序设计方式思考即从数学角度分析求解方法步骤为：

（1）求长方形周长和面积所需要的已知量必须包括长和宽，由此设定两个变量。

（2）确定长方形周长和面积的算法。

（3）编写两个方法（函数）分别计算长方形的周长和面积。

将以上步骤选择某种结构化程序设计语言实现即完成程序设计。

2.2.2　面向过程的编程思想的特点

面向过程的设计方法易被初学者理解，语句之间的联系性也很紧密。但正是因为这种联结性，随着软件开发技术的不断进步，面向过程出现了很多难以解决的问题。

（1）软件生产率低。软件结构分析与结构设计技术的本质是功能分解，是以过程（或操作）为中心来构造系统和设计程序的。但随着人们对软件功能要求的逐渐提高，这一编程过程就日益冗余、复杂，且出错率提高了。很直观，功能的加强导致了编程难度的加大。

（2）软件维护困难。面向过程的程序有一个很明显的特点。因为是按照完成功能的先后步骤来编写语句的，所以语句和语句之间、模块和模块之间呈现出一种环环相扣的状态，每一步过程的结果都是下一步的前提条件。这样的思维模式很直观，但有一个致命问题：用户在设计过程中，经常会提出这样那样的需求变化，或者软件使用之后经常要进行升级换代。那么，一旦功能方面有了改变，那么牵一发而动全身，推翻的将是整个程序。这对于实际应用来说不啻是一种灾难。

2.3　面向对象程序设计

面向对象编程（object oriented programming，OOP），即面向对象程序设计，是一种计算机编程架构。OOP 的一条基本原则是计算机程序是由单个能够起到子程序作用的单元或对象组合而成。OOP 达到了软件工程的 3 个主要目标：重用性、灵活性和扩展性。为了实现整体运算，每个对象都能够接收信息、处理数据和向其他对象发送信息。

2.3.1　面向对象的编程思想

面向对象编程提供了一种新的模型。在这种模型里，编程的思考方式不再是针对功能的先后步骤，而是完成某项功能的要素与参与对象。它倾向于仿真模拟现实世界，提出了类和对象这两个概念。如将现实世界中实际存在的事物按类划分，相同类的事物具有相同的属性。这些具体的事物用对象来描述。例如，人类、植物类、动物类是按类的范围划分的，动物类中包括多种动物，以犬类为例，犬类就可看作动物类的子类。具体到有只家养的名字叫TOM 的狗就是对象。所以，类是一个抽象的大范围的集合，而对象是细化的实际存在的单个个体。在对象中，固有的属性用变量来描述，对象可以进行的功能则用方法（函数）来描述。

面向对象的本质是更接近于一种人类认知事物所采用的哲学观的计算模型。在具体编程过程中，程序员一般并不急于去研究功能，而首先分析完成这项功能所需要的要素。将每个要素用程序代码加以模拟和描述，构建类、类和类之间采用接口方式进行通信，类的内部则使用封装原则加以保护。类之间的继承性与多态性使得程序更仿真生动，更形象地模拟了现实世界。程序不再仅仅是一行行艰深的代码，它构建出了一个真正的功能模型。

常用的语言有 C++、Java、C#、Smalltalk、EIFFEL 等。

2.3.2　面向对象编程思想的特点

面向过程程序设计编程角度从细节出发，将问题情境细化为先后步骤；而面向对象程序设计编程角度从宏观出发，重在仿真模拟整个情境以及各要素之间的交互。通常用算式"程序 ＝ 类 ＋ 对象 ＋ 通信"来表现面向对象的关键。

面向对象程序设计具有许多优点，它为软件产品扩展和质量保证中的许多问题提供了解决办法；这项技术能够大大提高程序员的生产力，并可提高软件的质量以及降低其维护费用；可以很好地解决面向过程程序设计的缺点；因为面向对象将软件按功能分为若干组成部分，每一部分用若干类描述，在扩展性和健壮性方面的优势都是显而易见的。如果要对软件进行功能修改和维护，那么只修改对应的局部即可，不会影响整个程序的架构。

2.4　并行编程

人类在使用计算机处理工作中会产生大量数据，尤其是现在这个数据爆炸的信息时代，数据量以前所未有的速度增长着，面对如此大量的数据，计算机进入了多核处理器时代，相应的原有的一些应用代码则遭遇到性能方面的瓶颈，因此并行编程应运而生。

并行程序设计是在并行计算机上编写求解应用问题的并行程序技术，实现并行程序的 4 个要素是并行体系结构、并行系统软件、并行程序设计语言和并行算法，并行语言是程序员进行并行程序设计的文本，也是编译系统对并行程序编译所依据的文本，它具有以下 3 个特性：①并行模式；②并行操作粒度；③并行任务之间的通信模式。其中，并行模式的选择直接影响了并行程序的正确性和效率，从而影响了整个系统的性能，因此，选择一种有效的并行编程模式可以更好地提高系统的性能和效率。

并行编程中用到的模式有以下 6 种：①任务播种；②单控制流多数据流；③数据流水线；④分治策略；⑤投机并行；⑥混合模型。

并行程序设计模型有：

（1）数据并行模型，适用于 SIMD 并行机，代表编程工具有 Fortran 90，HPF。

（2）共享存储模型，适用于共享存储多处理器，代表编程工具有 Pthread，OpenMP。

（3）消息传递模型，适用于多计算机，代表编程工具有 MPI，PVM。

并行算法与并行编程是高性能计算应用研究的主要内容。面向高性能数值模拟，它们主要用于支持物理建模和计算方法在超级计算机上的设计与实现，从而支持超大规模并行应用软件的研制与应用。十多年来，我国超级计算机的性能持续提升，已经从每秒万亿次、十万亿次、千万亿次提升到了亿亿次量级，体系结构和编程模型发生了很大的变化。与此同时，数值模拟的实际应用也逐步呈现多物理场耦合、多时空尺度、强非线性强间断、多介质大变形、三维复杂几何构型的复杂特征，超大规模并行应用软件的研发越来越依赖于并行算法与并行编程的创新研究。

2.5　程序设计风格

程序设计风格指一个人编制程序时所表现出来的特点、习惯逻辑思路等。在程序设计中要使程序结构合理、清晰，形成良好的编程习惯，对程序的要求不仅可以在机器上执行，给出正确的结果，而且要便于程序的调试和维护，这就要求编写的程序不仅自己要看得懂，而且也要让别人能看懂。随着计算机技术的发展，软件的规模增大了，软件的复杂性也增强了。为了提高程序的可阅读性，要建立良好的编程风格。

风格就是一种好的规范，当然我们所说的程序设计风格肯定是一种好的程序设计规范，包括良好的代码设计、函数模块、接口功能以及可扩展性等，更重要的就是程序设计过程中代码的风格，包括缩进、注释、变量及函数的命名、泛型和容易理解。

形成良好的程序设计风格应做到以下五点：

2.5.1　源程序文档化

（1）标识符应按意取名。

（2）程序应加注释。注释是程序员与日后读者之间通信的重要工具，用自然语言或伪码描述。它说明了程序的功能，特别在维护阶段，对理解程序提供了明确指导。注释分序言性注释和功能性注释。

序言性注释应置于每个模块的起始部分，主要内容有：①说明每个模块的用途、功能。②说明模块的接口。调用形式、参数描述及从属模块的清单。③数据描述。重要数据的名称、用途、限制、约束及其他信息。④开发历史。设计者、审阅者姓名及日期，修改说明及日期。

功能性注释嵌入在源程序内部，说明程序段或语句的功能以及数据的状态。注意以下三点：①注释用来说明程序段，而不是每一行程序都要加注释。②使用空行或缩格或括号，以便很容易区分注释和程序。③修改程序也应修改注释。

2.5.2 数据说明原则

为了使数据定义更易于理解和维护，有以下指导原则：

（1）数据说明顺序应规范，使数据的属性更易于查找，从而有利于测试、纠错与维护。例如，按以下顺序：常量寿命、类型说明、全程量说明、局部量说明。

（2）一个语句说明多个变量时，各变量名按字典序排列。

（3）对于复杂的数据结构，要加注释，说明在程序实现时的特点。

2.5.3 语句构造原则

语句构造的原则是：简单直接，不能为了追求效率而使代码复杂化。为了便于阅读和理解，不要一行多个语句。不同层次的语句采用缩进形式，使程序的逻辑结构和功能特征更加清晰。要避免复杂的判定条件，避免多重的循环嵌套。表达式中使用括号以提高运算次序的清晰度等等。

2.5.4 输入输出原则

输入和输出在编写输入和输出程序时考虑以下原则：

（1）输入操作步骤和输入格式尽量简单。

（2）应检查输入数据的合法性、有效性，报告必要的输入状态信息及错误信息。

（3）输入一批数据时，使用数据或文件结束标志，而不要用计数来控制。

（4）交互式输入时，提供可用的选择和边界值。

（5）当程序设计语言有严格的格式要求时，应保持输入格式的一致性。

（6）输出数据表格化、图形化。

输入、输出风格还受其他因素的影响，如输入、输出设备，用户经验及通信环境等。

2.5.5 追求效率原则

指处理机时间和存储空间的使用，对效率的追求明确以下几点：

（1）效率是一个性能要求，目标在需求分析给出。

（2）追求效率建立在不损害程序可读性或可靠性的基础上，要先使程序正确，再提高程序效率；先使程序清晰，再提高程序效率。

（3）提高程序效率的根本途径在于选择良好的设计方法、良好的数据结构算法，而不是靠编程时对程序语句做调整。

2.6 程序设计基本过程

程序设计（programming）是给出解决特定问题程序的过程，是软件构造活动中的重要组成部分。程序设计往往以某种程序设计语言为工具，给出这种语言下的程序。程序设计过程应当包括分析、设计、编码、测试、排错等不同阶段。专业的程序设计人员常被称为程序员。

程序设计的一般步骤为：

（1）分析问题，对于接受的任务要进行认真的分析，研究所给定的条件，分析最后应达到的目标，找出解决问题的规律，选择解题的方法，完成实际问题。

（2）设计算法，即设计出解题的方法和具体步骤。

（3）编写程序，根据得到的算法，用一种高级语言编写出源程序，并通过测试。

（4）对源程序进行编辑、编译和连接。

（5）运行程序，分析结果。运行可执行程序，得到运行结果。能得到运行结果并不意味着程序正确，要对结果进行分析，看它是否合理。不合理要对程序进行调试，即通过上机发现和排除程序中的故障的过程。

（6）编写程序文档。许多程序是提供给别人使用的，如同正式的产品应当提供产品说明书一样，正式提供给用户使用的程序，必须向用户提供程序说明书。内容应包括程序名称、程序功能、运行环境、程序的装入和启动、需要输入的数据，以及使用注意事项等。

3　软件工程基础

3.1　软件与软件危机

软件指与计算机系统的操作有关的计算机程序、规程、规则，以及可能有的文件、文档及数据。程序是为了解决某一问题而设计的一系列计算机能识别的指令的集合，是软件的核心，人们有时习惯将程序称作软件。软件中的文档则是用来记录软件开发过程中的活动和各阶段的成果，需要长期存储，可以用于软件开发人员与用户之间交流，也可以用于软件开发过程的管理和运行阶段的维护。

20 世纪 60 年代以前，计算机刚刚投入实际使用，软件设计往往只是为了一个特定的应用而在指定的计算机上设计和编制，采用密切依赖于计算机的机器代码或汇编语言，软件的规模比较小，文档资料通常也不存在，很少使用系统化的开发方法，设计软件往往等同于编制程序，基本上是个人设计、个人使用、个人操作、自给自足的私人化的软件生产方式。

大容量、高速度计算机的出现，使计算机的应用范围迅速扩大，软件开发急剧增长。高级语言开始出现；操作系统的发展引起了计算机应用方式的变化；大量数据处理导致第 1 代数据库管理系统的诞生。软件系统的规模越来越大，复杂程度越来越高，软件可靠性问题也越来越突出。原来的个人设计、个人使用的方式不再能满足要求，迫切需要改变软件生产方式，提高软件生产率，软件危机开始爆发。

软件危机定义为主计算机软件的开发、使用和维护过程中所遇到的一系列严重问题。

软件危机主要表现在：

（1）软件需求的增长得不到满足。

（2）软件开发成本和进度无法控制。

（3）软件质量难以保证。

（4）软件不可维护或可维护度非常低。

（5）软件开发生产率的提高赶不上硬件的发展和应用需求的增长。

为了消除软件危机，通过研究解决软件危机的方法，认识到软件工程是使计算机软件走向工程科学的途径，逐步形成了软件工程的概念，开辟了工程学的新兴领域即软件工程学。软件工程就是试图用工程、科学和数学的原理与方法应用于计算机软件的定义、开发和维护的一整套方法、工具、文档、实践标准和工序。

软件工程包括3个要素：①方法，完成软件工程项目的技术手段。②工具，支持软件的开发、管理、文档生成。③过程，支持软件开发的各个环节的控制、管理。

3.2 软件生命周期

软件生命周期又称为软件生存周期或系统开发生命周期，是软件的产生直到报废的生命周期，周期内有问题定义、可行性分析、总体描述、系统设计、编码、调试和测试、验收与运行、维护升级到废弃等阶段，这种按时间分程的思想方法是软件工程中的一种思想原则，即按部就班、逐步推进，每个阶段都要有定义、工作、审查、形成文档以供交流或备查，以提高软件的质量。但随着新的面向对象的设计方法和技术的成熟，软件生命周期设计方法的指导意义正在逐步减少。

生命周期的每一个周期都有确定的任务，并产生一定规格的文档（资料），提交给下一个周期作为继续工作的依据。按照软件的生命周期，软件的开发不再只单单强调"编码"，而是概括了软件开发的全过程。软件工程要求每一周期工作的开始只能必须是建立在前一个周期结果"正确"前提下的延续，因此，每一周期都是按"活动 — 结果 — 审核 — 再活动 — 直至结果正确"循环往复进展的。

软件生命周期的主要活动阶段是：

（1）可行性研究与计划制订。确定待开发软件系统的开发目标和总的要求，给出它的功能、性能、可靠性以及接口等方面的可能方案，制订完成开发任务的实际计划。

（2）需要分析。对待开发软件提出的需求进行分析并给出详细的定义。

（3）软件设计。系统设计人员和程序设计人员给出软件的结构、模块的划分、功能的分配以及处理流程。

（4）软件实现。把软件设计转换成计算机可以接受的程序代码。即完成源程序的编码，编写用户手册、操作手册等面向用户的文档，编写单元测试计划。

（5）软件测试。在设计测试用例的基础上，检验软件的各个组成部分，编写测试分析报告。

（6）运行和维护。将已交付的软件投入运行，并在运行使用中不断地维护，根据新提出的需求进行必要且可能的扩充和删改。

3.3　软件工程的目标与原则

3.3.1　软件工程的目标

软件工程的目标：在给定成本、进度的情况下，开发出具有有效性、可靠性、可理解性、可维护性、可重用性、可适应性、可移植性、可追踪性和可互操作性且满足用户需求的产品。

软件工程需要达到的基本目标：①付出较低的开发成本；②达到要求的软件功能；③取得较好的软件性能；④开发的软件易于移植；⑤需要较低的维护费用；⑥能按时完成开发，及时交付使用。

3.3.2　软件工程的原则

（1）抽象。抽取事物取基本的特征和行为，忽略非本质细节。采用分层次抽象、自顶向下、逐层细化的办法控制软件开发过程的复杂性。

（2）信息隐蔽。采用封装技术，将程序模块的实现细节隐藏起来，使模块接口尽量简单。

（3）模块化。模块是程序中相对独立的成分，一个独立的编程单位，应有良好的接口定义。模块太大会使模块内部过渡复杂，不利于对模块的理解和修改，也不利于模块的调试和重用；模块太小会使程序结构过于复杂，难于控制。

（4）局部化。在同一个物理模块中集中逻辑上相互关联的计算资源，保证模块间具有松散的耦合关系，模块内部有较强的内聚性。

（5）确定性。所有的概念表达应是确定的、无歧义且规范。

（6）一致性。包括程序、数据和文档的整个软件系统的各模块应使用已知的概念、符号和术语；程序内外部接口保持一致，系统规格说明与系统行为应保持一致。

（7）完备性。软件系统不丢失任何重要成分，完全实现系统所需要的功能。

（8）可验证性。开发大型软件系统需要对系统自顶向下，逐层分解。

3.4　软件开发工具与软件开发环境

3.4.1　软件开发工具

早期的软件开发，最早使用的是单一的程序设计语言，没有相应的开发工具，效率很低，随着软件开发工具的发展，提供了自动的或半自动的软件支撑环境，为软件开发提供了良好的环境。

3.4.2 软件开发环境

软件开发环境或称软件工程环境，是全面支持软件开发全过程的软件工具集合。

计算机辅助软件工程将各种软件工具、开发机器和一个存放开发过程信息的中心数据库组成起来，形成软件工程环境。

3.5 软件测试

3.5.1 软件测试的目的

使用人工或自动手段来运行或测定某个系统的过程，其目的在于检验它是否满足规定的需求或是否弄清预期的结果与实际结果之间的差别。

3.5.2 软件测试的准则

（1）所有测试应追溯到需求。

（2）严格执行测试计划，排除测试的随意性。

（3）充分注意测试中的群集现象。

（4）程序员应避免检查自己的程序。

（5）穷举测试不可能。

（6）妥善保存测试计划、测试用例、出错统计和最终分析报告，为维护提供方便。

3.5.3 软件测试技术

（1）静态测试与动态测试。静态测试包括代码检查、静态结构分析、代码质量度量等。动态测试是基于计算机的测试，根据软件需求设计测试用例，利用这些用例去运行程序，以发现程序错误的过程。

（2）白盒测试方法。白盒测试也称结构测试或逻辑驱动测试。白盒测试的原则：保证所有的测试模块中每一条独立路径至少执行一次；保证所有的判断分支至少执行一次；保证所有的模块中每一个循环都在边界条件和一般条件下至少各执行一次；验证所有内部数据结构的有效性。

主要的方法有：逻辑覆盖（包括语句覆盖、判定覆盖、条件覆盖、判定/条件覆盖、条件组合覆盖和路径覆盖）、基本路径测试等。

（3）黑盒测试方法与测试用例设计。黑盒测试方法也称功能测试或数据驱动测试，是对软件已经实现的功能是否满足需求进行测试和验证。黑盒测试主要诊断功能不对或遗漏、界面错误、数据结构或外部数据库访问错误、性能错误、初始化和终止条件错误。黑盒测试方法主要有：等价类划分法（包括有效等价类和无效等价类）、边界值分析法、错误推测法、因果图等，主要用于软件确认测试。

3.6 软件文档

3.6.1 软件文档的定义

文档是指某种数据媒体和其中所记录的数据。它具有永久性并可由人或者机器阅读，通常仅用于描述人工可读的东西。软件工程中，文档常常用来表示活动、需求、过程或结果进行描述、定义、规定、报告或认证的任何书面或图示的信息，是软件产品的一部分，是一种重要的软件工程技术资料。

3.6.2 软件文档的地位和作用

一项软件开发是一个系统工程。从问题的提出到软件开发成功要经历几个开发阶段，每个开发阶段都要形成阶段性文件。各个阶段的文件都要对下一阶段工作进行宏观控制或对系统软件的开发和使用进行具体指导。因此，编制软件文档的过程，实际上就是采用软件工程方法，有组织、有计划地科学管理过程和研究开发过程。软件文档作为计算机软件的重要组成部分，在软件开发人员、软件管理人员、软件维护人员、用户以及计算机之间起着重要的桥梁作用。

软件文档的主要作用体现在：① 项目管理的依据；② 技术交流的语言；③ 项目质量保证；④ 支持培训与维护；⑤ 支持软件维护；⑥ 记载软件历史。

3.6.3 软件文档的分类

软件文档可以用自然语言、特别设计的形式语言、介于两者之间的半形式语言（结构化语言）、各类图形或表格等方法进行编制。

（1）软件文档从形式上来看，大致可分为两类：一类是开发过程中填写的各种图表，称之为工作表格；一类是应编制的技术资料或技术管理资料，称之为文档或文件。

（2）按照文档产生和使用的范围，软件文档可分为开发文档、用户文档、管理文档。

开发文档：可行性研究报告、项目开发计划、软件需求说明书、数据库设计说明书、概要设计说明书、详细设计说明书。

用户文档：用户手册、操作手册、软件需求说明书、数据要求说明书。

管理文档：项目开发计划、模块开发卷宗、开发进度月报、测试计划、测试分析报告、项目开发总结报告。

软件文档可以由软件开发人员、管理人员、维护人员及用户根据权限使用。

习题

一、单项选择题

1. 下面描述中，符合结构化程序设计风格的是（　　　）。

A. 使用顺序、选择和重复（循环）3 种基本控制结构表示程序的控制逻辑

B. 模块只有一个入口，可以有多个出口

C. 注重提高程序的执行效率

D. 不使用 goto 语句

2. 结构化程序设计主要强调的是（　　　）。

A. 程序的规模　　　　　　　　　　B. 程序的易读性

C. 程序的执行效率　　　　　　　　D. 程序的可移植性

3. 对建立良好的程序设计风格，下面描述正确的是（　　　）。

A. 程序应简单、清晰、可读性好

B. 符号名的命名要符合语法

C. 充分考虑程序的执行效率

D. 程序的注释可有可无

4. 下面对对象概念描述错误的是（　　　）。

A. 任何对象都必须有继承性

B. 对象是属性和方法的封装体

C. 对象间的通信靠消息传递

D. 操作是对象的动态性属性

5. 算法一般都可以用哪几种控制结构组合而成？（　　　）。

A. 循环、分支、递归　　　　　　　B. 顺序、循环、嵌套

C. 循环、递归、选择　　　　　　　D. 顺序、选择、循环

6. 在面向对象方法中，一个对象请求另一对象为其服务的方式是通过发送（　　　）。

A. 调用语句　　B. 命令　　　　C. 口令　　　　D. 消息

7. 下面选项中不属于面向对象程序设计特征的是（　　　）。

A. 继承性　　　B. 多态性　　　C. 类比性　　　D. 封装性

8. 算法中，对需要执行的每步操作，必须给出清楚、严格的规定。这属于算法（　　　）。

A. 正当性　　　B. 可行性　　　C. 确定性　　　D. 有穷性

9. 以下叙述中错误的是（　　　）。

A. 计算机不能直接执行用高级语言编写的程序

B. 高级语言程序编译后，生成后缀为obj的文件是一个二进制文件

C. 后缀为obj的文件，经连接程序生成后缀为exe的文件是一个二进制文件

D. 后缀为obj和exe的二进制文件都可以直接执行

10. 软件是指（　　　）。

A. 程序　　　　　　　　　　　　B. 程序和文档

C. 算法加数据结构　　　　　　　D. 程序、数据和相关文档的集合

11. 下面不属于软件工程三要素的是（　　　）。

A. 工具　　　　B. 过程　　　　C. 方法　　　　D. 环境

12. 下列不属于软件设计原则的是（　　　）。

A. 抽象　　　　B. 模块化　　　　C. 自底向上　　　　D. 信息隐蔽

13. 软件测试的目的是（　　　）。

A. 发现错误　　　　　　　　　　B. 改正错误

C. 改善软件的功能　　　　　　　D. 编程调试

14. 算法的时间复杂度是指（　　　）。

A. 执行算法程序所需要的时间

B. 算法程序的长度

C. 算法执行过程中所需要的基本运算次数

D. 算法程序中的指令条数

15. 算法的空间复杂度是指（　　　）。

A. 算法程序的长度　　　　　　　B. 算法程序中的指令条数

C. 算法程序所占的存储空间　　　D. 算法执行过程中所需要的存储空间

二、思考题

（1）高级语言有哪些优于机器语言和汇编语言的特点？

（2）程序设计为什么要养成良好的设计风格？

（3）程序设计包括哪几个步骤？

（4）算法的概念是什么？算法的重要特征是什么？

（5）简述面向对象编程方式与面向结构编程方式的区别与联系？

第8章 数据库基础

本章学习导读

    数据库技术是一种计算机辅助管理数据的技术，是信息系统的核心技术，通过采用特定的数据模型将大量的数据组织起来，并结合计算机技术实现安全高效地组织、管理和共享数据，为用户提供数据存储、数据检索和数据处理等服务。随着网络和多媒体技术的发展，数据库技术的应用领域也越来越广泛。

    通过本章学习了解数据库的基本术语；掌握关系数据库的基本概念；了解常用关系数据库；掌握简单数据库设计。

微信扫一扫

1 数据库概述和发展趋势

1.1 术语

1.1.1 数据（data）

数据是指用来描述客观事物的一种可识别的记录符号。在计算机科学中，数据是一个广义的概念，它们不仅是普通意义上的数字，也可以是字母、文字、图形、图像、动画、声音等。

1.1.2 数据库（data base，简称DB）

数据库是指按照特定的数据模型组织起来长期存储在计算机内、可共享、结构化的大量相关数据的集合。数据库不仅存储数据本身，而且还存储数据之间的联系。数据库具有较小的冗余度、较高的数据独立性和易扩展性。

1.1.3 数据库管理系统

数据库管理系统（data base management system，简称DBMS）是专门用于数据管理的系统软件，DBMS位于用户与操作系统之间，负责对数据库进行统一管理和控制，以保证数据库的安全性和完整性。DBMS主要由数据定义语言（data definition language，简称DDL）、数据操纵语言（data manipulation language，简称DML）和数据控制语言（data control language，简称DCL）组成。通过DBMS可以实现对数据库的定义、建立、维护、运行管理、查询、插入、删除和修改等操作。

1.1.4 数据库系统

数据库系统（data base system，简称DBS）是指引入数据库系统后的计算机系统。数据库系统包括计算机硬件系统、数据库、数据库管理系统、数据库应用系统、数据库管理员和最终用户等。

1.1.5 数据库应用系统

数据库应用系统（data base application system，简称DBAS）是指系统开发人员利用数据库系统资源开发出来的，面向某一类实际应用的应用软件系统。例如，财务管理系统、人事管理系统和医疗管理系统等等。

1.1.6 数据模型

数据模型是指从计算机系统的角度描述客观世界中的实体，以及实体之间的联系而建立的一种模型。数据模型的建立可以将信息世界中的数据转化成计算机能够处理的数据，从而达到建立高效数据库的目的。目前，在数据库中常用的数据模型有层次模型、网状模型、关系模型和面向对象模型4种。

（1）层次模型。层次模型采用树型结构来表示各类实体之间的联系，层次模型是一棵倒立的树，在层次模型中，有且仅有一个结点无父结点，这个结点称为根结点；除了根节点外，其他结点有且仅有一个父结点。每个节点表示一个记录类型，记录之间的联系用节点之间的连线（有向边）表示，层次模型可以反映出记录之间的隶属关系，层次模型经常用来反映行政机构、家族关系等。如图8-1所示。

层次模型适合于处理具有一对多的联系，而在处理非层次关系（多对多的联系）时，则容易产生数据冗余等问题。

（2）网状模型。网状模型是一个网络，在网状模型中可以有多个根结点，每个结点可以有多个父结点。每个结点代表数据记录，连线描述不同结点数据间的联系。结点数据之间没有明确的从属关系，一个结点可以与其他多个结点建立联系，即结点之间的联系是任意的，任何两个结点之间都能发生联系，网状模型适合表示多对多的联系。如图8-2所示。

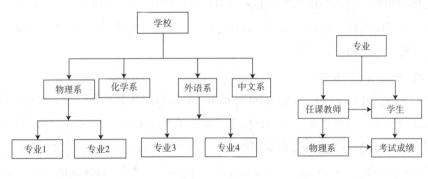

图8-1　层次模型示例　　　　图8-2　网状模型示例

网状模型具有良好的性能和存取效率，但是随着应用环境的扩大，网状模型结构比较复杂。网状模型是对层次模型的一种扩展，层次模型可以看成网状模型的一个特例。

（3）关系模型。关系模型用二维表格结构来表示实体及实体之间联系的模型。关系模型具有严格的数学基础，对数据的操作是通过关系代数实现的。关系模型可以简单、灵活地表示各种实体及实体之间的联系，关系模型的存取路径对用户是透明的，关系模型作为数据组织方式的数据库称为关系模型数据库，关系模型是目前数据库广泛采用的一种数据模型。如表8-1所示。

表8-1　关系模型示例

学　号	姓　名	性　别	民　族	出生日期
2000100107	赵小青	男	汉	05/15/82
2000100110	韦小光	男	壮	01/13/82
2000100113	王　婧	女	汉	03/15/82
2000100121	胡文斌	男	藏	02/21/82
……	……	……	……	……

（4）面向对象模型。面向对象方法最早出现在程序设计语言中，它用接近人类通常思维的方式建立问题领域的模型，并进行结构模拟和行为模拟，从而使设计出的软件能够尽可能地直接表现出问题的求解过程。面向对象模型是将面向对象概念与数据库技术相结合，它将客观世界的一切实体模型化为对象，对象不仅包含描述它的数据，而且还包含对它进行操作的方法的定义，对象的外部特征与行为是封装在一起的。对象的状态是该对象的属性集，对象的行为是在对象状态上操作的方法集。共享同一属性集和方法集的所有对象构成了类。每个对象都有各自的内部状态和运动规律。面向对象模型与层次模型、网状模型和关系模型相比能够处理更加复杂的事务。

1.2 数据库的发展趋势

数据管理技术的发展经历了从早期的人工管理阶段和文件系统阶段，发展到今天的数据库系统阶段，数据管理技术的发展与计算机技术的发展水平密切相关。当前数据库技术的发展从数据模型的角度可以划分为支持层次模型和网状模型的第 1 代数据库系统，支持关系模型的第 2 代数据库系统，以及支持面向对象数据模型的第 3 代数据库系统。未来数据库技术的发展主要集中在以下两个方面。

1.2.1 数据模型的发展

数据模型是数据库系统的核心和基础，传统的数据模型、层次模型、网状模型和关系对数据库技术的发展起到了非常重要的作用，尤其是关系模型是当前主流数据库技术，但是，传统的数据模型是面向机器的语法模型，语义表达能力差，缺乏直接构造与应用有关的信息的类型表达能力。面向对象的数据模型由于吸收了已经成熟的面向对象程序设计方法学的核心概念和基本思想，使得它符合人类认识世界的一般方法，更适合描述现实世界。面向对象的数据库技术将成为下一代数据库技术发展的主流，但由于没有统一的数据模式和形式化理论，因此，缺少严格的数据逻辑基础。因此，数据模型的完善和发展是未来数据库技术发展的一个重要方向。

1.2.2 数据库技术与其他相关技术结合

传统数据库技术不断与网络通信技术、分布式处理技术、并行处理技术、多媒体技术、人工智能技术和模糊技术等相互结合，产生了一系列新型数据库技术，如分布式数据库技术、并行数据库技术、多媒体数据库技术、知识库技术、主动数据库技术和模糊数据库技术等。

2 关系数据库

2.1 关系数据库基本概念

2.1.1 关系与表

在关系数据库中，一个关系就是一张二维表，又称为数据表。表中包含表的结构、关系完整性、数据及数据间的联系。如表8-2和表8-3所示。

表8-2 学生

学 号	姓 名	性 别	民 族	出生日期
2000100101	赵小青	男	汉	05/15/82
2000100102	韦小光	男	壮	01/13/82
2000100103	王 婧	女	汉	03/15/82
2000100105	李 兰	女	苗	02/22/83

表8-3 成绩

学 号	数 学	英 语	物 理
2000100101	88.8	86.5	89.0
2000100102	90.0	92.0	73.5
2000100103	85.0	55.0	87.0
2000100104	80.0	85.0	86.0
2000100105	54.0	78.0	80.0

在关系数据库中，关系必须规范化，关系必须满足以下几点要求：

（1）在关系中，每个基本属性都是不可再分的数据单元。

（2）在关系中，不能有重复的属性，即属性名不能重复。

（3）在关系中，不能有重复的元组，即行不能重复，容易引起数据冗余。

（4）在关系中，任意两行（或列）的顺序可以交换，改变行间（或列）的顺序不影响对关系信息的获取。

2.1.2 元组与记录

关系中的每一行在关系模型中称为元组，在关系数据库中称为记录。关系的每一行就是一条记录，可以用来描述一个具体的实体。

2.1.3 属性与字段

关系中的每一列在关系模型中称为属性，在关系数据库中称为字段。关系中每一列都有一个名字，在关系模型中称为属性名，在关系数据库中称为字段名。

2.1.4 关键字（键）

在一个表中，能够唯一标识表中每一条记录的字段或者字段的组合，称为关键字（键）。

2.1.5 候选关键字（候选键）

在一个表中，能够唯一标识表中每一条记录的字段或字段的组合，并且不包含多余的字段，则称为候选关键字（候选键）。

2.1.6 主关键字（主键）

主关键字（主键）是指在表中用户指定的或者正在使用的某一个候选关键字（候选键）。在一个表中，主关键字（主键）只能有一个。

2.1.7 外部关键字（外键）

如果一个表中的某个字段或某几个字段的组合不是该表的关键字，但它们是另外一个表的关键字，则称其为该表的外部键字（外键）。

2.1.8 关系的完整性

关系模型的完整性是对关系的某种约束条件。关系模型中有三类完整性约束，即实体完整性、参照完整性和用户自定义完整性。

（1）实体完整性。实体完整性要求在关系中每一个元组必须是唯一的，即在关系中不能有重复的行。实体完整性约束要求关系中所有的主属性不能为空。

（2）参照完整性。参照完整性约束是对具有联系的关系间引用数据或者插入、删除、更新的一种限制。

（3）用户自定义完整性。用户自定义完整性是某一具体数据库的约束条件，是用户自己定义的某一具体数据必须满足的语义要求。用户自定义完整性可以用来作为数据库输入数据时的合法性检查。例如，规定性别的取值必须是"男"或"女"，这样在向数据库输入性别的值时，系统会自动对新输入的数据做合法性检查，以保证输入的数据满足"男"或"女"的约束条件。

2.2 关系代数

关系代数是一种抽象的查询语言，是关系数据操纵语言的一种传统表达方式，它是用对关系的运算来表达查询的。关系运算的操作对象是关系，运算结果也是关系。关系运算按照运算符的不同分为传统的集合运算和专门的关系运算两类。

2.2.1 传统的集合运算

传统的集合运算将关系看成元组的集合，其运算是从关系的水平方向上进行的。传统的集合运算是二目运算，包括并、交、差和笛卡尔积运算。

（1）并（union）。并的运算符为"∪"，设有两个关系 R 和 S，它们具有相同的结构。R 和 S 的并是由属于 R 或属于 S 的元组组成的集合，记作：R∪S={t|t ∈ R ∨ t ∈ S}。

（2）交（intersection）。交的运算符为"∩"，设有两个关系 R 和 S，它们具有相同的结构。R 和 S 的交是由既属于 R 又属于 S 的元组组成的集合，交运算的结果是 R 和 S 的共同元组。

记作：R∩S={t|t ∈ R ∧ t ∈ S}。

（3）差（difference）。差的运算符为"－"，设有两个关系 R 和 S，它们具有相同的结构。R 和 S 的差是由属于 R 但不属于 S 的元组组成的集合，记作：R-S={t|t ∈ R ∧ t S}。

（4）广义笛卡尔积（extended Cartesian product）。广义笛卡尔积的运算符为"×"，设有两个关系 R 和 S，R 和 S 的广义笛卡尔积是由 R 中的每个元组与 S 中的每个元组分别连接组成的新关系，若 R 有 k1 个元组，S 有 k2 个元组，则关系 R 和关系 S 的广义笛卡尔积有 k1×k2 个元组。记作：R×S={trts|tr ∈ R ∧ ts ∈ S}。

广义笛卡尔积的运算不是根据两个关系的公共属性相等连接，所以两个关系通过广义笛卡尔积后的结果会出现一些没有意义的元组。

例1 已知关系 R 和关系 S，如图 8-2 所示，对关系 R 和关系 S 分别进行并、交、差和笛卡尔积运算，结果如图 8-3 所示。

R

B	C	D
b1	c1	d1
b2	c2	d2

S

B	C	D
b2	c2	d2
b3	c3	d3

图8-2 关系R与关系

R∪S

B	C	D
b1	c1	d1
b2	c2	d2

R∩S

B	C	D
b2	c2	d2

R-S

B	C	D
b1	c1	d1

R×S

B	C	D	B	C	D
b1	c1	d1	b2	c2	d2
b1	c1	d1	b3	c3	d3
b2	c2	d2	b2	c2	d2
b2	c2	d2	b3	c3	d3

图8-3 关系R与关系S作并、交、差、笛卡尔积运算的结果

2.1.2 专门的关系运算

专门的关系运算对关系做行或列操作，专门的关系运算包括选择、投影和连接运算。

1）选择（selection）

选择运算是按照给定条件从指定的关系中选出满足条件的元组构成新的关系，其关系模式不变，但其中元组的数目小于等于原来的关系中元组的个数，它是原关系的一个子集。选择运算是从行的角度进行的运算，即水平方向抽取元组。

例 2 在表 8-1 学生表中查询性别为男的学生信息，结果如表 8-4 所示。

表8-4 对学生表作选择运算结果

学 号	姓 名	性 别	民 族	出 生 日 期
2000100101	赵小青	男	汉	05/15/82
2000100102	韦小光	男	壮	01/13/82
2000100104	胡文斌	男	藏	02/21/82

2）投影（projection）

投影运算是从指定的关系中选出某些属性构成新的关系，其关系模式所包含的属性个数比原关系少，或者属性的排列顺序不同。投影运算是对关系在列的方向上运算后得到新的关系。

例 3 在表 8-2 成绩表中查询学号和数学成绩信息，结果如表 8-5 所示。

表8-5 对成绩表作投影运算结果

学 号	数 学	英 语
2000100101	88.8	86.5
2000100102	90.0	92.0
2000100103	85.0	55.0
2000100104	80.0	85.0
2000100105	54.0	78.0

3）连接（join）

连接是将两个和多个关系模式通过公共的属性名连接组成一个新的关系，生成的新关系包含满足连接条件的元组。连接分为等值连接、自然连接和半连接 3 种。

（1）等值连接（equijoin）。等值连接是将两个或多个关系中公共属性值相等的元组连接构成一个新的关系，也是从两个或多个关系的笛卡尔积中选取公共属性相等的元组。

（2）自然连接（natural join）。自然连接是一种特殊的等值连接，它是在两个或多个关系等值连接的基础上，去掉重复的属性构成一个新的关系。

（3）半连接（semi join）。半连接是从一个关系中选择出一组元组与另一个同该关系有相同连接域的关系中的一个或多个元组相匹配的一种关系代数运算。

2.3 SQL语言

2.3.1 SQL语言简介

SQL（structured query language，结构化查询语言）是数据库管理系统的一个重要组成部分，于1974年由Boyee和Chamberlin提出。1986年10月，美国ANSI采用SQL作为关系数据库管理系统的标准语言，后来为国际标准化组织（ISO）采纳为国际标准，SQL最终发展成为关系数据库标准语言。从小型的关系数据库管理系统Access和VisualFoxpro到大型的关系数据库管理系统SQLserver、Sybase、DB2和Oracle等都支持SQL语言。但是，SQL是关系数据语言的工业标准，SQL语言在每一个具体的数据库管理系统中都有不同的扩充和修改。

2.3.2 SQL语言的组成

SQL语言由数据定义语言、数据查询语言、数据操纵语言和数据控制语言四部分组成。

（1）数据定义语言（data definition language，DDL），可以定义表、视图和索引。

（2）数据查询语言（data query language，DQL），可以对表或视图进行查询操作。

（3）数据操纵语言（data manipulation language，DML），可以对表或视图进行插入、删除、更新操作。

（4）数据控制语言（data control language，DCL），可以对事务管理和数据的保护，以及数据库的安全性和完整性控制。

2.3.3 SQL语言的特点

SQL语言结构简洁、功能强大、简单易学、SQL语言具有以下功能：

（1）集成化。SQL语言集成了数据定义语言、数据查询语言、数据操纵语言和数据控制语言等功能，用户通过SQL语言可实现对数据库的所有操作。

（2）非过程化。SQL语言是一个非过程化的语言，使用SQL语言对数据库操作，只需描述出要完成什么功能，SQL不要求用户指定对数据的存放方法，其他所有的操作都由系统自动完成。

（3）SQL语言是关系数据库的公共语言。所有主要的关系数据库管理系统都支持SQL语言，如Oracle、Sybase、DB2、SQLserverAccess、Visual Foxpro和Power Builder等。但是，由于SQL是关系数据语言的工业标准，所以SQL语言在每一个具体的数据库管理系统中都有不同的扩充和修改。

（4）可以嵌入其他高级语言中。SQL 语言是一种交互式查询语言，用户可以通过键入 SQL 命令来检索数据，并将其显示在屏幕上。SQL 语言可以嵌入其他高级语言中，如 C、FORTRAN 等。

3 常用的关系数据库管理系统

支持关系模型的关系数据库是当前主流的数据库技术，关系数据库管理系统是负责关系数据库的建立、使用和维护的系统软件，本节介绍几种常用的关系数据库管理系统。

3.1 Access 2003

Access 2003 是 Microsoft Office 2003 套件之一，属于关系模型的数据库管理系统，能方便地生成各种数据对象，利用存储的数据建立窗体和报表，可视性好，具有较强的数据组织、用户管理、安全检查等功能。用户一般不需要编写代码，便于初学者掌握。但 Access 是小型数据库，当数据库过大尤其记录数达到 10 万条左右时、网站访问频繁在线人数经常达到 100 人左右时其性能会急剧下降。

3.2 Visual FoxPro 6.0

美国 FoxSoftware 公司的 Visual FoxPro 是关系模型的数据库管理系统，是目前世界流行的小型数据库管理系统中性能最好、功能最强的优秀软件之一。它提供了更多更好的设计器、向导、生成器及多种可视化编程工具，充分发挥了面向对象编程技术与事件驱动方式的优势。在表的设计方面，增添了表的字段和控件直接结合的设置。通过在用户界面放置各种控件，如文本框、命令按钮、组合框等，可以设计出丰富多彩的用户界面。但其数据量单表可达数百万行级别，文件就几百兆左右，超过时处理速度会急剧下降。

3.3 SQL Server

SQL Server 是 Microsoft 移植到 Windows NT 系统上的一个关系模型的数据库管理系统。SQL Server 采用了客户机/服务器体系结构，与 Windows NT 完全集成，利用了 NT 的许多功能，如发送和接受消息，管理登录安全性等。SQL Server 图形化用户界面，使系统管理和数据库管理更加直观、简单，并且提供了丰富的编程接口工具。SQL Server 支持 Web 技术，使用户能够很容易地将数据库中的数据发布到 Web 页面上。

3.4 Sybase

Sybase 公司出产的基于客户 / 服务器体系结构的关系型数据库，主要有 Unix 操作系统、

Novell Netware 环境和 Windows NT 环境下的 3 种版本，目前广泛应用的是在 Unix 操作系统下运行的 Sybase 数据库。

Sybase 数据库采用客户 / 服务器结构，在 Sybase 数据库系统中，将所有的应用被分在了多台机器上运行，一台机器既可以是其他系统的客户，又可以是另外一个系统的服务器。在 Sybase 数据库系统中，运行在客户端的应用可以不是 Sybase 公司的产品，而且 Sybase 数据库公开了应用程序接口 DB-LIB，鼓励第三方编写 DB-LIB 接口，可以使得访问 DB-LIB 的应用程序很容易从一个平台向另一个平台移植。Sybase 数据库把与数据库的连接作为自身的一部分管理，不需要操作系统管理它的进程。此外，Sybase 的数据库引擎还代替操作系统来管理一部分硬件资源，如端口、内存、硬盘，绕过了操作系统这一环节，提高了性能。

3.5　Oracle

Oracle（中文名称"甲骨文"）数据库是 Oracle 公司的核心产品，其数据库版本从初期到 Oracle7、Oracle8i、Oracle9i、Oracle10g 到 Oracle11g，虽然每一个版本之间的操作都存在一定的差别，但是 Oracle 对数据的操作基本上都遵循 SQL 标准。Oracle 数据库可以在所有的主流操作系统平台 Windows、Linux 和 Unix 上运行，Oracle 数据库提供了基于角色（role）分工的安全保密管理，支持大量多媒体数据，如二进制图形、声音、动画以及多维数据结构等，提供了与第 3 代高级语言的接口软件，能在 C、C++ 等主语言中嵌入 SQL 语句及过程化（PL/SQL）语句，对数据库中的数据进行操纵。Oracle 作为一个通用的数据库管理系统，既是一个完备的关系模型数据库管理系统，同时又实现了分布式处理的功能。Oracle 数据库是一个适合于大中型企业的数据库管理系统，广泛应用于银行、电信、移动通信、航空、保险、金融、跨国公司等大中型企业。

3.6　DB2

DB2 是 IBM 公司研制的一种关系型数据库系统。主要应用于大型应用系统，应用于 OS/2、Windows 等平台下，具有较好的可伸缩性，可支持从大型机到单用户环境。DB2 提供了高层次的数据利用性、完整性、安全性、可恢复性，以及小规模到大规模应用程序的执行能力，具有与平台无关的基本功能和 SQL 命令。DB2 拥有一个非常完备的查询优化器，其外部连接改善了查询性能，并支持多任务并行查询。DB2 具有很好的网络支持能力，每个子系统可以连接十几万个分布式用户，可同时激活上千个活动线程，对大型分布式应用系统尤为适用。

4 数据库设计与管理

4.1 数据库设计

数据库设计（database design）是指根据用户的信息需求、处理需求以及数据库运行环境（DBMS、操作系统及硬件）的特性，对于一个给定的应用环境，构造最优的数据库模式，建立数据库及其应用系统，使之能够有效地存储数据，满足各种用户的应用需求（信息要求和处理要求）。

1）数据库设计方法

（1）手工试凑法。这种方法的设计质量与设计人员的经验和水平有直接关系，缺乏科学理论和工程方法的支持，工程质量难以保证，数据库运行一段时间后常会不同程度地出现各种问题，维护代价较大。

（2）规范设计法。主要思想是过程迭代和逐步求精，典型方法主要包括新奥尔良（New Orleans）方法、计算机辅助设计。

新奥尔良（New Orleans）方法：将数据库设计分为 4 个阶段。

计算机辅助设计，如 ORACLE Designer 2000，SYBASE Power Designer 等。

2）数据库设计步骤

由于数据库应用系统的复杂性，以及支持相关程序运行的需要，使数据库设计异常复杂，因此，最佳设计是一种"反复探寻，逐步求精"的过程，也就是规划和结构化数据库中的数据对象以及这些数据对象之间关系的过程。如图 8-4 所示，主要包括以下 4 个步骤。

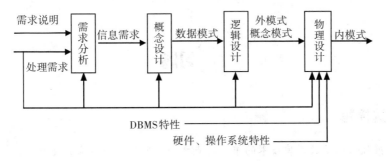

图 8-4　数据库设计步骤

（1）需求分析阶段：综合各个用户的应用需求和处理需求，常将面向数据和面向过程两种方法结合使用，确定设计范围。

（2）概念设计阶段：对用户要求描述的现实世界进行分类、聚集和概括，建立抽象的概念数据模型。模型的形成独立于机器特点，独立于各个 DBMS 产品的概念模式，主要方法为实体—关系模型方法（E-R 模型）。

（3）逻辑设计阶段：首先，将 E-R 图转换成具体的数据库产品支持的数据模型，如关系模型，形成数据库逻辑模式；其次，根据用户处理的要求、安全性的考虑，在基本表的基础上再建立必要的视图（view），形成数据的外模式。

（4）物理设计阶段：根据数据库管理系统的特点和处理的需要，进行物理存储安排，建立索引，形成数据库内模式。

4.2　数据库管理

数据库管理是有关建立、存储、修改和存取数据库中信息的技术，是指为保证数据库系统的正常运行和服务质量，有关人员须进行的技术管理工作。负责这些技术管理工作的个人或集体称为数据库管理员（data base administrator，DBA）。

数据库管理的主要内容有：数据库的建立、数据库的调优、数据库的重组、数据库的重构、数据库的安全管控、报错问题分析、汇总和处理、数据库数据的日常备份。

要建立可运行的数据库，还需进行下列工作：

（1）确立数据库的各种参数，例如，最大的数据存储空间、缓冲块的数量、并发度等。这些参数可以由用户设置，也可以由系统按默认值设置。

（2）定义数据库，利用数据库管理系统所提供的数据定义语言和命令，定义数据库名、数据模式、索引等。

（3）准备和装入数据，定义数据库仅仅建立了数据库的框架，要建成数据库还必须装入大量的数据，这是一项浩繁的工作。在数据的准备和录入过程中，必须在技术和制度上采取措施，保证装入数据的正确性。计算机系统中原已积累的数据应充分利用，尽可能转换成数据库的数据。

习题

一、选择题

1. 数据独立性是数据库技术的重要特点之一，所谓数据独立性是指（　　　）。

A. 数据与程序独立存放

B. 不同的数据被存放在不同的文件中

C. 不同的数据只能被对应的应用程序所使用

D. 以上3种说法都不对

2. 用树形结构表示实体之间联系的模型是（　　　）。

A. 关系模型　　　B. 网状模型　　　C. 层次模型　　　D. 以上3个都是

3. 数据库设计的根本目标是要解决（　　　）。

A. 数据共享问题　　　　　　　　B. 数据安全问题

C. 大量数据存储问题　　　　　　D. 简化数据维护

4. 设有如下关系表，则下列操作中正确的是（　　　）。

A. T＝R∩S　　　B. T＝R∪S　　　C. T＝R×S　　　D. T＝R/S

R

A	B	C
1	1	2
2	2	3

S

A	B	C
3	1	3

T

A	B	C
1	1	2
2	2	3
3	1	3

5. 数据库系统的核心是（　　　）。

A. 数据模型　　　　　　　　　　B. 数据库管理系统

C. 数据库　　　　　　　　　　　D. 数据库管理员

6. "商品"与"顾客"两个实体集之间的联系一般是（　　　）。

A. 一对一　　　B. 一对多　　　C. 多对一　　　D. 多对多

7. 在E-R图中，用来表示实体的图形是（　　　）。

A. 矩形　　　　B. 椭圆形　　　C. 菱形　　　D. 三角形

8. 数据库DB、数据库系统DBS、数据库管理系统DBMS之间的关系是（　　　）。

A. DB包含DBS和DBMS　　　　B. DBMS包含DB和DBS

C. DBS包含DB和DBMS　　　　D. 没有任何关系

9. 在数据库系统中，用户所见的数据模式为（　　　）。

A. 概念模式　　　B. 外模式　　　C. 内模式　　　D. 物理模式

10. 数据库设计的4个阶段是：需求分析、概念设计、逻辑设计和（　　　）。

A. 编码设计　　　B. 测试阶段　　　C. 运行阶段　　　D. 物理设计

11. 在下列关系运算中，不改变关系表中的属性个数但能减少元组个数的是（　　　）。

A. 并　　　　B. 交　　　　C. 投影　　　　D. 笛卡儿乘积

12. 在数据库设计中，将E-R图转换成关系数据模型的过程属于（　　　）。

A. 需求分析阶段　　　　　　　　B. 概念设计阶段

C. 逻辑设计阶段　　　　　　　　D. 物理设计阶段

13. 设有表示学生选课的3张表，学生S（学号、姓名、性别、年龄、身份证号），课程C（课号、课名），选课SC（学号、课号、成绩），则表SC的关键字（键或码）为（　　　）。

A. 课号、成绩　　B. 学号、成绩　　C. 学号、课号　　D. 学号、姓名、成绩

14. 将E-R图转换为关系模式时，实体和联系都可以表示为（　　　）。

A. 属性　　　　　B. 键　　　　　C. 关系　　　　　D. 域

15. 家族关系在数据库模型中属于（　　　）。

A. 层次模型　　　B. 网状模型　　　C. 关系模型　　　D. XML模型

二、填空题

1. 数据管理技术发展过程经过人工管理、文件系统和数据库系统3个阶段，其中数据独立性最高的阶段是_____。

2. 在关系模型中，把数据看成二维表，每一个二维表称为一个_____。

3. 在数据库管理系统提供的数据定义语言、数据操纵语言和数据控制语言中，_____负责数据的模式定义和数据的物理存取控制。

4. 在二维表中，元组的_____不能再分成更小的数据项。

5. 实体是信息世界中广泛使用的一个术语，它用于表示_____。

参 考 文 献

［1］王丽君. 大学计算机基础［M］. 北京：清华大学出版社，2015.

［2］丁革媛. 大学计算机基础教程（Windows7+Office2010）［M］. 北京：清华大学出版社，2015.

［3］羊四清. 大学计算机基础［M］. 北京：中国水利水电出版社，2013.

［4］BROOKSHEARJQ. Computer science（an overview 10th edition）［M］. 北京：人民邮电出版社，2009.

［5］卢湘鸿. 计算机应用教程（Windows 7与Office 2010环境）［M］. 北京：清华大学出版社，2014.

［6］PARSONS J J，OJA D. Computer concepts（thirteenth edition）［M］. 北京：机械工业出版社，2011.

［7］李彦. IT通史［M］. 北京：清华大学出版社，2005.

［8］陆铭，徐安东. 计算机应用技术基础实验指导［M］. 北京：中国铁道出版社，2010.

［9］顾振山，王爱莲. 大学计算机基础案例教程［M］. 北京：清华大学出版社，2011.

［10］王斌，袁秀利. 计算机应用基础案例教程［M］. 北京：清华大学出版社，2011.

［11］刘远生，辛一. 计算机网络安全［M］. 北京：清华大学出版社，2009.

大学
计算机基础

ISBN 978-7-306-06698-5

定价：45.00元